高职高专教育"十三五"规划教材・公共基础课系列

应用数学学习指导

主　编　赵丽姝　刘　巍
副主编　田　燕　司　维　任佳丽
　　　　杨　欢　张　卓
主　审　赵　萍

中国铁道出版社有限公司
CHINA RAILWAY PUBLISHING HOUSE CO., LTD.

内 容 简 介

本书是与《应用数学》(任佳丽、司维主编)配套的学习指导书，主要是面向使用该教材的学生，也可供使用该教材的教师作教学参考。本书按《应用数学》的章节顺序编写，与教学需求保持同步。每节包括基本内容、学习要求、基本题型及解题方法、同步练习。其中，基本题型及解题方法部分概括了与教材知识点相关的基本题型，并以例题的形式将教材课后习题中有难度的习题予以解答；每章末的自测题供学生自我检测。

本书与主教材具有相对的独立性，可作为高等职业院校、成人高校等理工类专业的学生学习微积分、线性代数和概率与数理统计的参考书。

图书在版编目(CIP)数据

应用数学学习指导/赵丽姝，刘巍主编. —北京：中国铁道出版社有限公司，2019.9(2021.8 重印)
高职高专教育“十三五”规划教材. 公共基础课系列
ISBN 978-7-113-26088-0

Ⅰ.①应… Ⅱ.①赵… ②刘… Ⅲ.①应用数学-高等职业教育-教学参考资料 Ⅳ.①O29

中国版本图书馆 CIP 数据核字(2019)第 164162 号

书　　名：应用数学学习指导
作　　者：赵丽姝　刘　巍

策　　划：王文欢　　　**编辑部电话：**(010)83527746
责任编辑：许　璐
封面设计：刘　颖
责任校对：张玉华
责任印制：樊启鹏

出版发行：中国铁道出版社有限公司(100054，北京市西城区右安门西街 8 号)
网　　址：http://www.tdpress.com/51eds/
印　　刷：北京铭成印刷有限公司
版　　次：2019 年 9 月第 1 版　2021 年 8 月第 3 次印刷
开　　本：787 mm×1 092 mm 1/16　**印张：**13.25　**字数：**309 千
书　　号：ISBN 978-7-113-26088-0
定　　价：36.00 元

前　言

由任佳丽、司维主编的《应用数学》是为了适应高职高专教育对数学知识的不同需求而编写的，内容简明，层次清晰，有利于学生的学习和掌握。为使学生更好地使用该教材，掌握一元微积分、线性代数和概率统计的内容，我们特别编写了这本学习指导书。

本书完全按照配套主教材的章节顺序编排，以便与教学需求保持同步，每节包括如下内容：

1. 基本内容。提纲挈领地归纳出主要内容，简明列示主要知识点。

2. 学习要求。画龙点睛地指出学习目的和要求，使学生学习时做到有的放矢。

3. 基本题型及解题方法。列示出与本节知识点相关的典型题型，归纳总结每个题型的解题方法，并把教材课后习题中有难度的习题作为例题，这样将知识点的讲解、分析与课后习题的解析及答案合二为一，一方面阐释了题型及其解法，另一方面为教师和学生提供了参考。

4. 同步练习。围绕基本概念，选择了大量的习题，且按知识点在教材中出现的顺序排列。另外，练习均在书后给出了答案，部分有详细步骤便于学生先练后看、边练边看，解决独立练习过程中出现的困难。

每章末的自测题供学生自我检测使用，带*号的内容为选学。

本书由哈尔滨铁道职业技术学院赵丽姝、刘巍任主编，由田燕、司维、任佳丽、杨欢、张卓任副主编，全书由赵萍主审。其中，赵丽姝编写第二、三章，刘巍编写第一、五章，田燕编写第四章，另外，司维、任佳丽、杨欢、张卓等参与了编写工作。

在本书的编写过程中，我们参阅了许多学者的著作，在此表示诚挚的谢意。同时，本书在编写过程中也得到了哈尔滨铁道职业技术学院各级领导及中国铁道出版社有限公司有关领导的重视、支持和帮助，在此一并致以诚挚的谢意。

由于编者水平有限，书中难免有疏漏和不妥之处，恳请各位读者在使用本书的过程中给予关注，并将您的宝贵意见和建议及时反馈给我们，以便及时修订。

编　者

2019 年 6 月

目　　录

预备知识模块

基础模块

专 业 模 块

预备知识模块

第一章　函数、极限与连续

第一章　函数、极限与连续

本章知识结构：

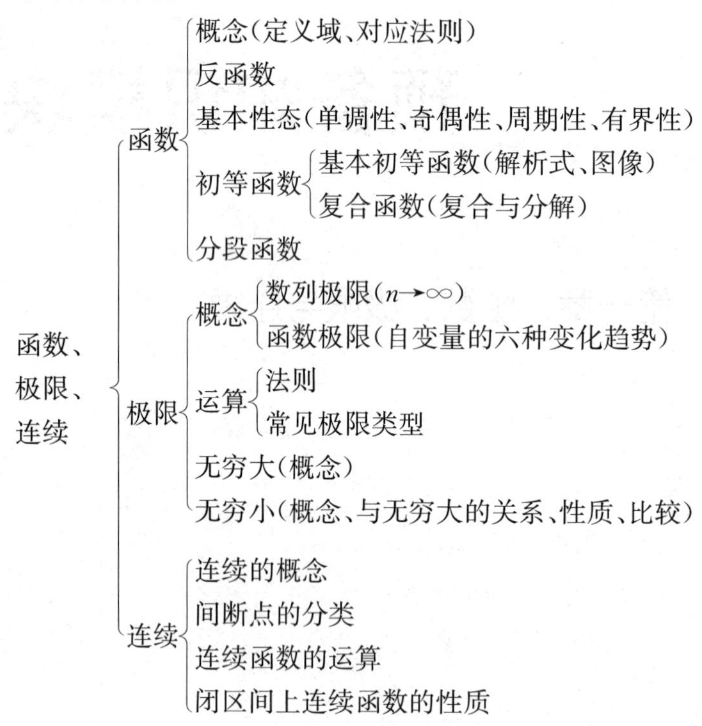

1.1　函　　数

一、基本内容

1. 邻域：$U(a,\delta)=\{x\,|\,|x-a|<\delta\}$，$\hat{U}(a,\delta)=\{x\,|\,0<|x-a|<\delta\}$.

2. 函数的概念：$y=f(x)$，$x\in D_f$.

3. 函数的常数表示法：表格法、图像法、解析法.

4. 函数关系的建立：把实际问题中的函数关系正确地抽象出来代数化.

5. 反函数：$y=f(x)\leftrightarrow y=f^{-1}(x)$.

6. 函数的基本性态：

(1)单调性：对于区间 I 上的任意两点 x_1 及 x_2，当 $x_1<x_2$ 时，若恒有 $f(x_1)<f(x_2)$，则称函数 $f(x)$ 在区间 I 上是**单调增加函数**；若恒有 $f(x_1)>f(x_2)$，则称函数 $f(x)$ 在区间 I 上是**单调减少函数**.

(2)奇偶性：设函数 $y=f(x)$ 的定义域关于原点对称，对于定义域中的任何 x，如果 $f(-x)=f(x)$，则称 $y=f(x)$ 为**偶函数**，图像关于 y 轴对称；如果 $f(-x)=-f(x)$，则称 $y=f(x)$ 为**奇函数**，图像关于原点对称.

(3)周期性：若存在正数 T，使得对于一切 $x\in D$，有 $f(x\pm T)=f(x)$，则称 $f(x)$ 为**周期函数**，T 称为 $f(x)$ 的**周期**.

(4)有界性：在定义域内的某一区间 I 上，若存在一个正数 M，使得 $|f(x)|<M$，则称 $f(x)$ 在 I 上**有界**.

二、学习要求

1. 理解函数的概念；
2. 了解函数的单调性、奇偶性、周期性、有界性；
3. 了解反函数的概念；
4. 能列出简单实际问题中的函数关系.

三、基本题型及解题方法

题型 1　求函数定义域.

解题方法：求函数的定义域一般主要针对一些基本形式来确定其定义域，然后综合考虑. 函数的基本形式可分为 $\sqrt[2n]{A}$，$\frac{1}{A}$，$\log_a A$，$\tan A(\sec A)$，$\cot A(\csc A)$，$\arcsin A(\arccos A)$，等，其相应的定义域分别为 $A\geqslant 0$，$A\neq 0$，$A>0$，$A\neq k\pi+\frac{\pi}{2}$，$A\neq k\pi$，$|A|\leqslant 1$.

例 1　求下列函数的定义域：

(1) $y=\sqrt{\dfrac{x^2-3x+2}{x-3}}$；

(2) $f(x)=\dfrac{\lg(3-x)}{\sin x}+\sqrt{5+4x-x^2}$；

(3) $f(x)=\sqrt{x^2-x-6}+\arcsin\dfrac{2x-1}{7}$.

解：(1)使 y 有意义，只须 $\dfrac{x^2-3x+2}{x-3}\geqslant 0$ 且 $x-3\neq 0$，即

$$\begin{cases}x^2-3x+2\geqslant 0\\ x-3>0\end{cases}\text{或}\begin{cases}x^2-3x+2\leqslant 0\\ x-3<0\end{cases},$$

解不等式得定义域为 $[1,2]\cup(3,+\infty)$

(2)使 $f(x)$ 有意义，只须
$$\begin{cases}3-x>0\\ \sin x\neq 0\\ 5+4x-x^2\geqslant 0\end{cases},$$

解不等式组得定义域为 $[-1,0)\cup(0,3)$

(3)使 $f(x)$ 有意义，只须
$$\begin{cases}x^2-x-6\geqslant 0\\ -1\leqslant\dfrac{2x-1}{7}\leqslant 1\end{cases},$$

解不等式组得定义域为 $\begin{cases} x\geqslant 3 \text{ 或 } x\leqslant -2 \\ -3\leqslant x\leqslant 4 \end{cases}$,

即所给函数的定义域为$[-3,-2]\cup[3,4]$.

题型 2　比较两个函数是否相同.

解题方法:当且仅当两个函数的两大要素,即定义域与对应关系完全相同时才是同一函数,否则不同.

例 2　(1)$y=2x+1$ 与 $x=2y+1$;

(2)$f(x)=\lg x^2$ 与 $g(x)=2\lg x$;

(3)$f(x)=x$ 与 $g(x)=\sqrt{x^2}$.

解:(1)因为函数的对应关系与变量用什么字母表示无关,所以本组两个函数的对应关系相同,且定义域相同均为 **R**,因此两个函数相同,又称函数的这一性质为**变量无关性**.

(2)虽然本组两个函数的对应关系既表达式可化为相同,但是其定义域分别为 $x\neq 0$ 与 $x>0$,所以两个函数不同.

(3)虽然本组两个函数定义域均为 **R**,但是 $g(x)=\sqrt{x^2}=|x|$,所以两个函数不同.

题型 3　求函数值.

解题方法:将自变量代入解析式求值即可,但当函数为分段函数时要注意根据自变量所属定义域选择相对应的对应关系.

例 3　$\Phi(x)=\begin{cases} |\sin x| & |x|<\dfrac{\pi}{3} \\ 0 & |x|\geqslant\dfrac{\pi}{3} \end{cases}$,求 $\Phi\left(\dfrac{\pi}{6}\right),\Phi\left(\dfrac{\pi}{2}\right),\Phi(-2),\Phi\left(-\dfrac{\pi}{4}\right)$.

解:因为$\left|\dfrac{\pi}{6}\right|<\dfrac{\pi}{3}$,所以 $\Phi\left(\dfrac{\pi}{6}\right)=\left|\sin\dfrac{\pi}{6}\right|=\dfrac{1}{2}$;

因为$\left|\dfrac{\pi}{2}\right|\geqslant\dfrac{\pi}{3}$,所以 $\Phi\left(\dfrac{\pi}{2}\right)=0$;

因为$|-2|>\dfrac{\pi}{3}$,所以 $\Phi(-2)=0$;

因为$\left|-\dfrac{\pi}{4}\right|<\dfrac{\pi}{3}$,所以 $\Phi\left(-\dfrac{\pi}{4}\right)=\left|\sin\left(-\dfrac{\pi}{4}\right)\right|=\dfrac{\sqrt{2}}{2}$.

题型 4　求函数的表达式.

解题方法:以函数的变量无关性为基础,通过变量代换求函数的表达式.

例 4　设 $f\left(x+\dfrac{1}{x}\right)=x^2+\dfrac{1}{x^2}$,求 $f(x)$.

解:设
$$u=x+\frac{1}{x},x^2+\frac{1}{x^2}=\left(x+\frac{1}{x}\right)^2-2=u^2-2,$$
则
$$f(u)=u^2-2,$$

根据函数变量无关性得， $f(x)=x^2-2$.

题型5 求反函数.

解题方法：其一般步骤如下所示.

(1)从原函数 $y=f(x)$ 中解出 x 的表达式 $x=f^{-1}(y)$；

(2)对换变量 x,y 的位置，即得原函数的反函数；

(3)反函数的定义域为原函数的值域.

例5 求 $y=1+\ln(x+2)$ 的反函数.

解：由已知得 $x=\mathrm{e}^{y-1}-2$，所以反函数为 $y=\mathrm{e}^{x-1}-2, x\in\mathbf{R}$.

题型6 判断函数的奇偶性.

解题方法：要判断函数的奇偶性首先要判断函数的定义域是否关于原点对称.

若定义域关于原点对称又满足 $f(-x)=f(x)$，则函数为偶函数.

若定义域关于原点对称又满足 $f(-x)=-f(x)$，则函数为奇函数.

例6 判断函数 $\mathrm{f(x)}=ln(\mathrm{x}+\sqrt{\mathrm{x}^2+1})$ 奇偶性.

解：该函数的定义域为 $\mathbf{R}$，关于原点对称，且

$$\begin{aligned}f(-x)&=\ln[-x+\sqrt{(-x)^2+1}]\\&=\ln\frac{(\sqrt{x^2+1}-x)(\sqrt{x^2+1}+x)}{\sqrt{x^2+1}+x}\\&=\ln\frac{1}{\sqrt{x^2+1}+x}\\&=-\ln(\sqrt{x^2+1}+x)=-f(x),\end{aligned}$$

所以，函数 $f(x)=\ln(x+\sqrt{x^2+1})$ 为奇函数.

例7 判断函数 $f(x)=F(x)\left(\frac{1}{a^x+1}-\frac{1}{2}\right)$ 的奇偶性，其中 $a>0$ 且 $a\neq1$，$F(x)$ 为奇函数.

解：设 $g(x)=\frac{1}{a^x+1}-\frac{1}{2}$，其定义域为 $\mathbf{R}$ 关于原点对称，

且
$$\begin{aligned}g(-x)&=\frac{1}{a^x+1}-\frac{1}{2}=\frac{a^x}{1+a^x}-\frac{1}{2}\\&=\frac{1+a^x-1}{1+a^x}-\frac{1}{2}\\&=\frac{1}{2}-\frac{1}{a^x+1}=-g(x),\end{aligned}$$

所以 $g(x)=\frac{1}{a^x+1}-\frac{1}{2}$ 为奇函数，从而 $f(x)=F(x)\left(\frac{1}{a^x+1}-\frac{1}{2}\right)=F(x)g(x)$ 为偶函数.

同步练习 1.1

(一)判断题

1. 函数 $y=3$ 是有界函数.

2. 函数 $y=|\sin x|$ 与 $y=\sin|x|$ 是相同的函数.

3. $y=\sin x\cdot\cos x$ 是奇函数.

4. 函数 $f(x)=\log_a(x+\sqrt{x^2+1})$ 是非奇非偶函数.

5. 设 $f(x+1)=x^2+2x-3$,则 $f(2)=5$.

6. 若函数 $f(x)$ 在 (a,b) 内的图像介于两平行直线之间,则 $f(x)$ 在 (a,b) 上是有界函数.

(二)填空题

1. 函数 $y=\dfrac{\sqrt{x^2-4}}{x-2}$ 的定义域是________.

2. 函数 $f(x)=\sqrt{\dfrac{1-x^2}{6-x-x^2}}$ 的定义域是________.

3. 设函数 $f(x)=\begin{cases}\sin x & -2<x<0\\ 1+x^2 & 0\leqslant x<2\end{cases}$,则 $f\left(\dfrac{\pi}{2}\right)=$________.

4. 设 $f(x)=\dfrac{1}{1-x}(x\neq 0,1)$,则 $f(f(x))=$________.

5. 设 $f(x+1)=x^2+2x+3$,则 $f(x)=$________.

6. 函数________的图像与函数 $y=8^x$ 的图像关于直线 $y=x$ 对称.

7. 设 $f(x)=\begin{cases}x^2+1 & x\geqslant 0\\ x+2 & x<0\end{cases}$,且 $f(x)=0$,则 $x=$________.

8. 设 $f\left(x+\dfrac{1}{x}\right)=x^2+\dfrac{1}{x^2}$,则 $f(\sqrt{2})=$________.

9. 两奇函数之和是________,两奇函数之积是________,两偶函数之积是________,一个偶函数与一个奇函数之积是________.(填奇函数、偶函数)

10. 函数 $y=\dfrac{1}{x}$ 在区间 $(0,1)$ 内________,在区间 $(1,2)$ 内________.(填有界、无界)

(三)选择题

1. 若函数 $f(x)$ 的定义域为 $[1,2]$,则函数 $f(1-\ln x)$ 的定义域为(　　).

A. $[1,1-\ln 2]$　　B. $(0,1]$　　C. $[1,\mathrm{e}]$　　D. $\left[\dfrac{1}{\mathrm{e}},1\right]$

2. 设 $f(x)=\dfrac{x+k}{kx^2+2kx+2}$ 的定义域为 $(-\infty,+\infty)$,则 k 的取值范围是(　　).

A. $0\leqslant k<2$　　B. $0<k<2$　　C. $k>2$　　D. $k\geqslant 2$

3. 设 $f(x)$ 为定义在 $(-\infty,+\infty)$ 内的任意函数,下列函数中,(　　)为奇函数.

A. $f(|x|)$　　B. $|f(x)|$　　C. $f(x)+f(-x)$　　D. $f(x)-f(-x)$

4. 函数 $f(x)=\mathrm{e}^x-1$ 在 $(-\infty,+\infty)$ 上(　　).

A. 无零点　　B. 有一个零点　　C. 有两个零点　　D. 不能确定

5. 函数 $y=\sin x+\sqrt{3}\cos x$ 的周期是(　　).

A. 2π　　B. π　　C. $\frac{2\pi}{\sqrt{3}}$　　D. $\frac{\pi}{6}$

6. 函数 $y=-x(2+x)(x\geqslant 0)$ 的反函数的定义域是(　　).

A. $[0,+\infty)$　　B. $(-\infty,1]$　　C. $(0,1]$　　D. $(-\infty,0]$

7. 设 $f(x)=\sin x$,则 $f(-\cos\pi)=$(　　).

A. 1　　B. 0　　C. $\sin 1$　　D. $\sin(-1)$

8. 下列各对函数中,互为反函数的是(　　).

A. $y=\sin x$ 与 $y=\cos x$　　B. $y=e^x$ 与 $y=e^{-x}$

C. $y=\tan x$ 与 $y=\cot x$　　D. $y=2x$ 与 $y=\frac{1}{2}x$

(四)解答题

1. 判断函数 $f(x)=\frac{e^{-x}-1}{e^{-x}+1}$ 的奇偶性.

2. 画出函数 $y=\ln(x-1)$ 及 $y=2^x+1$ 的图像.

1.2 初等函数

一、基本内容

1. 基本初等函数:

(1)幂函数:幂函数 $y=x^\alpha$(α 是任意实数).

(2)指数函数:$y=a^x$(a 为常数,且 $a>0,a\neq 1$).

(3)对数函数:$y=\log_a x$(a 为常数,且 $a>0,a\neq 1$).

(4)三角函数:

正弦函数　$y=\sin x$;　　余弦函数　$y=\cos x$;

正切函数　$y=\tan x$;　　余切函数　$y=\cot x$;

正割函数　$y=\sec x$;　　余割函数　$y=\csc x$.

(5)反三角函数:

反正弦函数　$y=\arcsin x$,是正弦函数在区间$\left[-\frac{\pi}{2},\frac{\pi}{2}\right]$上的反函数;

反余弦函数　$y=\arccos x$,是余弦函数在区间$[0,\pi]$上的反函数;

反正切函数　$y=\arctan x$,是正切函数在区间$\left(-\frac{\pi}{2},\frac{\pi}{2}\right)$上的反函数;

反余切函数　$y=\mathrm{arccrot}\, x$,是余切函数在区间$(0,\pi)$上的反函数.

2. 复合函数:

(1)定义:设函数 $y=f(u)$的定义域为 D_f,函数 $u=\varphi(x)$的值域为 R_φ,若 $D_f\cap R_\varphi=M\neq\varnothing$,则在 M 内通过变量 u 确定了一个 y 是 x 的函数,记作 $y=f(\varphi(x))$,该函数称为 x 的**复合函数**. 其中 x 称为**自变量**,y 称为**因变量**,u 称为**中间变量**.

(2)复合函数的分解原则:把一个复合函数分解成基本初等函数或基本初等函数的四则

运算.

3. 初等函数:常数和基本初等函数经过有限次的四则运算与复合所构成的,并可用一个式子表示的函数.

*4. 双曲函数:

双曲正弦函数 $y=\operatorname{sh}x=\frac{e^x-e^{-x}}{2}$, $x\in(-\infty,+\infty)$;

双曲余弦函数 $y=\operatorname{ch}x=\frac{e^x+e^{-x}}{2}$, $x\in(-\infty,+\infty)$;

双曲正切函数 $y=\operatorname{th}x=\frac{e^x-e^{-x}}{e^x+e^{-x}}$, $x\in(-\infty,+\infty)$;

双曲余切函数 $y=\operatorname{coth}x=\frac{e^x+e^{-x}}{e^x-e^{-x}}$, $x\in(-\infty,0)\cup(0,+\infty)$.

二、学习要求

1. 掌握基本初等函数解析式、图像及常用公式;
2. 理解复合函数的概念,掌握复合函数的分解;
3. 理解初等函数的概念.

三、基本题型及解题方法

题型 1 求复合函数.

解题方法:首先验证 $u=g(x)$ 的值域与 $y=f(u)$ 的定义域的交集是否非空,若非空则能复合,将 $u=g(x)$ 代入 $y=f(u)$ 即可;若为空集则不能复合.

例 1 下列函数能否复合为函数 $y=f(g(x))$,若能,写出其解析式、定义域、值域.

(1) $y=f(u)=\sqrt{u}$, $u=g(x)=x-x^2$;

(2) $y=f(u)=\ln u$, $u=g(x)=\sin x-1$.

解:(1)因为 $y=f(u)=\sqrt{u}$ 的定义域为 $D_f=[0,+\infty)$, $u=g(x)=x-x^2$ 的值域为 $R_g=\left(-\infty,\frac{1}{4}\right]$,即 $D_f\cap R_g=\left[0,\frac{1}{4}\right]\neq\varnothing$,故能复合.

复合函数为 $y=\sqrt{x-x^2}$, $x\in[0,1]$, $y\in\left[0,\frac{1}{2}\right]$.

(2)因为 $y=f(u)=\ln u$ 的定义域为 $D_f=(0,+\infty)$, $u=g(x)=\sin x-1$ 的值域为 $R_g=[-2,0]$,即 $D_f\cap R_g=\varnothing$,故不能复合.

题型 2 复合函数的分解.

解题方法:可按照“从外到里”的脱衣原则,逐次分解,直到不能再分.

一般地,能不能再分可看最后是不是基本初等函数或其四则运算,若是则不能再分,若不是,则还需继续研究.

例 2 分析函数 $y=\sqrt[3]{\arctan\cos e^{2x}}$ 的复合结构.

解:该函数是由函数 $y=\sqrt[3]{u}$,$u=\arctan v$,$v=\cos w$,$w=e^t$,$t=2x$ 复合而成的.

同步练习 1.2

(一)判断题

1. 分段函数都不是初等函数.
2. 复合函数 $y=f(\phi(x))$的定义域与函数 $u=\phi(x)$的定义域一定相同.

(二)填空题

1. 设 $f(x)=2^x$,$\varphi(x)=x^2$,则 $f(\varphi(x))=$__________,$\varphi(f(x))=$__________.
2. 将函数 $y=\arcsin u$,$u=e^v$,$v=-\sqrt{x}$表示成 x 的函数:__________.
3. 将函数 $y=\sqrt{1+u^2}$,$u=\sin v$,$v=\log_2 x$ 表示成 x 的函数:__________.
4. 基本初等函数中,在其定义域内单调有界的函数有__________.
5. 函数 $y=e^{\sin(1-x)}$是由______________复合而成.
6. 指出函数 $y=(\arcsin\sqrt{1-x^2})^2$ 的复合过程:______________.
7. 指出函数 $y=\sec^2\left(1-\dfrac{1}{x}\right)$的复合过程:______________.
8. 指出函数 $y=2^{\sqrt[3]{x^3+1}}$ 的复合过程:______________.

(三)选择题

1. 下列各组函数能构成复合函数 $f(\phi(x))$的是(　　).

A. $y=f(u)=\ln u$ 与 $u=\phi(x)=\sin x-1$

B. $y=f(u)=\sqrt{u}$与 $u=\phi(x)=-x$

C. $y=f(u)=\dfrac{1}{u-u^2}$与 $u=\phi(x)=\sin^2 x+\cos^2 x-1$

D. $y=f(u)=\arccos u$ 与 $u=\phi(x)=3+x^2$

2. 函数 $f(x)=\ln^2\sin x$ 的复合过程是(　　).

A. $y=u^2$,$u=\ln v$,$v=\sin x$

B. $y=\ln^2 u$,$u=\sin x$

C. $y=u^2$,$u=\ln\sin x$

D. $y=\ln^2 u$,$u=\ln v$,$v=\sin x$

1.3　极限的概念

一、基本内容

1. 数列极限:若当 n 无限增大时,数列 x_n 无限接近于一个确定的常数 a,则 a 称为数列 x_n 的**极限**,记为$\lim\limits_{n\to\infty}x_n=a$ 或当 $n\to\infty$时,$x_n\to a$.

2. 函数极限:

(1)函数 $f(x)$在点 x_0 处的极限及左右极限:

在点 x_0 处的极限$\lim\limits_{x\to x_0}f(x)$；

左极限 $f(x_0-0)=\lim\limits_{x\to x_0^-}f(x)$；

右极限 $f(x_0+0)=\lim\limits_{x\to x_0^+}f(x)$.

关系：极限$\lim\limits_{x\to x_0}f(x)$存在的充要条件是左、右极限均存在且相等.

(2)当 $x\to\infty$时，函数 $f(x)$的极限$\lim\limits_{x\to\infty}f(x)$；

当 $x\to-\infty$时，函数 $f(x)$的极限 $\lim\limits_{x\to-\infty}f(x)$；

当 $x\to+\infty$时，函数 $f(x)$的极限 $\lim\limits_{x\to+\infty}f(x)$.

关系：极限$\lim\limits_{x\to\infty}f(x)$存在$\Leftrightarrow\lim\limits_{x\to-\infty}f(x)$与$\lim\limits_{x\to+\infty}f(x)$均存在且相等.

3. 无穷小的定义：若 $f(x)$当 $x\to?$ 时的极限为零(即 $x\to?$ 时 $f(x)\to0$)，则称 $f(x)$为当 $x\to?$ 时的**无穷小量**，简称**无穷小**.

4. 无穷小与函数极限的关系：$\lim\limits_{x\to?}f(x)=A\Leftrightarrow f(x)=A+\alpha$，其中 α 是 $x\to?$ 时的无穷小.

5. 无穷大的定义：若 x 满足 $0<|x-x_0|<\delta$(或$|x|>X$)时，有$|f(x)|>M$，则称 $f(x)$为当 $x\to x_0$(或 $x\to\infty$)时的**无穷大量**，简称**无穷大**.

6. 无穷小与无穷大的关系：

(1)若 $f(x)$是无穷大，则$\frac{1}{f(x)}$是无穷小；

(2)若 $f(x)$是无穷小，且 $f(x)\neq0$，则$\frac{1}{f(x)}$是无穷大.

二、学习要求

1. 理解极限的概念；
2. 掌握函数极限存在的充要条件；
3. 了解无穷小、无穷大的概念；
4. 理解无穷小与无穷大的关系及无穷小与函数极限的关系.

三、基本题型及解题方法

题型 1　求数列的极限.

解题方法：通过观察数列的项的变化，结合定义判断数列的敛散性.

例 1　判断数列 $x_n=\frac{1+(-1)^{n+1}}{2}$的敛散性.

解：由通项公式得该数列为 $1,0,1,0,\cdots,\frac{1+(-1)^{n+1}}{2},\cdots$，可见该数列随着 n 的增大没有无限接近于一个确定的常数，所以该数列发散.

例 2　判断数列 $x_n=\frac{n+(-1)^{n-1}}{n}$的敛散性.

解：由通项公式得该数列为 $2,\frac{1}{2},\frac{4}{3},\frac{3}{4},\cdots,\frac{n+(-1)^{n-1}}{n},\cdots$，可见当 n 无限增大

时，表示数列 $x_n=\frac{n+(-1)^{n-1}}{n}$ 的点逐渐密集在 $x=1$ 的附近，即数列 x_n 无限接近于 1，$\lim\limits_{n\to\infty}\frac{1+(-1)^{n+1}}{n}=1$，所以该数列收敛.

题型 2　确定函数在 x_0 的左右极限及由此判定函数在 x_0 的极限.

解题方法：当 $f(x)$ 在 x_0 左右两侧的解析式不一致时，要求极限往往要根据极限存在的充要条件：$\lim\limits_{x\to x_0}f(x)=A\Leftrightarrow\lim\limits_{x\to x_0^-}f(x)=\lim\limits_{x\to x_0^+}f(x)=A$ 来确定函数的极限；当函数的解析式中有指数函数或反正、余切函数时，也需利用极限存在的充要条件.

例 3　设 $f(x)=\begin{cases}x & x<1\\ 0 & x=1\\ 2-x & x>1\end{cases}$，求 $\lim\limits_{x\to1}f(x)$.

解：因
$$\lim_{x\to1^-}f(x)=\lim_{x\to1^-}x=1,\quad \lim_{x\to1^+}f(x)=\lim_{x\to1^+}(2-x)=1,$$
所以
$$\lim_{x\to1}f(x)=1.$$

例 4　选择：$\lim\limits_{x\to0}\arctan\frac{1}{x}=($　　$)$.

A. $\frac{\pi}{2}$　　B. $-\frac{\pi}{2}$　　C. ∞　　D. 不存在但不为∞

解：因 $\lim\limits_{x\to0^+}\frac{1}{x}=+\infty$，$\lim\limits_{x\to0^-}\frac{1}{x}=-\infty$，所以 $\lim\limits_{x\to0^+}\arctan\frac{1}{x}=\frac{\pi}{2}$，$\lim\limits_{x\to0^-}\arctan\frac{1}{x}=-\frac{\pi}{2}$，故 $\lim\limits_{x\to0}\arctan\frac{1}{x}$ 不存在但不为∞，应选择 D.

题型 3　求自变量趋于无穷大($x\to\infty$)时函数的极限.

解题方法：可结合函数图像观察函数随 $x\to\infty$ 的变化情况，有时还需从 $x\to+\infty$ 与 $x\to-\infty$ 两个角度来考虑，因为 $\lim\limits_{x\to\infty}f(x)=A\Leftrightarrow\lim\limits_{x\to+\infty}f(x)=\lim\limits_{x\to-\infty}f(x)=A$.

例 5　判别下列函数极限是否存在，如果存在求出其值.

(1) $\lim\limits_{x\to\infty}e^{1/x}$；　　(2) $\lim\limits_{x\to\infty}e^{x}$.

解：(1) 令 $u=\frac{1}{x}$，有 $x\to\infty$ 时 $u\to0$，则 $\lim\limits_{x\to\infty}e^{1/x}=\lim\limits_{u\to0}e^{u}=1$.

(2) 因为 $\lim\limits_{x\to+\infty}e^{x}=+\infty$，$\lim\limits_{x\to-\infty}e^{x}=0$，所以 $\lim\limits_{x\to\infty}e^{x}$ 不存在.

题型 4　判定无穷小与无穷大.

解题方法：(1) 直接根据无穷小无穷大的定义；

(2) 当变量是分式时，常根据无穷大与无穷小的关系：若分母的极限值是零而分子的极限为常数，则该变量为**无穷大量**；若分母为无穷大而分子的极限为常数，则该变量为**无穷小量**.

例 6 判断下列哪些是无穷小量,哪些是无穷大量.

(1)当 $x\to\infty$ 时,$\frac{1}{x}$; (2)当 $x\to+\infty$ 时,e^{-x};

(3)当 $x\to1$ 时,$\frac{1}{x^2-1}$; (4)当 $x\to2$ 时,$\frac{x+1}{x^2-4}$.

解:(1)因为 $\lim\limits_{x\to\infty}\frac{1}{x}=0$,则当 $x\to\infty$ 时,$\frac{1}{x}$ 为无穷小量.

(2)因为 $\lim\limits_{x\to+\infty}e^{-x}=0$,故当 $x\to+\infty$ 时,e^{-x} 为无穷小量.

(3)因为当 $x\to1$ 时,分母 $x^2-1\to0$,而分子为非零常数,由无穷大与无穷小的关系,可知当 $x\to1$ 时,$\frac{1}{x^2-1}$ 为无穷大量.

(4)因为当 $x\to2$ 时,$\frac{x+1}{x^2-4}$ 的分母 $x^2-4\to0$,而分子 $x+1\to3$,故当 $x\to2$ 时,$\frac{x+1}{x^2-4}$ 为无穷大量.

同步练习 1.3

(一)填空题

1. 数列 $\{x_n\}$ 的通项公式为 $x_n=\frac{2n-1}{n+1}$,则 $x_6=$__________,$\lim\limits_{n\to\infty}x_n=$__________.

2. 设 $\lim\limits_{x\to x_0^-}f(x)=\lim\limits_{x\to x_0^+}f(x)=A$,则 $\lim\limits_{x\to x_0}f(x)=$__________.

3. 设 $f(x)=\frac{x^2-2x-3}{x+1}$,则 $\lim\limits_{x\to0}f(x)=$__________,$\lim\limits_{x\to-1}f(x)=$__________.

4. $\lim\limits_{x\to1^-}\arcsin x=$__________,$\lim\limits_{x\to1^-}\arccos x=$__________.

5. $\lim\limits_{x\to+\infty}\arctan x=$__________,$\lim\limits_{x\to+\infty}\operatorname{arccot} x=$__________.

6. $\lim\limits_{x\to\infty}2^{\frac{1}{x}}=$__________.

7. 设 $f(x)=\frac{1}{1+e^{\frac{1}{x}}}$,则 $\lim\limits_{x\to0^-}fx)=$__________,$\lim\limits_{x\to0^+}f(x)=$__________.

8. $\lim\limits_{x\to0^-}\frac{2^{\frac{1}{x}}-1}{2^{\frac{1}{x}}+1}=$__________.

9. 若 $f(x)=\frac{(x-1)(x-3)}{(x+1)(x-2)}$ 为无穷大量,则 $x\to$__________,或 $x\to$__________.

10. 设 $\alpha(x)$ 是某一变化过程中的无穷小量,且 $\alpha(x)\neq0$,则在该变化过程中,$\frac{1}{\alpha(x)}$ 是______________.

11. 设 $f(x)$ 是某一变化过程中的无穷大量,则在该变化过程中,$\frac{1}{f(x)}$ 是__________.

12. 当 $x\to+\infty$ 时,2^x 和 4^x 都是无穷__________量,而 $\lim\limits_{x\to+\infty}\frac{2^x}{4^x}=$__________.

(二)选择题

1. 数列有界是数列收敛的(   ).

A. 必要条件　　B. 充分条件　　C. 充要条件　　D. 无关条件

2. 设函数 $f(x)=\frac{|x-1|}{x-1}$,则$\lim\limits_{x\to1}f(x)$是(　　).

A. 0　　B. 1　　C. -1　　D. 不存在

3. 设 $f(x)=\begin{cases}3x+2 & x\leqslant0\\ x^2-2 & x>0\end{cases}$,则 $\lim\limits_{x\to0^+}f(x)=($　　$)$.

A. 2　　B. 0　　C. -1　　D. -2

4. 下列极限存在的是(　　).

A. $\lim\limits_{x\to\infty}\frac{1}{x}$　　B. $\lim\limits_{x\to0}\sin\frac{1}{x}$　　C. $\lim\limits_{x\to0}e^{\frac{1}{x}}$　　D. $\lim\limits_{x\to0}\frac{1}{2^x-1}$

5. 下列极限不等于 1 的是(　　).

A. $\lim\limits_{n\to\infty}\left(1+\frac{1}{n}\right)$　　B. $\lim\limits_{n\to\infty}\left(1+\frac{1}{n^2}\right)$　　C. $\lim\limits_{n\to\infty}(-1)^n$　　D. $\lim\limits_{n\to\infty}\left(1+\frac{(-1)^n}{n}\right)$

6. 函数 $f(x)=x\sin x$(　　).

A. 在$(-\infty,+\infty)$内无界　　B. 在$(-\infty,+\infty)$内有界

C. 当 $x\to\infty$时为无穷大　　D. 当 $x\to\infty$时极限存在

7. 下列变量在给定的变化过程中为无穷小量的是(　　).

A. $2^x-1(x\to0)$　　B. $2^{-x}-1(x\to1)$　　C. $\frac{1}{2x}(x\to0)$　　D. $\frac{1}{(x-1)^2}(x\to0)$

8. 要使$\frac{1}{x-1}$为无穷大量,变量 x 的变化趋势是(　　).

A. $x\to-1$　　B. $x\to1$　　C. $x\to\infty$　　D. x 可任意变化

9. 当 $x\to1$ 时,下列变量中为无穷大量的是(　　).

A. $\frac{x^2-1}{x+1}$　　B. $\frac{x^2-1}{x-1}$　　C. $\frac{x+1}{x-1}$　　D. $2^{\frac{1}{x-1}}$

10. 当 $x\to0$ 时,下列变量中为无穷大量的是(　　).

A. $\frac{1}{x}\cos\frac{1}{x}$　　B. $e^{\frac{1}{x}}$　　C. $\cot x$　　D. $\frac{1-\cos x}{x^2}$

11. 当 $x\to\infty$时,以下变量是无穷小量的是(　　).

A. $\ln x$　　B. $\sin\frac{1}{x}$　　C. $\cos\frac{1}{x}$　　D. e^{-x}

1.4　极限的运算

一、基本内容

1. 极限的四则运算法则:变量和、差、积、商的极限等于极限的和、差、积、商.

前提:每一变量的极限均存在;商的运算时,分母的极限不为零.

2. 常见的极限类型(法则的应用):

(1) $\lim\limits_{x\to x_0}P_n(x)=P_n(x_0)$.

(2) $\lim\limits_{x\to x_0}\dfrac{P_n(x)}{Q_m(x)}=\begin{cases}\dfrac{A_1}{A_2}=C\neq 0\\ \dfrac{0}{A}=0\\ \dfrac{A}{0}=\infty\\ \dfrac{0}{0}(\text{可化为以上 3 种情形})\end{cases}$.

(3) $\lim\limits_{x\to\infty}\dfrac{P_n(x)}{Q_m(x)}\overset{\frac{\infty}{\infty}}{=}\begin{cases}\dfrac{a_n}{b_m}, & m=n\\ 0, & m>n\\ \infty, & m<n\end{cases}$.

(4)“$\infty-\infty$”型,主要包括“分式−分式”和“根式−根式”.

(5)数列无穷多项之和或之积求极限.

3. 无穷小的运算性质:

(1)有限个无穷小的代数和仍然是无穷小;

(2)有限个无穷小的乘积仍然是无穷小;

(3)常数与无穷小的乘积仍然是无穷小;

(4)有界变量与无穷小的乘积仍然是无穷小.

4. 第一重要极限:$\lim\limits_{x\to 0}\dfrac{\sin x}{x}=1$.

特征:(1)是“$\dfrac{0}{0}$”型极限,但并不代表所有的“$\dfrac{0}{0}$”型;

(2)无论 x 趋于何值,只要 $\alpha(x)\to 0$,就有$\dfrac{\sin\alpha(x)}{\alpha(x)}\to 1$.

5. 第二重要极限:$\lim\limits_{x\to\infty}\left(1+\dfrac{1}{x}\right)^x=\mathrm{e}$,$\lim\limits_{x\to 0}(1+x)^{\frac{1}{x}}=\mathrm{e}$,$\lim\limits_{n\to\infty}\left(1+\dfrac{1}{n}\right)^n=\mathrm{e}$.

特征:(1)是“1^∞”型极限,但并不代表所有的 1^∞;

(2)无论 x 趋于何值,只要 $\alpha(x)\to 0$,就有$[1+\alpha(x)]^{\frac{1}{\alpha(x)}}\to\mathrm{e}$.

6. 无穷小的比较:

(1)定义:同阶无穷小,低阶无穷小,高阶无穷小,等价无穷小.

(2)常用的等价无穷小:当 $x\to 0$ 时

$\sin x\sim x$,　　$\tan x\sim x$,　　$\arcsin x\sim x$,　　$\arctan x\sim x$,

$1-\cos x\sim\dfrac{1}{2}x^2$,　　$\ln(1+x)\sim x$,　　$\mathrm{e}^x-1\sim x$,

$a^x-1\sim x\ln a(a>0)$,　　$\sqrt[n]{1+x}-1\sim\dfrac{1}{n}x$.

7. 关于等价无穷小的重要结论(等价无穷小替换):设 $\alpha,\alpha',\beta,\beta'$ 是自变量同一变化过程中的无穷小，且 $\alpha\sim\alpha'$，$\beta\sim\beta'$，$\lim\frac{\beta'}{\alpha'}$存在或为无穷大，则

$$\lim\frac{\beta}{\alpha}=\lim\frac{\beta'}{\alpha'}.$$

二、学习要求

1. 熟练掌握极限四则运算法则；
2. 能够灵活运用两个重要极限求极限；
3. 掌握无穷小的比较；
4. 熟记常用等价无穷小，能灵活应用等价无穷小替换求极限.

三、基本题型及解题方法

题型 1　直接利用极限运算法则求极限.

解题方法：直接利用极限的四则运算法则，尤其注意法则成立的前提条件是每一项的极限都存在，另外商的极限等于极限的商，也只有在分母极限不为零时才成立.

例 1　计算下列极限：

(1) $\lim\limits_{x\to 2}\frac{x^2+5}{x^2-3}$；　　(2) $\lim\limits_{x\to\sqrt{3}}\frac{x^2-3}{x^2+1}$.

解：(1) 因为 $\lim\limits_{x\to 2}(x^2-3)\neq 0$，

所以 $\lim\limits_{x\to 2}\frac{x^2+5}{x^2-3}=\frac{\lim\limits_{x\to 2}(x^2+5)}{\lim\limits_{x\to 2}(x^2-3)}=\frac{9}{1}=9$.

(2) 因为 $\lim\limits_{x\to\sqrt{3}}(x^2+1)\neq 0$，

所以 $\lim\limits_{x\to\sqrt{3}}\frac{x^2-3}{x^2+1}=\frac{\lim\limits_{x\to\sqrt{3}}(x^2-3)}{\lim\limits_{x\to\sqrt{3}}(x^2+1)}=\frac{0}{4}=0$.

题型 2　利用无穷小与无穷大的关系求极限.

解题方法：当分母极限为零而分子的极限不为零时，由于分母极限为零无法直接用法则，此时可以先求其倒数的极限再利用无穷小与无穷大的关系来求极限.

例 2　计算 $\lim\limits_{x\to\sqrt{3}}\frac{x^2+1}{x^2-3}$.

解：因为 $\lim\limits_{x\to\sqrt{3}}\frac{x^2-3}{x^2+1}=\frac{\lim\limits_{x\to\sqrt{3}}(x^2-3)}{\lim\limits_{x\to\sqrt{3}}(x^2+1)}=\frac{0}{4}=0$，

所以 $\lim\limits_{x\to\sqrt{3}}\frac{x^2+1}{x^2-3}=\infty$.

题型 3　求“$\frac{0}{0}$”型未定型的极限.

解题方法：当函数的分子、分母的极限均为 0 时，由于分母的极限为 0，所以不能直接利用极限运算法则，但仍有多种方法，本节主要采用“约去不为零的无穷小因子(有时也称零因子)法”，即对于有理式的“$\frac{0}{0}$”型，分解因式后直接约去零因子，对于含有根式的“$\frac{0}{0}$”型，应先有理化，再约去零因子.

例 3　计算下列极限：

(1)$\lim\limits_{h\to 0}\frac{(x+h)^2-x^2}{h}$；　(2)$\lim\limits_{x\to 1}\frac{x^m-1}{x^n-1}$($m$、$n$ 为正整数)；

(3)$\lim\limits_{x\to 3}\frac{\sqrt{1+x}-2}{x-3}$.

解：(1)$\lim\limits_{h\to 0}\frac{(x+h)^2-x^2}{h}=\lim\limits_{h\to 0}\frac{(x+h-x)(x+h+x)}{h}=\lim\limits_{h\to 0}(h+2x)=2x$.

(2)
$$\lim_{x\to 1}\frac{x^m-1}{x^n-1}=\lim_{x\to 1}\frac{(x-1)(x^{m-1}+x^{m-2}+\cdots+1)}{(x-1)(x^{n-1}+x^{n-2}+\cdots+1)}=\lim_{x\to 1}\frac{x^{m-1}+x^{m-2}+\cdots+1}{x^{n-1}+x^{n-2}+\cdots+1}=\frac{m}{n}.$$

(3)
$$\lim_{x\to 3}\frac{\sqrt{1+x}-2}{x-3}=\lim_{x\to 3}\frac{x-3}{(x-3)(\sqrt{1+x}+2)}=\lim_{x\to 3}\frac{1}{\sqrt{1+x}+2}=\frac{1}{4}.$$

题型 4　求“$\frac{\infty}{\infty}$”型未定型的极限.

解题方法：当函数的分子、分母的极限均为∞时，显然不能采用极限四则运算法则来求解，但仍有多种方法，本节主要采用将分子、分母同除以一个极限为∞的因式的方法.

对于分子分母都是多项式的“$\frac{\infty}{\infty}$”型，将分子分母同除以变量的最高次项即可.

例 4　计算下列极限：

(1)$\lim\limits_{x\to\infty}\frac{(2x-1)^{30}(3x-2)^{20}}{(2x+1)^{50}}$；　(2)$\lim\limits_{n\to\infty}\frac{(n+1)(n+2)(n+3)}{5n^3}$.

解：(1)
$$\lim_{x\to\infty}\frac{(2x-1)^{30}(3x-2)^{20}}{(2x+1)^{50}}=\lim_{x\to\infty}\frac{\left(2-\frac{1}{x}\right)^{30}\left(3-\frac{2}{x}\right)^{20}}{\left(2+\frac{1}{x}\right)^{50}}=\frac{2^{30}3^{20}}{2^{50}}=\left(\frac{3}{2}\right)^{20}.$$

(2)
$$\lim_{n\to\infty}\frac{(n+1)(n+2)(n+3)}{5n^3}=\lim_{n\to\infty}\frac{\left(1+\frac{1}{n}\right)\left(1+\frac{2}{n}\right)\left(1+\frac{3}{n}\right)}{5}=\frac{1}{5}.$$

题型 5　求"∞−∞"型未定型的极限.

解题方法:先通过通分或分子有理化等方法将其转化为"$\frac{0}{0}$"或"$\frac{\infty}{\infty}$"型.

例 5　求下列极限:

(1)$\lim\limits_{x\to1}\left(\frac{1}{1-x}-\frac{3}{1-x^3}\right)$;　(2)$\lim\limits_{x\to+}(\sqrt{x^2+x+1}-\sqrt{x^2-x+1})$.

解:(1)$\lim\limits_{x\to1}\left(\frac{1}{1-x}-\frac{3}{1-x^3}\right)=\lim\limits_{x\to1}\frac{x^2+x-2}{1-x^3}=\lim\limits_{x\to1}\frac{(x+2)(x-1)}{(1-x)(1+x+x^2)}=-1$.

(2) $\lim\limits_{x\to+\infty}(\sqrt{x^2+x+1}-\sqrt{x^2-x+1})$

$$=\lim_{x\to+\infty}\frac{2x}{\sqrt{x^2+x+1}+\sqrt{x^2-x+1}}$$

$$=\lim_{x\to+\infty}\frac{2}{\sqrt{1+\frac{1}{x}+\frac{1}{x^2}}+\sqrt{1-\frac{1}{x}+\frac{1}{x^2}}}=1.$$

题型 6　求"无穷多项和或乘积"的极限.

解题方法:此种情况也不能直接采用极限四则运算法则,需要利用一些代数恒等式变形后再计算.

例 6　求下列极限:

(1)$\lim\limits_{n\to\infty}\left(\frac{1}{1\cdot2}+\frac{1}{2\cdot3}+\frac{1}{3\cdot4}+\cdots+\frac{1}{(n-1)\cdot n}\right)$.

(2)$\lim\limits_{n\to\infty}\left(1-\frac{1}{2}\right)\left(1-\frac{1}{3}\right)\cdots\left(1-\frac{1}{n}\right)$.

解:(1)原式$=\lim\limits_{n\to\infty}\left(1-\frac{1}{2}+\frac{1}{2}-\frac{1}{3}+\frac{1}{3}-\frac{1}{4}+\cdots+\frac{1}{n-1}-\frac{1}{n}\right)$

$$=\lim_{n\to\infty}\left(1-\frac{1}{n}\right)=1.$$

(2)因为
$$\left(1-\frac{1}{2}\right)\left(1-\frac{1}{3}\right)\cdots\left(1-\frac{1}{n}\right)=\frac{1}{2}\cdot\frac{2}{3}\cdots\frac{n-1}{n}=\frac{1}{n},$$

所以
$$\lim_{n\to\infty}\left(1-\frac{1}{2}\right)\left(1-\frac{1}{3}\right)\cdots\left(1-\frac{1}{n}\right)=\lim_{n\to\infty}\frac{1}{n}=0.$$

题型 7　确定极限式中的待定参数.

解题方法:解决此种题型,须熟练掌握前面几种题型的特点,尤其是"$\frac{0}{0}$"与"$\frac{\infty}{\infty}$"型极限,根据极限结果的特点来确定关于待定参数的等式,进而求得待定参数.

例 7　若$\lim\limits_{x\to3}\frac{x^2-2x+k}{x-3}=4$,求 k 的值.

解:因为　$\lim\limits_{x\to3}(x-3)=0$,而$\lim\limits_{x\to3}\frac{x^2-2x+k}{x-3}=4$,

所以 $$\lim_{x\to 3}(x^2-2x+k)=0,$$
则有 $$3^2-2\times 3+k=0,$$
于是 $$k=-3.$$

题型 8 利用无穷小的性质求极限.

解题方法:有时极限的值无法直接求出,就不要局限于极限本身,可以考虑无穷小的性质,因为无穷小本身的极限是已知的,为零.

例 8 计算下列极限:

(1) $\lim\limits_{x\to\infty}\dfrac{\arctan x}{x}$; (2) $\lim\limits_{x\to\infty}\dfrac{x^2+5\cos x}{3x^2+6\sin x}$.

解:(1)因为当 $x\to\infty$ 时,$\dfrac{1}{x}$ 是无穷小量,而 $\arctan x$ 为有界函数,

所以 $$\lim_{x\to\infty}\frac{\arctan x}{x}=\lim_{x\to\infty}\frac{1}{x}\cdot\arctan x=0.$$

(2) $$\lim_{x\to\infty}\frac{x^2+5\cos x}{3x^2+6\sin x}=\lim_{x\to\infty}\frac{1+\frac{5}{x^2}\cos x}{3+\frac{6}{x^2}\sin x}=\frac{1}{3}.$$

题型 9 求"$\dfrac{0}{0}$"型极限.

解题方法:以第一重要极限为基础,同时要注意该重要极限的推广应用,即 $\alpha(x)\to 0$,有 $\lim\limits_{\alpha(x)\to 0}\dfrac{\sin\alpha(x)}{\alpha(x)}=1$.

例 9 计算下列极限:

(1) $\lim\limits_{x\to 1}\dfrac{\sin(x-1)}{x^2+x-2}$; (2) $\lim\limits_{x\to 0}\dfrac{1-\cos 2x}{x\sin x}$.

解:(1)原式 $=\lim\limits_{x\to 1}\dfrac{\sin(x-1)}{x-1}\cdot\dfrac{1}{x+2}=\dfrac{1}{3}$.

(2)原式 $=\lim\limits_{x\to 0}\dfrac{2\sin^2 x}{x\sin x}=2\lim\limits_{x\to 0}\dfrac{\sin x}{x}=2$.

题型 10 求"1^∞"型极限.

解题方法:以第二重要极限为基础,同时也要注意该重要极限的推广应用,即 $\alpha(x)\to 0$,有 $\lim\limits_{\alpha(x)0}[1+\alpha(x)]^{\frac{1}{\alpha(x)}}=\mathrm{e}$.

例 10 计算下列极限:

(1) $\lim\limits_{x\to\infty}\left(1+\dfrac{5}{x}\right)^{-2x}$; (2) $\lim\limits_{x\to 0}(1-3x)^{2/x}$.

解:(1)原式 $=\lim\limits_{x\to\infty}\left(1+\dfrac{5}{x}\right)^{\frac{x}{5}\cdot(-10)}=\left[\lim\limits_{x\to\infty}\left(1+\dfrac{5}{x}\right)^{\frac{x}{5}}\right]^{(-10)}=\mathrm{e}^{-10}$.

(2)原式$=\lim\limits_{x\to 0}(1-3x)^{\frac{1}{-3x}\cdot(-6)}=e^{-6}$.

题型 11　判断无穷小的阶.

解题方法:根据定义对其做比值求极限即可.

例 11　设 $\varphi(x)=\dfrac{1-x}{1+x}$,$\psi(x)=1-\sqrt[3]{x}$,则当 $x\to 1$ 时,$\varphi(x)$是$\psi(x)$的________阶无穷小.

解:因为 $\lim\limits_{x\to 1}\dfrac{\varphi(x)}{\psi(x)}=\lim\limits_{x\to 1}\dfrac{1-x}{(1+x)(1-\sqrt[3]{x})}=\lim\limits_{x\to 1}\dfrac{1+\sqrt[3]{x}+\sqrt[3]{x^2}}{1+x}=\dfrac{3}{2}$,

所以 $\varphi(x)$是$\psi(x)$的同阶无穷小.

题型 12　利用等价无穷小的替换求极限.

解题方法:须熟记一些常用等价无穷小,如当 $x\to 0$ 时,$\sin x\sim x$,$\tan x\sim x$,$\arcsin x\sim x$,$\arctan x\sim x$,$1-\cos x\sim\dfrac{1}{2}x^2$,$\ln(1+x)\sim x$,$e^x-1\sim x$ 等,并能将其推广,即用任意一个无穷小量代替 x 后,等价关系仍然成立.例如,当 $x\to 1$ 时,$\sin(x-1)\sim x-1$.

只有这样才能灵活运用等价无穷小替换来求极限,但在替换时还要注意只有乘积因子方可作等价无穷小替换.

例 12　计算下列极限:

(1)$\lim\limits_{x\to 0}\dfrac{\sqrt{1+x\sin x}-1}{x\arcsin x}$;　　　(2)$\lim\limits_{x\to 0}\dfrac{e^x-e^{\sin x}}{x-\sin x}$.

解:(1)因为 $x\to 0$ 时,$\sqrt{1+x\sin x}-1\sim\dfrac{1}{2}x\sin x$,$\arcsin x\sim x$,

所以　$\lim\limits_{x\to 0}\dfrac{\sqrt{1+x\sin x}-1}{x\arcsin x}=\lim\limits_{x\to 0}\dfrac{x\sin x}{2x^2}=\dfrac{1}{2}\lim\limits_{x\to 0}\dfrac{\sin x}{x}=\dfrac{1}{2}$.

(2)原式$=\lim\limits_{x\to 0}\dfrac{e^{\sin x}(e^{x-\sin x}-1)}{x-\sin x}$,

又因为 $x\to 0$ 时,$e^{x-\sin x}-1\sim x-\sin x$,

所以原式$=\lim\limits_{x\to 0}\dfrac{e^{\sin x}(x-\sin x)}{x-\sin x}=\lim\limits_{x\to 0}e^{\sin x}=1$.

同步练习 1.4

(一)填空题

1. 若 $\lim\limits_{x\to -1}(1-2ax+x^2)=4$,则 $a=$________.

2. $\lim\limits_{x\to 3}\dfrac{x^2-x-6}{x-3}=$________.

3. $\lim\limits_{n\to\infty}\dfrac{1+\frac{1}{2}+\frac{1}{4}+\cdots+\frac{1}{2^n}}{1+\frac{1}{3}+\frac{1}{9}+\cdots+\frac{1}{3^n}}=$________.

4. 若 $\lim\limits_{n\to\infty}\dfrac{1-an^3}{2n^3-3n^2-1}=2$，则 $a=$__________.

5. $\lim\limits_{x\to\infty}\dfrac{x^2+3x+1}{2+x+2x^4}=$__________.

6. $\lim\limits_{n\to\infty}\dfrac{n}{\sqrt{n^2+1}+n}=$__________.

7. 设 $\lim\limits_{x\to1}\left(\dfrac{a}{1-x^2}-\dfrac{x}{1-x}\right)=\dfrac{3}{2}$，则 $a=$ __________.

8. $\lim\limits_{x\to0}x\sin\dfrac{1}{x}=$__________.

9. $\lim\limits_{x\to}\dfrac{8\sin x+7\cos x}{x}=$__________.

10. 若 $\lim\limits_{x0}\dfrac{\sin 3x}{kx}=5$，则 $k=$__________.

11. 设 $f(x)=\begin{cases}e^x & x<0\\ k & x=0\\ \dfrac{1}{x}\sin x & x>0\end{cases}$，若 $\lim\limits_{x\to0}f(x)$ 存在，则 $k=$__________.

12. $\lim\limits_{x\to\infty}\left(1+\dfrac{5}{x}\right)^{-kx}=e^{-10}$，则 $k=$__________.

13. $\lim\limits_{x\to\infty}\left(\dfrac{x}{1+x}\right)^{2x}=$__________.

14. $\lim\limits_{x\to0}\sqrt[x]{1-2x}=$__________.

15. 当 $x\to0$ 时，$\sqrt{1+x}-\sqrt{1-x}$ 是 x 的__________无穷小.

16. 当 $x\to1$ 时，$1-x$ 与 $1-\sqrt[3]{x}$ 是__________无穷小.

17. 当 $x\to0$ 时，$\arcsin x^2$ 是 x^2 的__________无穷小.

18. 当 $x\to0$ 时，$1-\cos 2x$ 是 x^2 的__________无穷小.

19. 当 $x\to0$ 时，$e^{3x}-1\sim$__________，$a^{3x}-1\sim$__________.

20. 当 $x\to0$ 时，$\sqrt[3]{1+x^2}-1$ 是 x 的__________无穷小.

21. 当 $x\to0$ 时，$\ln(1+2x)$ 是 x 的__________无穷小.

(二)选择题

1. 极限 $\lim\limits_{x\to0}\dfrac{2^{\frac{1}{x}}+1}{2^{\frac{1}{x}}-1}$ 为(　　).

A. 1　　B. -1　　C. ∞　　D. 不存在但不是 ∞

2. $\lim\limits_{n\to\infty}\dfrac{1+2+3+\cdots+n}{n^2}=$(　　).

A. 0　　B. $\dfrac{1}{2}$　　C. 1　　D. 不存在

3. 当 $x\to0$ 时，以下变量不是无穷小量的是(　　).

A. $x\sin x$　　B. $x\sin\dfrac{1}{x}$　　C. $\cos\dfrac{1}{x}$　　D. $x\cos\dfrac{1}{x}$

4. 下列等式不成立的是(　　).

A. $\lim\limits_{x\to\frac{\pi}{2}}\dfrac{\cos x}{x-\frac{\pi}{2}}=1$　　B. $\lim\limits_{x\to\infty}x\sin\dfrac{1}{x}=1$　　C. $\lim\limits_{x\to 0}\dfrac{\tan x}{\sin x}=1$　　D. $\lim\limits_{x\to 0}\dfrac{\sin(\tan x)}{x}=1$

5. $\lim\limits_{x\to\infty}x\sin\dfrac{\pi}{x}=$(　　).

A. 0　　B. 1　　C. π　　D. 不存在

6. 下列等式中正确的是(　　).

A. $\lim\limits_{x\to 0}\dfrac{\sin x^2}{x^2}=1$　　B. $\lim\limits_{x\to 0}\dfrac{\sin e^x}{e^x}=1$

C. $\lim\limits_{x\to 0}\dfrac{\sin(\cos x)}{\cos x}=1$　　D. $\lim\limits_{x\to 0}\dfrac{\sin(\arccos x)}{\arccos x}=1$

7. $\lim\limits_{x\to 0}\left(x\sin\dfrac{1}{x}+\dfrac{1}{x}\sin x\right)=$(　　).

A. 0　　B. 1　　C. 2　　D. 不存在

8. 下列等式中正确的是(　　).

A. $\lim\limits_{n\to\infty}\left(1+\dfrac{k}{n}\right)^{kn}=e^k$　　B. $\lim\limits_{n\to\infty}\left(1+\dfrac{1}{kn}\right)^{kn}=e^k$

C. $\lim\limits_{n\to\infty}\left(1-\dfrac{1}{n}\right)^{nk}=-e^k$　　D. $\lim\limits_{n\to\infty}\left(1+\dfrac{1}{n}\right)^{kn}=e^k$

9. 当 $x\to 0$ 时,函数 $\ln(1-x)$ 是 x 的(　　)无穷小.

A. 高阶　　B. 低阶　　C. 同阶但不等价　　D. 等价

10. $\lim\limits_{x\to 0}\dfrac{\ln(1-\sin x)}{x}=$(　　).

A. e　　B. $-$e　　C. 1　　D. -1

11. 下列运算过程正确的是(　　).

A. $\lim\limits_{n\to\infty}\left(\dfrac{1}{n}+\dfrac{1}{n+1}+\cdots+\dfrac{1}{n+n}\right)=\lim\limits_{n\to\infty}\dfrac{1}{n}+\lim\limits_{n\to\infty}\dfrac{1}{n+1}+\cdots+\lim\limits_{n\to\infty}\dfrac{1}{n+n}$

$=0+0+\cdots+0=0$

B. 当 $x\to 0$ 时,$\tan x\sim x,\sin x\sim x$,故$\lim\limits_{x\to 0}\dfrac{\tan x-\sin x}{x^3}=\lim\limits_{x\to 0}\dfrac{x-x}{x^3}=0$

C. 当 $x\to 0$ 时,$\tan x\sim x,\sin x\sim x$,故$\lim\limits_{x\to 0}\dfrac{\sin 3x}{\tan 5x}=\dfrac{3}{5}$

D. $\lim\limits_{x\to 0}\dfrac{x^2\sin\frac{1}{x}}{\sin x}=\lim\limits_{x\to 0}x\cdot\lim\limits_{x\to 0}\dfrac{x}{\sin x}\cdot\lim\limits_{x\to 0}\sin\dfrac{1}{x}=0\cdot 1\cdot\lim\limits_{x\to 0}\sin\dfrac{1}{x}=0$

12. 当 $x\to 0$ 时,比 x 高阶的无穷小量是(　　).

A. $2x$　　B. $\dfrac{x}{2}$　　C. x^2　　D. $\sqrt{x}$

13. 设$\lim\limits_{x\to 0}\dfrac{e^{2x}-1}{\sin ax}=3$,则 $a=$(　　).

A. $\dfrac{2}{3}$　　B. $\dfrac{3}{2}$　　C. 2　　D. 3

(三)计算题

1. $\lim\limits_{x\to-1}\dfrac{x^2-x-2}{x^2+3x+2}$.

2. $\lim\limits_{x\to\infty}\dfrac{(x-1)(x^2+1)}{2x^3+4}$.

3. $\lim\limits_{x\to+\infty}\dfrac{\sqrt{1+x^2}+1}{x-1}$.

4. $\lim\limits_{n\to\infty}(\sqrt{n^2+1}-\sqrt{n^2-1})$.

5. $\lim\limits_{x\to+\infty}(\sqrt{x^2+x}-\sqrt{x^2-1})$.

6. 若$\lim\limits_{x\to\infty}\left(\dfrac{x^2+1}{x+1}-ax-b\right)=0$,求 a、b 的值.

7. $\lim\limits_{x\to\frac{4}{3}}\dfrac{\sin(9x^2-16)}{3x-4}$.

8. $\lim\limits_{x\to0^-}\dfrac{x}{\sqrt{1-\cos x}}$.

9. $\lim\limits_{x\to0}\dfrac{1-\cos x}{x\sin x}$.

10. $\lim\limits_{x\to\infty}\left(\dfrac{x}{x-1}\right)^{2x}$.

11. $\lim\limits_{x\to\infty}\left(\dfrac{x-a}{x+a}\right)^{-x}(a\neq0)$.

12. $\lim\limits_{x\to\infty}\left(\dfrac{2x+1}{2x-1}\right)^{x}$.

13. $\lim\limits_{x\to0}\left(\dfrac{1-x}{1+x}\right)^{\frac{1}{x}}$.

14. $\lim\limits_{x\to0}\dfrac{1-\cos ax}{\sin^2 x}$.

15. $\lim\limits_{x\to0}\dfrac{\cos3x-\cos2x}{\sqrt{1+x^2}-1}$.

16. $\lim\limits_{x\to0}\dfrac{2^{2x}-1}{\ln(1+3x)}$.

1.5 函数的连续性与间断点

一、基本内容

1. 函数的连续性:

设函数 $y=f(x)$在点 x_0 的某邻域内有定义,

(1)若$\lim\limits_{\Delta x\to0}\Delta y=\lim\limits_{\Delta x\to0}[f(x_0+\Delta x)-f(x_0)]=0$,则称函数 $y=f(x)$在点 x_0 处连续;

(2)若$\lim\limits_{x\to x_0}f(x)=f(x_0)$,则称函数 $y=f(x)$在点 x_0 处连续;

(3)若函数 $y=f(x)$在点 x_0 处既左连续又右连续,则称函数 $y=f(x)$在点 x_0 处连续.

2. 函数的间断点:

(1)定义:不连续点.

(2)分类:

第一类间断点,包括**可去间断点**和**跳跃间断点**;

第二类间断点,主要有**无穷间断点**和**振荡间断点**.

3. 连续函数的性质:

(1)连续函数的和、差、积、商的连续性:连续函数的和、差、积、商仍然连续.

(2)复合函数的连续性:设 $u=\varphi(x)$在点 x_0 连续,且 $\varphi(x_0)=u_0$,而 $y=f(u)$在点 $u=u_0$ 连续,则 $f(\varphi(x))$在点 x_0 也连续.

(3)初等函数的连续性:一切初等函数在其定义区间内都是连续的.

4. 闭区间上连续函数的性质:

(1)最值定理:在闭区间上连续的函数一定有最大值和最小值.

(2)有界性定理:在闭区间上连续的函数一定有界.

(3)零点定理:设函数 $f(x)$ 在闭区间 $[a,b]$ 上连续,且 $f(a)$ 与 $f(b)$ 异号,则在开区间 (a,b) 内至少有函数 $f(x)$ 的一个零点,即至少存在一点 $\xi(a<\xi<b)$,使 $f(\xi)=0$.

(4)介值定理:设 $f(x)$ 在闭区间 $[a,b]$ 上连续,且在这区间的端点取不同的函数值 $f(a)=A$ 及 $f(b)=B$,则对于 A 与 B 之间的任意一个数 C,在开区间 (a,b) 至少有一点 $\xi(a<\xi<b)$,使 $f(\xi)=C \quad (a<\xi<b)$.

(5)推论:在闭区间上连续的函数必取得介于最大值与最小值之间的任何值.

二、学习要求

1. 理解函数在一点连续的概念;
2. 会判断间断点的类型;
3. 了解初等函数的连续性;
4. 知道在闭区间上连续函数的性质.

三、基本题型及解题方法

题型 1　利用定义讨论函数在某一点的连续性.

解题方法:首先根据具体情况选择函数连续的三种定义,哪种方法最适合. 如分段函数的分段点处连续性的判断往往需要第三种方法,即利用左右连续.

例 1　已知函数 $f(x)=\begin{cases} \dfrac{1-\cos x}{x^2} & x\neq 0 \\ \dfrac{1}{2} & x=0 \end{cases}$,判断 $f(x)$ 在 $x=0$ 处的连续性.

解:因为 $\lim\limits_{x\to 0}f(x)=\lim\limits_{x\to 0}\dfrac{1-\cos x}{x^2}=\lim\limits_{x\to 0}\dfrac{\frac{1}{2}x^2}{x^2}=\dfrac{1}{2}=f(0)$,

所以 $f(x)$ 在 $x=0$ 处连续.

例 2　已知函数 $f(x)=\begin{cases} a+x^2 & x<0 \\ 1 & x=0 \\ \ln(b+x+x^2) & x>0 \end{cases}$ 在 $x=0$ 处连续,求 a、b 的值.

解:因为 $\lim\limits_{x\to 0^-}f(x)=\lim\limits_{x\to 0^-}(a+x^2)=a$,

$$\lim_{x\to 0^+}f(x)=\lim_{x\to 0^+}\ln(b+x+x^2)=\ln b,$$

又 $f(0)=1$,且 $f(x)$ 在 $x=0$ 处连续,

所以 $\lim\limits_{x\to 0^-}f(x)=\lim\limits_{x\to 0^+}f(x)=f(0)$,

即 $a=\ln b=1$,

则 $a=1,\quad b=\mathrm{e}$.

题型 2　判断间断点的类型.

解题方法:根据定义分别讨论函数在某一点的左右极限及极限的存在情况:

(1)左右极限均存在且相等,即极限存在的间断点,为**可去间断点**;

(2)左右极限均存在但不相等的间断点,为**跳跃间断点**;

(3)左右极限至少有一个不存在的间断点,为**第二类间断点**.

例 3　讨论下列函数在指定点是否连续,若不连续,判断间断点的类型:

(1)$y=\dfrac{1}{(x+2)^2}, x=-2$;　　(2)$y=\dfrac{x^2-1}{x^2-3x+2}, x=1, x=2$;

(3)$f(x)=\dfrac{x^2-1}{x-1}e^{\frac{1}{x-1}}, x=1$.

解:(1)因为函数在 $x=-2$ 点无定义,所以函数在该点不连续,

又 $\lim\limits_{x\to-2}\dfrac{1}{(x+2)^2}=\infty$,所以 $x=-2$ 为第二类间断点,且为无穷间断点.

(2)因为函数在 $x=1, x=2$ 两点均无定义,所以函数在此两点均不连续,

又

$$\lim_{x\to1}\frac{x^2-1}{x^2-3x+2}=\lim_{x\to1}\frac{(x+1)(x-1)}{(x-2)(x-1)}=\lim_{x\to1}\frac{x+1}{x-2}=-2,$$

$$\lim_{x\to2}\frac{x^2-1}{x^2-3x+2}=\lim_{x\to2}\frac{x+1}{x-2}=\infty,$$

所以,$x=1$ 为可去间断点,$x=2$ 为第二类间断点.

(3)因为函数在 $x=1$ 处无定义,所以函数在该点不连续,又

$$f(1-0)=\lim_{x\to1^-}\frac{x^2-1}{x-1}e^{\frac{1}{x-1}}=\lim_{x\to1^-}(x+1)e^{\frac{1}{x-1}}=0,$$

$$f(1+0)=\lim_{x\to1^+}\frac{x^2-1}{x-1}e^{\frac{1}{x-1}}=\lim_{x\to1^+}(x+1)e^{\frac{1}{x-1}}=+\infty,$$

故 $x=1$ 是 $f(x)$ 的第二类间断点.

题型 3　求初等函数在其定义区间内某点的极限.

解题方法:只需求初等函数在该点的函数值. 即 $\lim\limits_{x\to x_0}f(x)=f(x_0)$　($x_0\in$定义区间).

例 4　求极限:$\lim\limits_{x\to0}\sqrt{x^2-2x+5}$.

解:因为 $f(x)=\sqrt{x^2-2x+5}$ 是初等函数,而 $x=0$ 是定义区间内的点,所以

$$\lim_{x\to0}\sqrt{x^2-2x+5}=\sqrt{0-0+5}=\sqrt{5}.$$

例 5　求下列极限:

(1)$\lim\limits_{x\to0}\ln\dfrac{\sin x}{x}$;　　(2)$\lim\limits_{x\to\infty}e^{\frac{1}{x}}$.

解:(1)$\lim\limits_{x\to0}\ln\dfrac{\sin x}{x}=\ln\lim\limits_{x\to0}\dfrac{\sin x}{x}=\ln 1=0$.

(2)$\lim\limits_{x\to\infty}e^{\frac{1}{x}}=e^{\lim\limits_{x\to\infty}\frac{1}{x}}=e^0=1$.

题型 4　利用闭区间上连续函数的性质证明一些相关问题，如讨论方程的实根，函数的有界性等.

解题方法：一般解题步骤　(1)作辅助函数；(2)寻找闭区间，使辅助函数在该区间端点处的值异号，利用零点定理，或寻找最大值和最小值，应用介值定理.

例 6　证明方程 $x^5-3x=1$ 至少有一个根介于 1 和 2 之间.

证明：设 $f(x)=x^5-3x-1$，显然该函数在闭区间[1,2]上连续，且

$$f(1)=-1<0,\quad f(2)=25>0.$$

根据零点定理，在(1,2)内至少有一点 ξ，使得 $f(\xi)=0$，

即
$$\xi^5-3\xi-1=0\quad(1<\xi<2).$$

这个等式说明方程 $x^5-3x=1$ 至少有一个根介于 1 和 2 之间.

同步练习 1.5

(一)填空题

1. 若函数 $f(x)$ 在 $x=x_0$ 处连续，则 $\lim\limits_{x\to x_0}f(x)=$__________.

2. 设 $f(x)$ 在点 $x=0$ 连续，且 $\lim\limits_{x\to 0^+}f(x)=2$，则 $f(0)=$__________.

3. 设 $f(x)=\begin{cases}\dfrac{\ln(1+ax)}{x} & x\neq 0\\ 2 & x=0\end{cases}$ 在点 $x=0$ 处连续，则 $a=$__________.

4. 设 $f(x)=\begin{cases}\dfrac{1-\cos x}{x^2} & x\neq 0\\ A & x=0\end{cases}$ 在点 $x=0$ 处连续，则 $A=$__________.

5. 要使 $f(x)=\dfrac{\sqrt{1+x}-\sqrt{1-x}}{\sin x}$ 在 $x=0$ 处连续，则需补充定义值 $f(0)=$__________.

6. 设 $f(x)$ 在 $x=1$ 处连续，且 $\lim\limits_{x\to 1}\dfrac{f(x)-2}{x-1}=1$，则 $f(1)=$__________.

7. $x=0$ 是设函数 $f(x)=\dfrac{x^2+x-2}{|x|(x-1)}$，则 $x=0$ 是 $f(x)$ 的__________间断点，$x=1$ 是 $f(x)$ 的__________间断点.

(二)选择题

1. 设 $f(x)=\begin{cases}(1-x)^{\frac{1}{x}} & x\neq 0\\ k & x=0\end{cases}$ 在 $x=0$ 连续，则 $k=$(　　).

A. 1　　B. e　　C. $\dfrac{1}{\mathrm{e}}$　　D. -1

2. 函数 $f(x)=\begin{cases}x-1 & 0<x\leqslant 1\\ 2-x & 1<x\leqslant 3\end{cases}$ 在 $x=1$ 处间断是因为(　　).

A. $f(x)$ 在 $x=1$ 处无定义　　B. $\lim\limits_{x\to 1^-}f(x)$ 不存在

C. $f(1+0)$不存在　　　　D. $\lim\limits_{x\to 1}f(x)$不存在

3. 设 $f(x)=\dfrac{x^2-x}{|x|(x^2-1)}$,则下列结论中错误的是(　　).

A. $x=-1,x=0,x=1$ 均为 $f(x)$的间断点

B. $x=-1$ 为 $f(x)$的无穷间断点

C. $x=0$ 为 $f(x)$的可去间断点

D. $x=1$ 为 $f(x)$的可去间断点

4. 设 $f(x)=\dfrac{x(1-|x|)}{x-x^3}$,则 $f(x)$的可去间断点有(　　)个.

A. 0　　B. 1　　C. 2　　D. 3

5. 设函数 $f(x)=\sin x\cdot\sin\dfrac{1}{x}$,则 $x=0$ 是 $f(x)$的(　　).

A. 连续点　　　　B. 可去间断点

C. 跳跃间断点　　　　D. 第二类间断点

6. 函数 $f(x)=\begin{cases}\dfrac{x^2-x}{x-1} & x\neq 1\\ \dfrac{1}{2} & x=1\end{cases}$ 的连续区间为(　　).

A. $(-\infty,+\infty)$　　　　B. $(-\infty,1)\cup(1,+\infty)$

C. $(-\infty,1)$　　　　D. $(1,+\infty)$

7. 函数 $f(x)=\begin{cases}-x & 0<x\leqslant 1\\ x & 1<x<2\end{cases}$,则下列说法正确的是(　　).

A. $f(x)$在 $x=1$ 处连续　　　　B. $f(x)$有最大值 2

C. $f(x)$有最小值-1　　　　D. $f(x)$既无最大值也无最小值

8. 设有方程 $x^3-4x^2+1=0$,则下列说法正确的是(　　).

A. 仅在$(-1,0)$内有实根　　　　B. 仅在$(0,1)$内有实根

C. 在$(-1,0)$及$(0,1)$内均有实根　　　　D. 在$(-1,0)$及$(0,1)$内均无实根

(三)解答题

1. 已知 $f(x)=\begin{cases}\dfrac{1}{x}\sin x+a & x<0\\ b & x=0\\ x\sin\dfrac{1}{x} & x>0\end{cases}$ (a,b 为常数),问 a,b 为何值时,$f(x)$在 $x=0$ 处连续.

2. 讨论函数 $f(x)=\begin{cases}2^{\frac{1}{x}} & x<0\\ 0 & x=0\\ \arctan\dfrac{1}{x} & x>0\end{cases}$ 在点 $x=0$ 处的连续性,若不连续,判断间断点的类型.

3. 试确定 a,b 的值,使 $f(x)=\begin{cases} \dfrac{\sin ax}{x} & x>0 \\ 2 & x=0 \\ \dfrac{1}{bx}\ln(1-3x) & x<0 \end{cases}$ 在 $(-\infty,+\infty)$ 内处处连续.

4. 证明方程 $x\ln x=1$ 至少有一个根介于 1 与 e 之间.

自 测 题 一

一、填空题

1. 将函数 $y=\sqrt{1+u^2}$, $u=\sin v$, $v=\log_2 x$ 表示成 x 的函数:________.

2. 基本初等函数中,在其定义域内单调有界的函数有________.

3. 函数 $y=e^{\sin(1-x)}$ 是由____________复合而成.

4. 函数 $f(x)=\arcsin(x^2-x-1)+\sqrt{\lg x}$ 的定义域是________.

5. 已知 $\lim\limits_{x\to1}\dfrac{x^2+bx+6}{1-x}=5$,则 $b=$________.

6. 求下列极限:

(1) $\lim\limits_{x\to\infty}x\sin\dfrac{5}{x}=$________;　　(2) $\lim\limits_{x\to\infty}x\ln\dfrac{x+1}{x}=$________;

(3) $\lim\limits_{x\to0}(1+x)^{\frac{4}{x}}=$________;　　(4) $\lim\limits_{n\to\infty}\dfrac{1+\frac{1}{2}+\frac{1}{4}+\cdots+\frac{1}{2^n}}{1+\frac{1}{3}+\frac{1}{9}+\cdots+\frac{1}{3^n}}=$________.

7. 设 $f(x)$ 在点 $x=0$ 连续,且 $\lim\limits_{x\to0^+}f(x)=2$,则 $f(0)=$________.

8. 设 $f(x)=\begin{cases} \dfrac{\ln(1+ax)}{x} & x\neq0 \\ 2 & x=0 \end{cases}$ 在点 $x=0$ 处连续,则 $a=$________.

9. 若 $f(x,y)=\dfrac{x-2y}{2x-y}$,则 $f(2,1)=$________, $f(3,-1)=$________.

二、选择题

1. $\lim\limits_{n\to\infty}\dfrac{\sqrt{3n-1}-\sqrt[3]{8n^3+1}}{\sqrt{n}-n}=($　　$)$.

A. 0　　B. 2　　C. $\sqrt{3}$　　D. ∞

2. 设 $f(x)=\dfrac{1-x}{1+x}$, $g(x)=1-\sqrt[3]{x}$,则当 $x\to1$ 时(　　).

A. $f(x)$ 与 $g(x)$ 为等价无穷小

B. $f(x)$ 为 $g(x)$ 的高阶无穷小

C. $f(x)$ 为 $g(x)$ 的低阶无穷小

D. $f(x)$ 与 $g(x)$ 为同阶无穷小,但不等价

3. 设函数 $f(x)=\begin{cases} e^{\frac{1}{x}} & x\neq0 \\ 1 & x=0 \end{cases}$,则 $x=0$ 是的(　　).

A. 连续点　　B. 可去间断点　　C. 跳跃间断点　　D. 第二类间断点

4. 设有方程 $x^3-4x^2+1=0$，则下列说法正确的是(　　).

A. 仅在$(-1,0)$内有实根　　B. 仅在$(0,1)$内有实根

C. 在$(-1,0)$及$(0,1)$内均有实根　　D. 在$(-1,0)$及$(0,1)$内均无实根

5. 极限$\lim\limits_{x\to0}\dfrac{2^{\frac{1}{x}}+1}{2^{\frac{1}{x}}-1}$为(　　).

A. 1　　B. -1　　C. ∞　　D. 不存在但不是∞

6. 下列函数 $f(x)$与 $g(x)$，相同的是(　　).

A. $f(x)=x-1,g(x)=\sqrt{(x-1)^2}$

B. $f(x)=\ln(x^2-1),g(x)=\ln(x-1)+\ln(x+1)$

C. $f(x)=\cos(\arccos x),g(x)=x$

D. $f(x)=\mathrm{e}^{-\frac{1}{2}\ln x},g(x)=\dfrac{1}{\sqrt{x}}$

7. $f(x)$在 $x=x_0$ 处有定义是$\lim\limits_{x\to x_0}f(x)$存在的(　　).

A. 必要条件　　B. 充分条件　　C. 充要条件　　D. 无关条件

8. 使函数 $y=\dfrac{(x-1)\sqrt{x+1}}{x^3-1}$为无穷小量的 x 的变化趋势是(　　).

A. $x\to0$　　B. $x\to1$　　C. $x\to-1$　　D. $x\to+\infty$

三、计算与解答题

1. 计算$\lim\limits_{x\to1}\dfrac{\sqrt{x}-1}{x^2-1}$.

2. 计算$\lim\limits_{n\to\infty}(\sqrt{n^2-n}-n)$.

3. 计算$\lim\limits_{x\to1}\left(\dfrac{2}{x^2-1}-\dfrac{1}{x-1}\right)$.

4. 计算$\lim\limits_{x\to0}\dfrac{1-\cos x}{x\sin x}$.

5. 计算$\lim\limits_{x\to0}\dfrac{2^{2x}-1}{\ln(1+3x)}$.

6. 研究函数 $f(x)=\begin{cases}\dfrac{1}{1+\mathrm{e}^{1/x}} & x\neq0\\ 0 & x=0\end{cases}$在 $x=0$ 处的左右连续性及连续性.

7. 若$\lim\limits_{x\to\pi}f(x)$存在，且 $f(x)=\dfrac{\sin x}{x-\pi}+2\lim\limits_{x\to\pi}f(x)$，求$\lim\limits_{x\to\pi}f(x)$.

8. 已知 $f(x)=\begin{cases}\dfrac{1}{x}\sin x+a & x<0\\ b & x=0\\ x\sin\dfrac{1}{x} & x>0\end{cases}$($a,b$ 为常数)，问 a,b 为何值时，$f(x)$在 $x=0$ 处连续.

9. 证明方程 $x=\sin x+2$ 至少有一个不超过 3 的正实根.

基础模块

第二章　微　分　学

本章知识结构：

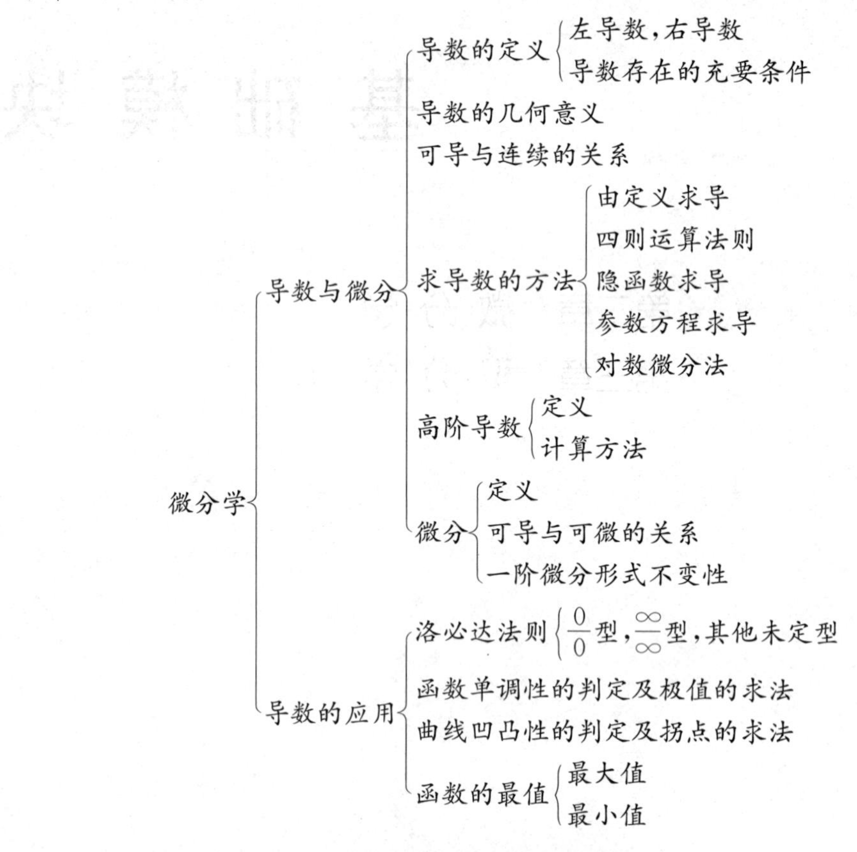

2.1　导数的概念

一、基本内容

1. 导数的定义：

(1)函数 $f(x)$在点 x_0 处的导数：

$$f'(x_0)=\lim_{\Delta x\to 0}\frac{\Delta y}{\Delta x}=\lim_{\Delta x\to 0}\frac{f(x_0+\Delta x)-f(x_0)}{\Delta x}=\lim_{x\to x_0}\frac{f(x)-f(x_0)}{x-x_0}.$$

左导数：$f'_-(x_0)=\lim\limits_{\Delta x\to 0^-}\frac{\Delta y}{\Delta x}=\lim\limits_{\Delta x\to 0^-}\frac{f(x_0+\Delta x)-f(x_0)}{\Delta x}=\lim\limits_{x\to x_0^-}\frac{f(x)-f(x_0)}{x-x_0}.$

右导数：$f'_+(x_0)=\lim\limits_{\Delta x\to 0^+}\frac{\Delta y}{\Delta x}=\lim\limits_{\Delta x\to 0^+}\frac{f(x_0+\Delta x)-f(x_0)}{\Delta x}=\lim\limits_{x\to x_0^+}\frac{f(x)-f(x_0)}{x-x_0}.$

$f'(x_0)$也可记为 $y'|_{x=x_0}$，$\dfrac{\mathrm{d}y}{\mathrm{d}x}\Big|_{x=x_0}$ 或$\dfrac{\mathrm{d}f(x)}{\mathrm{d}x}\Big|_{x=x_0}$.

(2)函数 $f(x)$的导函数 $f'(x)$：

$$f'(x)=\lim_{\Delta x\to 0}\frac{\Delta y}{\Delta x}=\lim_{\Delta x\to 0}\frac{f(x+\Delta x)-f(x)}{\Delta x},$$

导函数也可记为 y'，$\dfrac{\mathrm{d}y}{\mathrm{d}x}$或$\dfrac{\mathrm{d}f(x)}{\mathrm{d}x}$.

2. 基本初等函数的导数公式(Ⅰ)：

$(C)'=0$；　　$(x^\alpha)'=\alpha x^{\alpha-1}$；

$(a^x)'=a^x\ln a$；　　$(\mathrm{e}^x)'=\mathrm{e}^x$；

$(\log_a x)'=\dfrac{1}{x\ln a}$；　　$(\ln x)'=\dfrac{1}{x}$；

$(\sin x)'=\cos x$；　　$(\cos x)'=-\sin x$.

3. 函数的可导性与连续性的关系：连续不一定可导，但可导一定连续.

4. 导数的几何意义：$f'(x)$为曲线 $y=f(x)$在点 $M(x,y)$处的切线的斜率，即 $f'(x)=\tan\alpha$，其中 α 是切线的倾斜角.

*5. 导数的物理意义：针对不同的物理量，导数有不同的物理意义.

二、学习要求

1. 理解导数的概念及几何意义；
2. 了解可导性与连续性的关系；
3. 掌握用定义求函数某一点处的导数的方法；
4. 会求曲线上一点处的切线方程与法线方程.

三、基本题型及解题方法

题型 1　根据导数的定义求函数的导数.

解题方法：从导数的定义出发，通过求极限来判断导数的存在与否，及具体的导数值. 虽然此种方法求导比较麻烦，但这种方法是最基本的求导方法，同时适用于一切问题.

例 1　试用导数定义求 $f(x)=\mathrm{e}^{2x}$的导数.

解：$f'(x)=\lim\limits_{\Delta x\to 0}\dfrac{\Delta y}{\Delta x}=\lim\limits_{\Delta x\to 0}\dfrac{f(x+\Delta x)-f(x)}{\Delta x}$

$$=\lim_{\Delta x\to 0}\frac{\mathrm{e}^{2(x+\Delta x)}-\mathrm{e}^{2x}}{\Delta x}=\lim_{\Delta x\to 0}\frac{\mathrm{e}^{2x}(\mathrm{e}^{2\Delta x}-1)}{\Delta x}$$

$$=2\mathrm{e}^{2x}\lim_{\Delta x\to 0}\frac{\mathrm{e}^{2\Delta x}-1}{2\Delta x}=2\mathrm{e}^{2x}.$$

例 2　设 $f(x)$为偶函数，且 $f'(0)$存在，证明 $f'(0)=0$.

证：$f'(0)=\lim\limits_{x\to 0}\dfrac{f(x)-f(0)}{x-0}$，令 $x=-t$，则

$$f'(0)=\lim_{t\to 0}\frac{f(-t)-f(0)}{-t}$$

$$=-\lim_{t\to 0}\frac{f(t)-f(0)}{t}=-f'(0),$$

因此 $f'(0)=0$.

题型 2　判断分段函数在分段点处的可导性.

解题方法:当分段函数分段点两侧的对应关系不同时,要判断函数在分段点处的可导性,往往需要判断左右导数是否存在且相等,若其中一个不存在或两者存在而不相等,则 $f(x)$ 在 x_0 点不可导.

例 3　求函数 $f(x)=\begin{cases}\sin x & x<0\\ x & x\geqslant 0\end{cases}$ 在 $x=0$ 处的导数.

解: 由
$$f'_-(0)=\lim_{x\to 0^-}\frac{\sin x-0}{x}=\lim_{x\to 0^-}\frac{\sin x}{x}=1,$$
$$f'_+(0)=\lim_{x\to 0^+}\frac{x-0}{x}=1,$$
得　$f'(0)=1$.

题型 3　根据导数定义求极限.

解题方法:$f'(x_0)=\lim\limits_{\Delta x\to 0}\dfrac{f(x_0+\Delta x)-f(x_0)}{\Delta x}=\lim\limits_{x\to x_0}\dfrac{f(x)-f(x_0)}{x-x_0}$ 作为基础,将所要求的极限与其比较.

例 4　试按导数定义求下列各极限(假设各极限均存在)

(1) $\lim\limits_{x\to a}\dfrac{f(2x)-f(2a)}{x-a}$;　　(2) $\lim\limits_{x\to 0}\dfrac{f(x)}{x}$,其中 $f(0)=0$.

解: (1) $\lim\limits_{x\to a}\dfrac{f(2x)-f(2a)}{x-a}=2\lim\limits_{2x\to 2a}\dfrac{f(2x)-f(2a)}{2x-2a}$

$$=2\lim_{h\to 2a}\frac{f(h)-f(2a)}{h-2a}=2f'(2a).$$

(2) $\lim\limits_{x\to 0}\dfrac{f(x)}{x}=\lim\limits_{x\to 0}\dfrac{f(x)-f(0)}{x}=f'(0)$.

题型 4　根据导数定义及可导与连续的关系求相关待定常数.

解题方法:先由可导的充要条件 $f'_-(x_0)=f'_+(x_0)$ 及连续的充要条件 $\lim\limits_{x\to x_0^-}f(x)=\lim\limits_{x\to x_0^+}f(x)=f(x_0)$ 构造含有待定常数的等式,然后由等式解出常数.

例 5　设函数 $f(x)=\begin{cases}2e^x+a & x<0\\ x^2+bx+1 & x\geqslant 0\end{cases}$,

(1)欲使 $f(x)$ 在 $x=0$ 处连续,a,b 为何值;

(2)欲使 $f(x)$ 在 $x=0$ 处可导,a,b 为何值.

解: (1)因要 $f(x)$ 在 $x=0$ 处连续,则有 $\lim\limits_{x\to 0^-}f(x)=\lim\limits_{x\to 0^+}f(x)=f(0)$ 成立,即

$$\lim_{x\to 0^-}(2e^x+a)=\lim_{x\to 0^+}(x^2+bx+1)=f(0),$$

亦即
$$2+a=1=1,$$
故　$a=-1$,b 可以任意.

(2)因要 $f(x)$ 在 $x=0$ 处可导,则在该点处必连续,所以 $a=-1$,b 可以任意,又因为可导必有 $f'_-(0)=f'_+(0)$,

$$f'_-(0)=\lim_{x\to 0^-}\frac{2e^x+a-1}{x}=\lim_{x\to 0^-}\frac{2(e^x-1)}{x}=2,$$

$$f'_+(0)=\lim_{x\to 0^+}\frac{x^2+bx+1-1}{x}=\lim_{x\to 0^-}\frac{x(x+b)}{x}=b,$$

所以　$b=2$,

综上,$a=-1$,$b=2$.

题型 5　导数几何意义的应用.

解题方法:由导数的几何意义 $f'(x)=\tan\alpha$,其中 α 是切线的倾斜角,可得曲线 $y=f(x)$在给定点 $M_0(x_0,y_0)$处的切线方程为

$$y-y_0=f'(x_0)(x-x_0),$$

法线方程为
$$y-y_0=-\frac{1}{f'(x_0)}(x-x_0).$$

例 6　求等边双曲线 $y=\frac{1}{x}$在点$\left(\frac{1}{2},2\right)$处的切线的斜率,并写出在该点处的切线方程和法线方程.

解:根据导数的几何意义,$y=\frac{1}{x}$在点$\left(\frac{1}{2},2\right)$处的切线的斜率为

$$k=\left(\frac{1}{x}\right)'\Big|_{x=\frac{1}{2}}=\left(-\frac{1}{x^2}\right)\Big|_{x=\frac{1}{2}}=-4,$$

所以,切线方程为

$$y-2=-4\left(x-\frac{1}{2}\right),\quad 即\ 4x+y-4=0,$$

法线方程为

$$y-2=\frac{1}{4}\left(x-\frac{1}{2}\right),\quad 即\ 2x-8y+15=0.$$

同步练习 2.1

(一)填空题

1. 设 $f'(x_0)$存在,则$\lim\limits_{\Delta x\to 0}\frac{f(x_0)-f(x_0-\Delta x)}{\Delta x}=$__________.

2. 设 $f(x)$在点 $x=0$ 处可导,且 $f(0)=0$,则$\lim\limits_{x\to 0}\frac{f(x)}{x}=$__________.

3. 若 $f(x)=\begin{cases}e^{ax} & x\leqslant 0\\ b(1-x^2) & x>0\end{cases}$处处有导数,则 $a=$__________,$b=$__________.

4. 设 $\phi(x)=f(x)\sin 2x$，其中 $f(x)$ 在 $x=0$ 处连续，但不可导，则 $\phi(x)$ 在 $x=0$ 处的导数 $\phi'(0)=$________.

5. 曲线 $y=x-\dfrac{1}{x}$ 上的切线斜率等于 $\dfrac{5}{4}$ 的点是________.

6. 曲线 $y=e^x-3\sin x+1$ 在点 $(0,2)$ 处的切线方程为________，法线方程________.

7. 设曲线 $y=x^2+3x-5$ 在点 M 处的切线与直线 $2x-6y+1=0$ 垂直，则该曲线在点 M 处的切线方程是________.

8. 曲线 $y=e^x+x$ 上点 $(0,1)$ 处的切线方程为________.

9. 设 $y=f(x)$ 在点 $x=1$ 处可导，且 $\lim\limits_{x\to1}f(x)=2$，则 $f(1)=$________.

(二)选择题

1. $f(x)=\begin{cases}2x\sin\dfrac{1}{x} & x\neq0\\ 0 & x=0\end{cases}$ 在点 $x=0$ 处(　　).

A. 极限不存在　　B. 极限存在但不连续　　C. 连续但不可导　　D. 可导

2. 设函数 $f(x)$ 可导，则 $\lim\limits_{h\to0}\dfrac{f(x-2h)-f(x)}{h}=$(　　).

A. $f'(x)$　　B. $-f'(x)$　　C. $2f'(x)$　　D. $-2f'(x)$

3. 设 $f'(x_0)$ 存在，且 $\lim\limits_{\Delta x\to0}\dfrac{f(x_0+2\Delta x)-f(x_0)}{\Delta x}=1$，则 $f'(x_0)=$(　　).

A. 2　　B. 1　　C. 0　　D. $\dfrac{1}{2}$

4. 已知函数 $f(x)$ 在点 x_0 可导，且 $\lim\limits_{h\to0}\dfrac{h}{f(x_0-2h)-f(x_0)}=\dfrac{1}{4}$，则 $f'(x_0)=$(　　).

A. -4　　B. 4　　C. -2　　D. 2

5. 若 $f(x)$ 为奇函数，且 $f'(0)$ 存在，则 $x=0$ 是函数 $F(x)=\dfrac{f(x)}{x}$ 的(　　).

A. 可去间断点　　B. 跳跃间断点　　C. 第二类间断点　　D. 连续点

6. 设 $f(x)=x|x|$，则 $f'(0)$ 是(　　).

A. 1　　B. 0　　C. -1　　D. 不存在

7. 若函数 $f(x)=\begin{cases}x^2 & x\geqslant0\\ \sin x & x<0\end{cases}$，则 $f'(0)=$(　　).

A. 0　　B. 1　　C. 2　　D. 不存在

8. 曲线 $y=\dfrac{\pi}{2}+\sin x$ 在 $x=0$ 处的切线倾斜角为(　　).

A. $\dfrac{\pi}{2}$　　B. $\dfrac{\pi}{4}$　　C. 0　　D. 1

9. 若直线 L 与 x 轴平行，且与曲线 $y=x-e^x$ 相切，则切点坐标为(　　).

A. $(0,1)$　　B. $(-1,1)$　　C. $(1,1)$　　D. $(0,-1)$

10. 若直线 $y=3x+a$ 与曲线 $y=x^2+5x+4$ 相切，则 $a=$(　　).

A. 2　　B. -2　　C. 3　　D. -3

11. 设 $f(x)$ 在 x_0 处不连续，则(　　).

A. $f'(x_0)$必存在　　　　B. $f'(x_0)$必不存在

C. $\lim\limits_{x\to x_0}f(x)$必存在　　　　D. $\lim\limits_{x\to x_0}f(x)$必不存在

2.2 函数的求导法则

一、基本内容

1. 函数的和、差、积、商的求导法则：

(1)$[u(x)\pm v(x)]'=u'(x)\pm v'(x)$；

(2)$[u(x)v(x)]'=u'(x)v(x)+u(x)v'(x)$，

特别地，若 $v(x)=C$(常数)，则有$[Cu(x)]'=Cu'(x)$.

(3)$\left(\dfrac{u(x)}{v(x)}\right)'=\dfrac{u'(x)v(x)-u(x)v'(x)}{[v(x)]^2}(v(x)\neq 0)$，

特别地，$\left(\dfrac{1}{v(x)}\right)'=-\dfrac{v'(x)}{v^2(x)}$.

2. 复合函数的求导法则：

$$\frac{\mathrm{d}y}{\mathrm{d}x}=f'(u)\cdot g'(x)\quad 或\quad \frac{\mathrm{d}y}{\mathrm{d}x}=\frac{\mathrm{d}y}{\mathrm{d}u}\cdot\frac{\mathrm{d}u}{\mathrm{d}x}\quad 或\quad y'_x=y'_u\cdot u'_x.$$

3. 导数基本公式：

(1)$(C)'=0$(C 为常数)；　　(2)$(x^\alpha)'=\alpha x^{\alpha-1}$；

(3)$(a^x)'=a^x\cdot\ln a$；　　(4)$(\mathrm{e}^x)'=\mathrm{e}^x$；

(5)$(\log_a|x|)'=\dfrac{1}{x\ln a}$；　　(6)$(\ln|x|)'=\dfrac{1}{x}$；

(7)$(\sin x)'=\cos x$；　　(8)$(\cos x)'=-\sin x$；

(9)$(\tan x)'=\sec^2 x$；　　(10)$(\cot x)'=-\csc^2 x$；

(11)$(\sec x)'=\sec x\tan x$；　　(12)$(\csc x)'=-\csc x\cot x$；

(13)$(\arcsin x)'=\dfrac{1}{\sqrt{1-x^2}}$；　　(14)$(\arccos x)'=-\dfrac{1}{\sqrt{1-x^2}}$；

(15)$(\arctan x)'=\dfrac{1}{1+x^2}$；　　(16)$(\mathrm{arccot}\, x)'=-\dfrac{1}{1+x^2}$.

4. 高阶导数的概念：二阶以上的导数统称为高阶导数.

一般地，$f(x)$的$(n-1)$阶导数的导数称为 $f(x)$的 n 阶导数.

5. 求高阶导数的方法：

(1)逐阶连续求导(**直接法**)；

(2)利用高阶导数的基本公式和法则(**间接法**).

6. 隐函数的求导法

(1)假设由方程 $F(x,y)=0$ 所确定的函数为 $y=y(x)$，则把它代回方程 $F(x,y)=0$ 中，得到恒等式 $F(x,y(x))\equiv 0$，然后利用复合函数求导法则，在上式两边同时对自变量 x 求导，再解出所求导数$\dfrac{\mathrm{d}y}{\mathrm{d}x}$即可.

(2)对数微分法:先在函数两边取自然对数,然后在等式两边同时对自变量 x 求导,最后解出所求导数.

二、学习要求

1. 熟记导数的基本公式;
2. 熟练掌握四则运算法则及复合函数的求导方法;
3. 了解高阶导数的概念;
4. 会求简单函数的 n 阶导数;
5. 会求隐函数和由参数方程所确定函数的一阶、二阶导数.

三、基本题型及解题方法

题型1　利用基本初等函数的导数公式及导数的四则运算求函数的导数.

解题方法:此种题型要交替地运用四则运算求导法则及基本初等函数的导数公式,特别需要注意商的求导运算,及区分求导公式 a^x 及 x^a.

例1　求下列函数的导数:

(1)$y=-2x^2\sqrt{x}+3\sqrt[3]{x^2}-\dfrac{1}{x}$;　　(2)$y=e^x(\sin x+\cos x)$;

(3)$y=(1-x^2)\tan x\cdot\ln x$;　　(4)$y=\dfrac{e^x}{x^2}+\ln 3$.

解:(1)$y'=\left(-2x^2\sqrt{x}+3\sqrt[3]{x^2}-\dfrac{1}{x}\right)'$

$$=-2(x^{\frac{5}{2}})'+3(x^{\frac{2}{3}})'-(x^{-1})'$$

$$=-2\cdot\frac{5}{2}\cdot x^{\frac{3}{2}}+3\cdot\frac{2}{3}\cdot x^{-\frac{1}{3}}-(-1)x^{-2}$$

$$=-5x^{\frac{3}{2}}+2x^{-\frac{1}{3}}+x^{-2}.$$

(2)$y'=[e^x(\sin x+\cos x)]'$

$$=(e^x)'(\sin x+\cos x)+e^x(\sin x+\cos x)'$$

$$=e^x(\sin x+\cos x)+e^x(\cos x-\sin x)$$

$$=2e^x\cos x.$$

(3)$y'=[(1-x^2)\tan x\cdot\ln x]'$

$$=(1-x^2)'\tan x\cdot\ln x+(1-x^2)(\tan x)'\cdot\ln x+(1-x^2)\tan x\cdot(\ln x)'$$

$$=-2x\tan x\cdot\ln x+(1-x^2)\sec^2 x\cdot\ln x+\frac{1-x^2}{x}\tan x.$$

(4)$y'=\left(\dfrac{e^x}{x^2}+\ln 3\right)'=\left(\dfrac{e^x}{x^2}\right)'+(\ln 3)'$

$$=\frac{(e^x)'x^2-e^x\cdot(x^2)'}{x^4}+0=\frac{e^x(x-2)}{x^3}.$$

题型2　复合函数求导.

解题方法:首先要明确复合函数的复合过程,然后按照复合函数求导法则,从外层到里层,一层层求导,再把每层导数相乘即可.切记不要遗漏.

例 2 求下列函数的导数：

(1) $y=\arctan(e^x)$； (2) $y=\sqrt{a^2-x^2}$（a 为常数）；

(3) $y=\left(\arcsin\frac{x}{2}\right)^2$； (4) $y=\ln\ln\ln x$.

解：(1) 复合过程为 $y=\arctan u, u=e^x$，

其中 $y'_u=\frac{1}{1+u^2}, u'_x=e^x$，

则 $y'=y'_u\cdot u'_x=\frac{1}{1+u^2}\cdot e^x=\frac{e^x}{1+e^{2x}}$.

(2) $y'=(\sqrt{a^2-x^2})'=\frac{1}{2\sqrt{a^2-x^2}}\cdot(a^2-x^2)'=\frac{-x}{\sqrt{a^2-x^2}}$.

(3) $y'=\left[\left(\arcsin\frac{x}{2}\right)^2\right]'=2\arcsin\frac{x}{2}\cdot\left(\arcsin\frac{x}{2}\right)'$

$$=2\arcsin\frac{x}{2}\cdot\frac{1}{\sqrt{1-\left(\frac{x}{2}\right)^2}}\cdot\left(\frac{x}{2}\right)'=2\arcsin\frac{x}{2}\cdot\frac{2}{\sqrt{4-x^2}}\cdot\frac{1}{2}$$

$$=\frac{2}{\sqrt{4-x^2}}\arcsin\frac{x}{2}.$$

(4) $y'=(\ln\ln\ln x)'=\frac{1}{\ln\ln x}\cdot(\ln\ln x)'=\frac{1}{\ln\ln x}\cdot\frac{1}{\ln x}\cdot(\ln x)'$

$$=\frac{1}{\ln\ln x}\cdot\frac{1}{\ln x}\cdot\frac{1}{x}=\frac{1}{x(\ln x)\ln\ln x}.$$

题型 3 既有四则运算又有复合运算的初等函数的求导.

解题方法：要根据题目中给出的函数表达式决定先用四则运算法则还是先用复合运算法则.

例 3 求下列函数的导数：

(1) $y=e^{-\frac{x}{2}}\cos 3x$； (2) $y=\arccos\sqrt{\frac{1-x}{1+x}}$.

解：(1) $y'=(e^{-\frac{x}{2}}\cos 3x)'=(e^{-\frac{x}{2}})'\cos 3x+e^{-\frac{x}{2}}\cdot(\cos 3x)'$

$$=e^{-\frac{x}{2}}\cdot\left(-\frac{x}{2}\right)'\cos 3x+e^{-\frac{x}{2}}\cdot(-\sin 3x)\cdot(3x)'$$

$$=-\frac{1}{2}e^{-\frac{x}{2}}\cos 3x-3e^{-\frac{x}{2}}\sin 3x$$

$$=-\frac{1}{2}e^{-\frac{x}{2}}(\cos 3x+6\sin 3x).$$

(2) $y'=\left(\arccos\sqrt{\frac{1-x}{1+x}}\right)'=-\frac{1}{\sqrt{1-\frac{1-x}{1+x}}}\cdot\left(\sqrt{\frac{1-x}{1+x}}\right)'$

$$=-\sqrt{\frac{1+x}{2x}}\cdot\frac{1}{2}\sqrt{\frac{1+x}{1-x}}\cdot\left(\frac{1-x}{1+x}\right)'$$

$$=-\frac{1}{2}\frac{1+x}{\sqrt{2x(1-x)}}\cdot\frac{(1-x)'(1+x)-(1-x)(1+x)'}{(1+x)^2}$$

$$=-\frac{1}{2}\frac{1}{\sqrt{2x(1-x)}}\cdot\frac{-2}{1+x}=\frac{1}{(1+x)\sqrt{2x(1-x)}}.$$

题型 4　计算函数在指定点处的导数.

解题方法:一般地,要先求函数的导函数,然后再求导函数在指定点的函数值.有时也需要根据具体情况灵活解决.

例 4　计算下列函数在指定点处的导数:

(1) $y=\frac{3}{5-x}+\frac{x^2}{5}$,求 $y'|_{x=0}$;

(2) $y=x(x-1)(x-2)(x-3)(x-4)$,求 $y'|_{x=0}$.

解:(1)因为 $y'=\left(\frac{3}{5-x}+\frac{x^2}{5}\right)'=\frac{3}{(5-x)^2}+\frac{2x}{5}$,所以 $y'|_{x=0}=\frac{3}{25}$.

(2)解法一:

因为 y' 的大致形式为 $y'=(x^5+ax^4+bx^3+cx^2+24x)'$

$$=5x^4+4ax^3+3bx^2+2cx+24,$$

所以　$y'|_{x=0}=24$.

解法二:$y'|_{x=0}=\lim\limits_{x\to0}\frac{f(x)-f(0)}{x-0}=\lim\limits_{x\to0}\frac{x(x-1)(x-2)(x-3)(x-4)}{x}$

$$=\lim_{x\to0}(x-1)(x-2)(x-3)(x-4)=24.$$

题型 5　求一般函数的高阶导数.

解题方法:一般地,阶数较低的高阶导数可通过多次接连的求导得出(**直接法**);而阶数较高的高阶导数通常利用已知的高阶导数公式和法则来求(**间接法**).

例 5　求下列函数所指定阶的导数:

(1) $y=e^x\cos x$,求 $y^{(40)}$;　　(2) $y=\frac{1}{x(x-1)}$,求 $y^{(40)}$.

解:(1) $y'=e^x\cos x+e^x(\cos x)'=e^x(\cos x-\sin x)$,

$y''=[e^x(\cos x-\sin x)]'=(e^x)'(\cos x-\sin x)+e^x(\cos x-\sin x)'$

$=e^x(\cos x-\sin x)+e^x(-\sin x-\cos x)=-2e^x\sin x$,

$y'''=(-2e^x\sin x)'=-2(e^x\sin x+e^x\cos x)=-2e^x(\sin x+\cos x)$,

$y^{(4)}=[-2e^x(\sin x+\cos x)]'$

$=-2e^x(\sin x+\cos x)-2e^x(\cos x-\sin x)'$

$=-2e^x(\sin x+\cos x+\cos x-\sin x)=-4e^x\cos x$.

(2)因为 $y=\frac{1}{x(x-1)}=\frac{1}{x-1}-\frac{1}{x}$,所以 $y^{(40)}=\left(\frac{1}{x-1}\right)^{(40)}-\left(\frac{1}{x}\right)^{(40)}$.

由公式 $\left(\frac{1}{ax+b}\right)^{(n)}=(-1)^n\frac{a^n\cdot n!}{(ax+b)^{n+1}}$,可得

$$y^{(40)}=\frac{40!}{(x-1)^{41}}-\frac{40!}{x^{41}}.$$

题型 6　求抽象复合函数的二阶导数.

解题方法：分清复合层次，按照复合函数的求导法则求出一阶导数，然后再用同样的办法对一阶导数求导，即得二阶导数. 注意对于抽象函数而言，导数符号的位置不同，表示不同的意义.

例 6　设 $f''(x)$存在，求下列函数 y 的二阶导数$\frac{d^2y}{dx^2}$：

(1)$y=f(x^2)$；　　　　(2)$y=\ln[f(x)]$.

解：(1)$\frac{dy}{dx}=(f(x^2))'=f'(x^2)\cdot(x^2)'=2xf'(x^2)$,

$$\frac{d^2y}{dx^2}=2f'(x^2)+2x[f'(x^2)]'=2f'(x^2)+4x^2f''(x^2).$$

(2)$\frac{dy}{dx}=\frac{1}{f(x)}\cdot f'(x)$,

$$\frac{d^2y}{dx^2}=\left[\frac{1}{f(x)}\cdot f'(x)\right]'=\left[\frac{f'(x)}{f(x)}\right]'=\frac{f(x)\cdot f''(x)-[f'(x)]^2}{f^2(x)}.$$

题型 7　求隐函数的导数.

解题方法：一种特殊的求导方法，也是以 $y'=\frac{dy}{dx}$为前提. 常用来求幂指函数及主要由乘、除、乘方、开方运算所得的函数的导数.

例 7　求由方程 $xy-e^x+e^y=0$ 所确定的隐函数 y 的导数$\frac{dy}{dx}$.

解：方程两边对 x 求导，得

$$y+x\frac{dy}{dx}-e^x+e^y\frac{dy}{dx}=0,$$

解得 $\frac{dy}{dx}=\frac{e^x-y}{x+e^y}$.

例 8　用对数微分法求函数 $y=\left(\frac{x}{1+x}\right)^x$ 的导数：

解：$y'=[e^{x\ln\left|\frac{x}{1+x}\right|}]'=\left(\frac{x}{1+x}\right)^x[x(\ln|x|-\ln|1+x|)]'$

$$=\left(\frac{x}{1+x}\right)^x\left[\ln\frac{x}{1+x}+x\left(\frac{1}{x}-\frac{1}{1+x}\right)\right]$$

$$=\left(\frac{x}{1+x}\right)^x\left(\ln\frac{x}{1+x}+\frac{1}{1+x}\right).$$

同步练习 2.2

(一)填空题

1. 设 $y=x^e+e^x+\ln x+e^e$，$y'=$________.

2. $\left(10^x+x^{10}+\lg x+\cos x+\sin\frac{\pi}{3}\right)'=$__________.

3. 设 $f(x)=\ln\frac{1}{x}-\ln 2$，则 $f'(x)=$__________.

4. 设 $y=\left(\frac{a}{b}\right)^x$（其中 a、b 为常数），则 $y'=$__________.

5. 设 $y=\frac{x\sqrt{x}}{\sqrt[3]{x}}$，则 $y'=$__________.

6. 设 $y=x^2(2x-\sqrt{x}+1)$，则 $y'=$__________.

7. 设 $y=\sqrt{x\sqrt{x}}$，求 $y'=$__________.

8. 设 $y=\frac{\ln x}{x}$，则 $y'|_{x=1}=$__________.

9. 设 $y=\frac{ax+b}{a+b}$（a，b 均为常数），则 $y'=$__________.

10. 设 $y=\log_2 x-x\ln x$，则 $y'=$__________.

11. 设 $y=x\cos x$，则 $y'=$__________.

12. 设 $y=\left(\frac{b}{x}\right)^a$（其中 a、b 为常数），则 $y'=$__________.

13. 设 $y=\left(\frac{x}{a}\right)^b$（其中 a、b 为常数），则 $y'=$__________.

14. 设 $y=(x^2+3)^8$，则 $y'=$__________.

15. 设 $y=\ln\cos x$，则 $y'=$__________，$y'|_{x=\frac{\pi}{6}}=$__________.

16. 设 $y=\ln\ln x$，$y'=$__________.

17. 设 $y=\arctan\sqrt{x}$，则 $y'=$__________.

18. 设 $f(x)=a(x-1)^2-b\cos x$，且 $f(0)=1$，$f'(0)=2$，则 $a=$__________，$b=$__________.

19. 曲线 $y=\ln(1+x)$ 在点 $(0,0)$ 处的切线方程是__________，法线方程是__________.

20. 曲线 $y=e^{2x}+x^2$ 在点 $(0,1)$ 处的切线方程为__________，法线方程为__________.

21. 设 $f(x)=x\ln x$，则 $f''(1)=$__________.

22. 设 $y=xe^n$，则 $y^{(n)}=$__________.

23. 设 $f(x)=2^x$，则 $f^{(4)}(0)=$__________.

24. 设函数 $y=e^{ax}$，则 $y^{(n)}=$__________.

25. 设函数 $y=y(x)$ 由方程 $xy=1+xe^y$ 确定，则 $\frac{dy}{dx}=$__________.

26. 设 $f(x)=\left(1+\frac{1}{x}\right)^x$，则 $f'\left(\frac{1}{2}\right)=$__________.

（二）选择题

1. 设 $f(x)=\arctan x$，则 $\lim\limits_{\Delta x\to 0}\frac{f(1+\Delta x)-f(1)}{\Delta x}=$（　　）.

A. 1　　B. -1　　C. $\frac{1}{2}$　　D. $-\frac{1}{2}$

2. 函数 $f(x)=\ln|x-1|$ 的导数是(　　).

A. $f'(x)=\frac{1}{|x-1|}$　　B. $f'(x)=\frac{1}{x-1}$

C. $f'(x)=\frac{1}{1-x}$　　D. $f'(x)=\begin{cases}\frac{1}{x-1} & x>1\\ \frac{1}{1-x} & x<1\end{cases}$

3. 下列函数中,(　　)$=-\frac{1}{x}$.

A. $\ln(-x)$　　B. $\ln\frac{1}{x}$　　C. $\ln\frac{1}{x^2}$　　D. $\ln(\ln x)$

4. 设 $f(x)=x^2\cos x$,则 $f'\left(\frac{\pi}{2}\right)=$(　　).

A. $\frac{\pi^2}{4}$　　B. $-\frac{\pi^2}{4}$　　C. $\pi+\frac{\pi^2}{4}$　　D. $\pi-\frac{\pi^2}{4}$

5. 设 $f(x+2)=e^x$,则 $f'(x)=$(　　).

A. e^{x-2}　　B. e^{x+2}　　C. e^x　　D. e^x-2

6. 设函数 $y=x(x-1)(x-2)(x-3)$,则 $y'|_{x=0}=$(　　).

A. 0　　B. 1　　C. 3　　D. -6

7. 设 $y=\ln\sqrt{3}$,则$\frac{dy}{dx}=$(　　).

A. $\frac{1}{\sqrt{3}}$　　B. 0　　C. $\sqrt{3}$　　D. $\frac{1}{6}$

8. 设 $f(x)=a_0+a_1x+a_2x^2+\cdots+a_nx^n$,则$[f(0)]'=$(　　),$f'(0)=$(　　).

A. a_0　　B. a_1　　C. na_n　　D. 0

9. 下列函数中导数不等于$\frac{1}{2}\sin 2x$ 的是(　　).

A. $\frac{1}{2}\sin^2 x$　　B. $\frac{1}{4}\cos 2x$　　C. $-\frac{1}{2}\cos^2 x$　　D. $1-\frac{1}{4}\cos 2x$

10. 设 $f(x)$可导,$f'(1)=2$,且 $y=f(1+x)-f(1-x)$,则$\frac{dy}{dx}|_{x=0}=$(　　).

A. 2　　B. 3　　C. 4　　D. 0

11. 设 $f(u)$可导,且 $u=e^x$,则$[f(e^x)]'=$(　　).

A. $e^xf'(e^x)$　　B. $f'(u)$　　C. $e^x[f(e^x)]'$　　D. $f'(e^x)$

12. 设 $f(u)=\sqrt{u}$,$u=g(x)=\sin^4 x$,则复合函数 $f[g(x)]$在点 $x=0$ 处的导数是(　　).

A. 不存在　　B. 0　　C. 1　　D. -1

13. 设 $f(x)$为可导的奇函数,且 $f'(1)=2$,则 $f'(-1)=$(　　).

A. $\frac{1}{2}$　　B. $-\frac{1}{2}$　　C. 2　　D. -2

14. 设 $y=e^x+e^{-x}$,则 $y''=$(　　).

A. e^x+e^{-x}　　B. e^x-e^{-x}　　C. $e^{-x}-e^x$　　D. $-e^x+e^{-x}$

15. 设 $y=x^n$(n 为正整数),则 $y^{(n)}|_{x=1}=$(　　).

A. 0　　B. 1　　C. n　　D. $n!$

16. 设 $y=\frac{1}{x}$,则 $y^{(n)}|_{x=1}=$(　　).

A. $(-1)^n n!$　　B. $n!$　　C. $(-1)^n$　　D. 1

17. 设 $y=a^x$($a>0$ 且 $a\neq1$)则 $y^{(n)}|_{x=0}=$(　　).

A. 1　　B. 0　　C. $\ln^n a$　　D. $\ln a^n$

18. 已知 $y=x\ln x$,则 $y^{(10)}=$(　　).

A. $-\frac{1}{x^9}$　　B. $\frac{1}{x^9}$　　C. $\frac{8!}{x^9}$　　D. $-\frac{8!}{x^9}$

19. 设 $f(x)=\sin x$,则 $f^{(7)}(0)=$(　　).

A. -1　　B. 0　　C. 1　　D. $\cos x$

20. 设 $x=e^y$,则 $\frac{dy}{dx}=$(　　).

A. e^{-y}　　B. e^y　　C. xe^y　　D. xe^{-y}

21. 设 $x^2=\sin y$,则 $\frac{dy}{dx}=$(　　).

A. $\frac{2x}{\sin y}$　　B. $\frac{2x}{\cos y}$　　C. $\frac{x^2}{\sin y}$　　D. $\frac{x^2}{\cos y}$

22. 设 $\ln y=x^2$,则 $\left.\frac{dy}{dx}\right|_{x=1}=$(　　).

A. $2y$　　B. $2e$　　C. 2　　D. $-2e$

(三)解答题

1. 设 $y=(\sqrt{x}+1)\left(\frac{1}{\sqrt{x}}-1\right)$,求 y'.

2. 设 $y=\frac{x^3+2x\sqrt{x}-2}{x^2}$,求 y'.

3. 设 $y=e^x\ln x$,求 y'.

4. $f(x)=\frac{\ln x}{2-\ln x}$,求 $f'(1)$.

5. 设 $y=(\arctan\sqrt{x^2-1})^2$,求 y'.

6. 设 $y=\csc^2(3x-2)$,求 y'.

7. 设 $y=\arcsin\frac{1}{x}$,求 y'.

8. 设 $y=e^{\sin x^2}$,求 y'.

9. 设 $y=\frac{1-\cos x}{1+\cos x}$,求 y'.

10. 设 $y=\ln(x-\sqrt{1+x^2})$,求 y'.

11. 设 $y=xe^{\frac{1}{x}}$,求 y'.

12. 设 $y=\dfrac{x}{\sqrt{1-x^2}}$，求 y'.

13. 设 $y=\dfrac{1}{\sqrt{3x^2+1}}$，求 y'.

14. 设 $y=xe^{-x}$，求 y''.

15. 设 $y=\cos(\ln x)$，求 y''.

16. 设 $y=\cot\dfrac{x}{2}$，求 y''.

17. 设 $y=\dfrac{1}{x-1}$，求 y''.

18. 求由方程 $x^2+y^2=e^y$ 确定的隐函数 $y=y(x)$ 的导数$\dfrac{dy}{dx}$.

19. 求由方程 $xy=\ln(x+y)$ 确定的隐函数 $y=y(x)$ 的导数$\dfrac{dy}{dx}$.

2.3 偏 导 数

一、基本内容

1. 偏导数的定义：

设函数 $z=f(x,y)$ 在点 (x_0,y_0) 的某一邻域内有定义，当 y 固定在 y_0 而 x 在 x_0 处有增量 Δx 时，相应地函数有增量

$$\Delta_x z=f(x_0+\Delta x,y_0)-f(x_0,y_0).$$

如果极限

$$\lim_{\Delta x\to 0}\frac{\Delta_x z}{\Delta x}=\lim_{\Delta x\to 0}\frac{f(x_0+\Delta x,y_0)-f(x_0,y_0)}{\Delta x}$$

存在，则称此极限为函数 $z=f(x,y)$ 在点 (x_0,y_0) 处对 x 的**偏导数**，记作

$$\left.\frac{\partial z}{\partial x}\right|_{\substack{x=x_0\\y=y_0}},\quad \left.\frac{\partial f}{\partial x}\right|_{\substack{x=x_0\\y=y_0}},\quad z_x\Big|_{\substack{x=x_0\\y=y_0}} \text{或 } f_x(x_0,y_0).$$

2. 二元函数偏导数的几何意义

设 $M_0(x_0,y_0,f(x_0,y_0))$ 为曲面 $z=f(x,y)$ 上的一点，过 M_0 点作平面 $y=y_0$，截此曲面得一曲线，此曲线在平面 $y=y_0$ 上的方程为 $z=f(x,y_0)$，则导数 $\left.\dfrac{d}{dx}f(x,y_0)\right|_{x=x_0}$ 即为偏导数 $f_x(x_0,y_0)$. 由一元函数导数的几何意义可知，偏导数 $f_x(x_0,y_0)$ 的几何意义就是这曲小线在 M_0 点处的切线 M_0T_x 对 x 轴的斜率.

二、学习要求

1. 理解偏导数的概念；
2. 理解二元函数偏导数的几何意义.

三、基本题型及解题方法

题型1　根据偏导数的定义讨论某点处编导数的存在性.

解题方法:根据偏导数的定义求其对应的极限值是否存在即可.

例1　设 $f(x,y)=\sqrt{x^2+y^2}$,问 $f_x(0,0)$ 与 $f_y(0,0)$ 是否存在?

解: $f_x(0,0)=\lim\limits_{\Delta x\to 0}\dfrac{f(\Delta x,0)-f(0,0)}{\Delta x}=\lim\limits_{\Delta x\to 0}\dfrac{|\Delta x|}{\Delta x}$不存在,

$$f_y(0,0)=\lim_{\Delta x\to 0}\frac{f(0,\Delta y)-f(0,0)}{\Delta y}=\lim_{\Delta y\to 0}\frac{\Delta y^2}{\Delta y}=\lim_{\Delta y\to 0}\Delta y=0,$$

即 $f_x(0,0)$不存在,$f_y(0,0)=0$.

题型2　偏导数一般计算.

解题方法:对多元函数中的某个变量求偏导数,只需把这一变量看作变量,其余的变量都看作常量,然后按一元函数求导公式及计算方法求导即可。如对于二元函数 $z=f(x,y)$ 要计算 $\dfrac{\partial f}{\partial x}\left(或\dfrac{\partial f}{\partial y}\right)$,只需把变量 y(或 x)看作常量,而对 x(或 y)求导.

例2　求下列函数的偏导数:

(1) $z=e^{xy}+yx^2$;　　　　(2) $u=\ln(xy+z)$.

解:(1) $\dfrac{\partial z}{\partial x}=e^{xy}\cdot(xy)'_x+2xy=ye^{xy}+2xy$,

$$\frac{\partial z}{\partial y}=e^{xy}\cdot(xy)'_y+x^2=xe^{xy}+x^2.$$

(2) $\dfrac{\partial u}{\partial x}=\dfrac{1}{xy+z}\cdot(xy+z)'_x=\dfrac{y}{xy+z}$,

$$\frac{\partial u}{\partial y}=\frac{1}{xy+z}\cdot(xy+z)'_y=\frac{x}{xy+z},$$

$$\frac{\partial u}{\partial z}=\frac{1}{xy+z}\cdot(xy+z)'_z=\frac{1}{xy+z}.$$

题型3　高阶偏导数计算.

解题方法:熟悉高阶偏导数的记号,明确求导次序,逐阶求导

例3　设 $u=e^{ax}\cos by$,求二阶导数.

解: $\dfrac{\partial u}{\partial x}=ae^{ax}\cos by$;　　$\dfrac{\partial u}{\partial y}=-be^{ax}\sin by$;　　$\dfrac{\partial^2 u}{\partial^2 x}=a^2e^{ax}\cos by$;

$\dfrac{\partial^2 u}{\partial y^2}=-b^2e^{ax}\cos by$;　　$\dfrac{\partial^2 u}{\partial x\partial y}=-abe^{ax}\sin by$;　　$\dfrac{\partial^2 u}{\partial y\partial x}=-bae^{ax}\sin by$.

同步练习 2.3

求下列函数的偏导数:

1. $z=x^3y+3x^2y^2-xy^3$.　　　　2. $z=\sqrt{\ln(xy)}$.

2.4　函数的微分

一、基本内容

1. 微分的定义：

设函数 $y=f(x)$ 在点 x 的某邻域内有定义，若相对于自变量 x 的微小增量，相应的函数增量 $\Delta y=f(x+\Delta x)-f(x)$ 可表示为

$$\Delta y=A\cdot\Delta x+o(\Delta x),$$

其中 A 是与 Δx 无关的量，则称函数 $y=f(x)$ 在点 x 可微，并且称 $A\cdot\Delta x$ 为函数 $y=f(x)$（在点 x 处）的微分，记作 $\mathrm{d}y$，即

$$\mathrm{d}y=A\cdot\Delta x.$$

2. 函数可微的条件(可导与可微的关系)：$f(x)$ 可微 $\Leftrightarrow f(x)$ 可导，且 $\mathrm{d}y=f'(x)\mathrm{d}x$.

3. 微分基本公式与微分运算法则：

1)基本公式：

(1) $\mathrm{d}(C)=0$（C 为常数）；　(2) $\mathrm{d}(x^{\alpha})=\alpha x^{\alpha-1}\mathrm{d}x$；

(3) $\mathrm{d}(a^x)=a^x\cdot\ln a\cdot\mathrm{d}x$；　(4) $\mathrm{d}(\mathrm{e}^x)=\mathrm{e}^x\mathrm{d}x$；

(5) $\mathrm{d}(\log_a|x|)=\dfrac{1}{x\ln a}\mathrm{d}x$；　(6) $\mathrm{d}(\ln|x|)=\dfrac{1}{x}\mathrm{d}x$；

(7) $\mathrm{d}(\sin x)=\cos x\mathrm{d}x$；　(8) $\mathrm{d}(\cos x)=-\sin x\mathrm{d}x$；

(9) $\mathrm{d}(\tan x)=\sec^2 x\mathrm{d}x$；　(10) $\mathrm{d}(\cot x)=-\csc^2 x\mathrm{d}x$；

(11) $\mathrm{d}(\sec x)=\sec x\tan x\mathrm{d}x$；　(12) $\mathrm{d}(\csc x)=-\csc x\cot x\mathrm{d}x$；

(13) $\mathrm{d}(\arcsin x)=\dfrac{1}{\sqrt{1-x^2}}\mathrm{d}x$；　(14) $\mathrm{d}(\arccos x)=-\dfrac{1}{\sqrt{1-x^2}}\mathrm{d}x$；

(15) $\mathrm{d}(\arctan x)=\dfrac{1}{1+x^2}\mathrm{d}x$；　(16) $\mathrm{d}(\mathrm{arccot}\, x)=-\dfrac{1}{1+x^2}\mathrm{d}x$.

2)微分的四则运算法则：

(1) $\mathrm{d}(u\pm v)=\mathrm{d}u\pm\mathrm{d}v$；

(2) $\mathrm{d}(uv)=v\mathrm{d}u+u\mathrm{d}v$，　$\mathrm{d}(Cu)=C\mathrm{d}u$；

(3) $\mathrm{d}\left(\dfrac{u}{v}\right)=\dfrac{v\mathrm{d}u-u\mathrm{d}v}{v^2}$，　$\mathrm{d}\left(\dfrac{1}{v}\right)=-\dfrac{\mathrm{d}v}{v^2}$.

3)复合函数的微分法则：

设 $y=f(u)$ 及 $u=\varphi(x)$ 均可导，则复合函数 $y=f[\varphi(x)]$ 的微分为

$$\mathrm{d}y=y'_x\mathrm{d}x=f'(u)\varphi'(x)\mathrm{d}x,$$

而 $\varphi'(x)\mathrm{d}x=\mathrm{d}u$，故复合函数 $y=f[\varphi(x)]$ 的微分公式也可以写成

$$\mathrm{d}y=f'(u)\mathrm{d}u.$$

复合函数的微分也可不写出中间变量，此时复合函数 $y=f[\varphi(x)]$ 的微分公式可以写成

$$\mathrm{d}y=f'[\varphi(x)]\mathrm{d}[\varphi(x)]=f'[\varphi(x)]\varphi'(x)\mathrm{d}x.$$

二、学习要求

1. 理解函数可微及微分的概念；
2. 理解导数与微分的关系.

三、基本题型及解题方法

题型 1　利用 $dy=f'(x)dx$ 求函数的微分.

例 1　求下列函数的微分 dy：

(1) $y=\frac{1}{x}+\sqrt[3]{x}$；　　(2) $y=x\sin 3x$.

解：(1) $dy=\left(\frac{1}{x}+\sqrt[3]{x}\right)'dx=\left(-\frac{1}{x^2}+\frac{1}{3}x^{-\frac{2}{3}}\right)dx$；

(2) $dy=(x\sin 3x)'dx=(\sin 3x+3x\cos 3x)dx$.

题型 2　利用微分基本公式、运算法则及一阶微分形式不变性求函数的微分.

例 2　求下列函数的微分 dy：

(1) $y=\frac{x}{\sqrt{x^2+1}}$；　　(2) $y=\arcsin\sqrt{1-x^2}$.

解：(1) $dy=\frac{\sqrt{x^2+1}\,dx-x\,d(\sqrt{x^2+1})}{x^2+1}=\frac{\sqrt{x^2+1}\,dx-\frac{1}{2}x\,(x^2+1)^{-\frac{1}{2}}d(x^2+1)}{x^2+1}$

$=\frac{(x^2+1)dx-x^2dx}{(x^2+1)^{\frac{3}{2}}}=(x^2+1)^{-\frac{3}{2}}dx$.

(2) $dy=\frac{1}{\sqrt{1-1+x^2}}d(\sqrt{1-x^2})=\frac{1}{2|x|\sqrt{1-x^2}}d(1-x^2)$

$=\frac{-x}{|x|\sqrt{1-x^2}}dx$.

同步练习 2.4

(一)填空题

1. 设 $y=e^x\cos x$，则 $dy=$________.

2. 设 $y=\sin\frac{1}{x}+\cos\frac{1}{x}$，则 $dy=$________.

3. $d($________$)=2xdx$.

4. $d($________$)=\frac{1}{\sqrt{x}}dx$.

5. $d($________$)=\frac{1}{9+x^2}dx$.

6. 设 $df(x)=(e^{2x}+\sin 3x)dx$，则 $f(x)=$________.

7. $d(\ln\sin 2x)=\frac{1}{\sin 2x}d($________$)=($________$)d(2x)=($________$)dx$.

8. $d($________$)=e^{\sqrt{x}}d(\sqrt{x})=($________$)dx$.

（二）选择题

1. 设 $y=f(x)$ 在点 x_0 可微，且 $\lim\limits_{x\to 0}\dfrac{f(x_0)-f(x_0+2x)}{6x}=3$，则 $\mathrm{d}y|_{x=x_0}=$（　　）.

A. $-9\mathrm{d}x$　　B. $8\mathrm{d}x$　　C. $-3\mathrm{d}x$　　D. $2\mathrm{d}x$

2. 设 $y=x\ln x$，则 $\mathrm{d}y=$（　　）.

A. $\mathrm{d}x$　　B. $\dfrac{1}{x}\mathrm{d}x$　　C. $\ln x\mathrm{d}x$　　D. $(1+\ln x)\mathrm{d}x$

（三）解答题

1. 设 $y=\sin(\ln x)$，求 $\mathrm{d}y$.

2. 设 $y=(\ln x)^2$，求 $\mathrm{d}y$.

2.5 导数的应用

一、基本内容

1. 洛必达法则：设函数 $f(x)$ 和 $g(x)$.

（1）在 x_0 的某去心邻域（或 $|x|>M,M>0$）内可导且 $g'(x)\neq 0$；

（2）当 $x\to x_0$（或 $x\to\infty$）时，$f(x)$ 和 $g(x)$ 都趋于零（或都是无穷大）；

（3）$\lim\limits_{\substack{x\to x_0\\(x\to\infty)}}\dfrac{f'(x)}{g'(x)}$ 存在（或为无穷大），则 $\lim\limits_{\substack{x\to x_0\\(x\to\infty)}}\dfrac{f(x)}{g(x)}$ 存在（或为无穷大），且

$$\lim_{\substack{x\to x_0\\(x\to\infty)}}\frac{f(x)}{g(x)}=\lim_{\substack{x\to x_0\\(x\to\infty)}}\frac{f'(x)}{g'(x)},$$

洛必达法则以导数为工具，给出了计算未定式极限的一般方法.

2. 函数单调性的判定：

设函数 $y=f(x)$ 在 I 内可导，若在 I 内，(1) $f'(x)>0$，则函数 $y=f(x)$ 在 I 上**单调增加**；(2) $f'(x)<0$，则函数 $y=f(x)$ 在 I 上**单调减少**.

3. 函数的极值及其求法：

（1）极值的概念：

设函数 $f(x)$ 在点 x_0 的某邻域 $U(x_0)$ 内有定义，如果对于去心邻域 $\mathring{U}(x_0)$ 内的任一 x，有 $f(x)<f(x_0)$（或 $f(x)>f(x_0)$）则称 $f(x_0)$ 是函数 $f(x)$ 的一个**极大值**（或**极小值**），而 x_0 点称为函数 $f(x)$ 的**极大值点**（或**极小值点**）.

极大值与极小值统称为函数的**极值**，极大值点和极小值点统称为函数的**极值点**.

（2）极值的必要条件：设函数 $f(x)$ 在点 x_0 可导，且在 x_0 处取得极值，则 $f'(x_0)=0$.

（3）极值的充分条件（极值的判定）：

第一充分条件：设函数 $f(x)$ 在 x_0 处连续，且在 x_0 的某去心邻域 $\mathring{U}(x_0)$ 内可导，则

①在点 x_0 的左邻域内，$f'(x)>0$，在点 x_0 的右邻域内，$f'(x)<0$，则 $f(x)$ 在 x_0 处取得极大值；

②在点 x_0 的左邻域内，$f'(x)<0$，在点 x_0 的右邻域内，$f'(x)>0$，则 $f(x)$ 在 x_0 处取得极小值；

③在点 x_0 的邻域内，$f'(x)$不变号，则 $f(x)$在 x_0 处没有极值.

第二充分条件：设函数 $f(x)$在 x_0 处具有二阶导数且 $f'(x_0)=0$，$f''(x_0)\neq 0$，则

①当 $f''(x_0)<0$，函数在 x_0 处取得极大值；

②当 $f''(x_0)>0$，函数在 x_0 处取得极小值.

4. 曲线凹凸性的定义：联结曲线上任意两点的弦总位于这两点间的弧段的上方，则是凹的，反之是凸的.

5. 曲线凹凸性的判定：(1) $f''(x)>0$，则曲线 $f(x)$是凹的；

(2) $f''(x)<0$，则曲线 $f(x)$是凸的.

6. 拐点的求法.

7. 函数 $f(x)$在闭区间$[a,b]$上的最值的求法.

8. 函数 $f(x)$在区间 I 上有唯一极值点时最值的求法.

二、学习要求

1. 熟练掌握用洛必达法则求未定型极限的方法.
2. 会用导数判断函数图形的凸凹性和拐点.
3. 掌握用导数判断函数的单调性的方法.
4. 理解函数极值的概念，掌握用导数求函数极值的方法.
5. 掌握在闭区间$[a,b]$上连续的函数的最大值和最小值的求法.
6. 了解最值的简单应用.

三、基本题型及解题方法

题型 1　利用洛必达法则求“$\frac{0}{0}$”与“$\frac{\infty}{\infty}$”型极限.

解题方法：在验证了是这两种类型极限后，首先应该想到第一章中提到的各种方法，如约掉零因子，等价无穷小替换等等，然后再结合洛必达法则一起解题. 在应用该法则时要注意，分子分母同时取导数，当取导之后仍为“$\frac{0}{0}$”或“$\frac{\infty}{\infty}$”，可以再次利用洛必达法则，而且当洛必达法则失败时，也不代表极限不存在，要重新研究.

例 1　求下列极限：

(1) $\lim\limits_{x\to\pi/2}\dfrac{\ln\sin x}{(\pi-2x)^2}$；　　(2) $\lim\limits_{x\to 0}\dfrac{\tan x-x}{x^2\tan x}$；

(3) $\lim\limits_{x\to 1}\dfrac{x^3-1+\ln x}{e^x-e}$；　　(4) $\lim\limits_{x\to 0}\dfrac{e^x+\ln(1-x)-1}{x-\arctan x}$.

解：(1)所给极限为$\frac{0}{0}$型，由洛必达法则，有

$$\lim_{x\to\pi/2}\frac{\ln\sin x}{(\pi-2x)^2}=\lim_{x\to\pi/2}\frac{\cot x}{-4(\pi-2x)}.$$

仍为$\frac{0}{0}$型，再利用洛必达法则，得

原式$=\lim\limits_{x\to\pi/2}\frac{-\csc^2 x}{8}=-\frac{1}{8}\lim\limits_{x\to\pi/2}\frac{1}{\sin^2 x}=-\frac{1}{8}$.

(2)所给极限为$\frac{0}{0}$型,且因为当$x\to 0$时,$\tan x\sim x$,则

$$\lim_{x\to 0}\frac{\tan x-x}{x^2\tan x}=\lim_{x\to 0}\frac{\tan x-x}{x^3}=\lim_{x\to 0}\frac{(\tan x-x)'}{(x^3)'}=\lim_{x\to 0}\frac{\sec^2 x-1}{3x^2}$$

$$\xlongequal[\text{洛必达法则}]{\frac{0}{0}\text{型}}\lim_{x\to 0}\frac{2\sec^2 x\tan x}{6x}=\frac{1}{3}\lim_{x\to 0}\sec^2 x=\frac{1}{3}.$$

(3)$\lim\limits_{x\to 1}\frac{x^3-1+\ln x}{e^x-e}=\lim\limits_{x\to 1}\frac{(x^3-1+\ln x)'}{(e^x-e)'}$

$$=\lim_{x\to 1}\frac{3x^2+\frac{1}{x}}{e^x}=\frac{4}{e}.$$

(4)$\lim\limits_{x\to 0}\frac{e^x+\ln(1-x)-1}{x-\arctan x}=\lim\limits_{x\to 0}\frac{[e^x+\ln(1-x)-1]'}{(x-\arctan x)'}$

$$=\lim_{x\to 0}\frac{e^x+\frac{1}{x-1}}{1-\frac{1}{1+x^2}}=\lim_{x\to 0}\frac{(x-1)e^x+1}{x^2}\cdot\frac{1+x^2}{x-1}$$

$$=-\lim_{x\to 0}\frac{(x-1)e^x+1}{x^2}=-\lim_{x\to 0}\frac{e^x+(x-1)e^x}{2x}$$

$$=-\lim_{x\to 0}\frac{xe^x}{2x}=-\frac{1}{2}.$$

题型2　利用洛必达法则求其他未定型极限.

解题方法:其他未定型极限主要包括$\infty-\infty$,$0\cdot\infty$,1^∞,0^0,∞^0,首先要把它们转化为$\frac{0}{0}$型或$\frac{\infty}{\infty}$型,再用洛必达法则求之.各未定型极限转化为$\frac{0}{0}$或$\frac{\infty}{\infty}$的过程如下:

(1)$0\cdot\infty=\frac{0}{\frac{1}{\infty}}=\frac{0}{0}$或$0\cdot\infty=\frac{\infty}{\frac{1}{0}}=\frac{\infty}{\infty}$.

(2)$\infty-\infty$:

①分式一分式,通分化为$\frac{0}{0}$或$\frac{\infty}{\infty}$;②根式一根式,分子有理化化为$\frac{0}{0}$或$\frac{\infty}{\infty}$.

(3)$1^\infty=e^{\infty\ln 1}=e^{\infty\cdot 0}$(方便用第二重要极限的可使用第二重要极限来求).

(4)$0^0=e^{0\ln 0}=e^{0\cdot\infty}$.

(5)$\infty^0=e^{0\ln\infty}=e^{0\cdot\infty}$.

例2　求下列极限:

(1)$\lim\limits_{x\to 0}x^2e^{x^{-2}}$;

(2)$\lim\limits_{x\to 0^+}x^x$;

(3)$\lim\limits_{x\to 0}\left(\frac{\sin x}{x}\right)^{\frac{1}{1-\cos x}}$;

(4)$\lim\limits_{x\to 0^+}(\cot x)^{\frac{1}{\ln x}}$;

(5) $\lim\limits_{x\to 0^+}\left(\ln\frac{1}{x}\right)^x$；　　　　(6) $\lim\limits_{x\to 1}\left(\frac{1}{x-1}-\frac{1}{\ln x}\right)$.

解：(1)原式 $=\lim\limits_{x\to 0}\frac{e^{\frac{1}{x^2}}}{\frac{1}{x^2}}=\lim\limits_{x\to 0}\frac{e^{\frac{1}{x^2}}\left(\frac{1}{x^2}\right)'}{\left(\frac{1}{x^2}\right)'}=\lim\limits_{x\to 0}e^{\frac{1}{x^2}}=\infty$.

(2)原式 $=\lim\limits_{x\to 0^+}e^{x\ln x}=e^{\lim\limits_{x\to 0^+}x\ln x}$，

又 $\lim\limits_{x\to 0^+}x\ln x=\lim\limits_{x\to 0^+}\frac{\ln x}{\frac{1}{x}}=\lim\limits_{x\to 0^+}\frac{\frac{1}{x}}{-\frac{1}{x^2}}=\lim\limits_{x\to 0^+}(-x)=0$，

则原式 $=e^{\lim\limits_{x\to 0^+}x\ln x}=e^0=1$.

(3)原式 $=\lim\limits_{x\to 0}e^{\frac{1}{1-\cos x}\ln\left(\frac{\sin x}{x}\right)}=e^{\lim\limits_{x\to 0}\frac{1}{1-\cos x}\ln\left(\frac{\sin x}{x}\right)}$，因为当 $x\to 0$ 时，$1-\cos x\sim\frac{1}{2}x^2$，因此有

$$\lim_{x\to 0}\frac{1}{1-\cos x}\ln\left(\frac{\sin x}{x}\right)=\lim_{x\to 0}\frac{\ln\sin x-\ln x}{\frac{1}{2}x^2}=\lim_{x\to 0}\frac{\frac{\cos x}{\sin x}-\frac{1}{x}}{x}$$

$$=\lim_{x\to 0}\frac{x\cos x-\sin x}{x^2\sin x}=\lim_{x\to 0}\frac{x\cos x-\sin x}{x^3}$$

$$=\lim_{x\to 0}\frac{\cos x-x\sin x-\cos x}{3x^2}=\lim_{x\to 0}\frac{-\sin x}{3x}=-\frac{1}{3},$$

所以　原式 $=e^{-\frac{1}{3}}$.

(**注：**因为当 $x\to 0$ 时，$\sin x\sim x$)

(4)原式 $=\lim\limits_{x\to 0^+}e^{\frac{1}{\ln x}\ln\cot x}=e^{\lim\limits_{x\to 0^+}\frac{\ln\cot x}{\ln x}}$，又

$$\lim_{x\to 0^+}\frac{\ln\cot x}{\ln x}=\lim_{x\to 0^+}\frac{-x\csc^2 x}{\cot x}=\lim_{x\to 0^+}\frac{-x}{\sin x\cos x}=-\lim_{x\to 0^+}\frac{x}{\sin x}\cdot\frac{1}{\cos x}=-1,$$

所以　原式 $=\frac{1}{e}$.

(5)原式 $=\lim\limits_{x\to 0^+}e^{x\ln\frac{1}{x}}=e^{\lim\limits_{x\to 0^+}x\ln\frac{1}{x}}$，

又 $\lim\limits_{x\to 0^+}x\ln\frac{1}{x}=\lim\limits_{x\to 0^+}\frac{\ln\frac{1}{x}}{\frac{1}{x}}=\lim\limits_{x\to 0^+}\frac{x\left(\frac{1}{x}\right)'}{\left(\frac{1}{x}\right)'}=0$，

所以　原式 $=1$.

(6)原式 $=\lim\limits_{x\to 1}\frac{\ln x-x+1}{(x-1)\ln x}$

$$=\lim_{x\to 1}\frac{\frac{1}{x}-1}{\ln x+(x-1)\cdot\frac{1}{x}}=\lim_{x\to 1}\frac{\frac{1}{x}-1}{\ln x+1-\frac{1}{x}}$$

$$=\lim_{x\to 1}\frac{-\frac{1}{x^2}}{\frac{1}{x}+\frac{1}{x^2}}=-\frac{1}{2}.$$

题型 3　利用导数讨论函数的单调性和单调区间.

解题方法：一般步骤如下

(1)确定函数 $f(x)$的定义域，并求其导数 $f'(x)$；

(2)求出 $f(x)$的全部驻点与不可导点；

(3)讨论 $f'(x)$在驻点和不可导点左、右两侧邻近符号变化的情况，确定函数的单调性和单调区间.

例 3　讨论函数 $y=x-\ln(1+x)$的单调性.

解：该函数的定义域为$(-1,+\infty)$，

$$y'=1-\frac{1}{1+x}=\frac{x}{1+x},$$

令 $y'=0$，得驻点 $x=0$.

列表讨论 y'的符号及函数 y 的单调性：

x	$(-1,0)$	$(0,+\infty)$
y'	$-$	$+$
y	↘	↗

综上，函数在$(-1,0)$上单调减少，在$(0,+\infty)$上单调增加.

题型 4　求函数的极值.

解题方法：

解法一：(1)确定函数 $f(x)$的定义域，并求其导数 $f'(x)$；

(2)求出 $f(x)$的全部驻点与不可导点；

(3)讨论 $f'(x)$在驻点和不可导点左、右两侧邻近符号变化的情况，确定函数的极值点；

(4)求出各极值点的函数值，就得到函数 $f(x)$的全部极值.

解法二：(1)确定定义域，并求出所给函数的全部驻点；

(2)考察函数的二阶导数在驻点处的正负，确定极值点；

(3)求出极值点处的函数值，得到极值.

注：第二种方法有一定的局限性，当 $f''(x_0)=0$，此法就不能用了. 事实上，当 $f'(x_0)=0$，$f''(x_0)=0$ 时，$f(x)$在 x_0 处可能取得极大值，也可能取得极小值，也可能没有极值. 比如，$f(x)=-x^4$，$g(x)=x^4$，$\varphi(x)=x^3$ 这三个函数在 $x=0$ 处就分别属于这三种情况. 因此，如果函数在驻点处的二阶导数为零，则还得用第一种方法来判定.

例 4　讨论函数 $f(x)=\sqrt[3]{(2x-x^2)^2}$ 的单调性并求其极值.

解：该函数的定义域为$(-\infty,+\infty)$

$$f'(x)=\frac{2}{3}(2x-x^2)^{-\frac{1}{3}}(2-2x)=\frac{4}{3}\frac{1-x}{\sqrt[3]{x(2-x)}}.$$

令 $f'(x)=0$ 得驻点 $x=1$，又 $x=0$ 及 $x=2$ 为其不可导点，列表讨论 y'的符号及函数 y 的

单调性和极值：

x	$(-\infty,0)$	0	$(0,1)$	1	$(1,2)$	2	$(2,+\infty)$
y'	$-$	不存在	$+$	0	$-$	不存在	$+$
y	↘	极小值点	↗	极大值点	↘	极小值点	↗

综上，函数在$(-\infty,0)$及$(1,2)$上单调减少，在$(0,1)$及$(2,+\infty)$上单调增加，其极大值为$f(1)=1$，极小值为$f(0)=f(2)=0$.

题型5　证明不等式.

解题方法：(1)构造辅助函数$F(x)$；

(2)求$F'(x)$，并验证$F(x)$在指定区间的增减性；

(3)求出区间端点的函数值或极值，比较后即证.

例5　当$x>0$时，试证$x>\ln(1+x)$成立.

证明：设$F(x)=x-\ln(1+x)$，只需证$F(x)>F(0)=0$，

因为$F'(x)=1-\frac{1}{1+x}=\frac{x}{1+x}$，

显然当$x>0$时，$F'(x)>0$，

则当$x>0$时，$F(x)$单调递增，

$$F(x)>F(0)=0,$$

即　$x>\ln(1+x)$.

题型6　利用函数的单调性证明方程$f(x)=0$的根的唯一性.

解题方法：

(1)构造辅助函数$f(x)$；

(2)根据闭区间上连续函数性质中的零点定理证明$f(x)=0$的根的存在性；

(3)利用函数的单调性说明根的唯一性.

例6　证明方程$x^5+x+1=0$在区间$(-1,0)$内有且只有一个实根.

解：设$f(x)=x^5+x+1$，显然$f(x)$在$[-1,0]$上连续，且$f(-1)=-1$，$f(0)=1$.

由零点定理得，在$(-1,0)$上，至少有一点ξ，使得$f(\xi)=0$，即方程$x^5+x+1=0$在区间$(-1,0)$内至少有一个实根，又因为$f'(x)=5x^4+1>0$，故$f(x)$在区间$(-1,0)$单调递增，即$f(x)$在区间$(-1,0)$上至多有一个零点.

综上，方程$x^5+x+1=0$在区间$(-1,0)$内有且只有一个实根.

题型7　求曲线的拐点，判断曲线的凹凸性及凹凸区间.

解题方法：(1)求$f''(x)$；

(2)令$f''(x)=0$，解出在区间I内的全部实根，并求出在区间I内$f''(x)$不存在的点；

(3)对步骤(2)中求出的每一个点，检查其左右两侧邻近$f''(x)$的符号，确定曲线的凹凸区间和拐点.

例 7　求下列函数图形的凹凸区间和拐点：

(1)$y=3x^4-4x^3+1$；

(2)$y=x^4(12\ln x-7)$.

解:(1)函数的定义域为$(-\infty,+\infty)$，

$$y'=12x^3-12x^2,\quad y''=36x^2-24x=12x(3x-2).$$

令 $y''=0$ 得 $x=0$ 与 $x=\frac{2}{3}$.

列表讨论 y''的符号及曲线的凹凸和拐点：

x	$(-\infty,0)$	0	$\left(0,\frac{2}{3}\right)$	$\frac{2}{3}$	$\left(\frac{2}{3},+\infty\right)$
y''	+	0	−	0	+
y	∪	拐点$(0,1)$	∩	拐点$\left(\frac{2}{3},\frac{11}{27}\right)$	∪

综上，曲线的凹区间为$(-\infty,0)$与$\left(\frac{2}{3},+\infty\right)$，凸区间为$\left(0,\frac{2}{3}\right)$，拐点为$(0,1)$与$\left(\frac{2}{3},\frac{11}{27}\right)$.

(2)函数的定义域为$(0,+\infty)$

$$y'=4x^3(12\ln x-7)+12x^3,$$

$$y''=12x^2(12\ln x-7)+48x^2+36x^2=144x^2\ln x.$$

令 $y''=0$ 得 $x=1$.

列表讨论 y''的符号及曲线的凹凸和拐点：

x	$(0,1)$	1	$(1,+\infty)$
y''	−	0	+
y	∩	拐点$(1,-7)$	∪

综上，曲线的凹区间为$(1,+\infty)$，凸区间为$(0,1)$，拐点为$(1,-7)$.

题型 8　求函数 $f(x)$在$[a,b]$上的最大(小)值.

解题方法：

(1)求出函数 $f(x)$在(a,b)内的全部驻点及不可导点(即求出一切可能的极值点)；

(2)计算(1)中各点对应函数值及 $f(a)$，$f(b)$；

(3)比较(2)中诸值的大小，其中最大的就是最大值，最小的就是最小值.

例 8　求函数 $f(x)=x^4-8x^2+2$ 在区间$[-1,3]$上的最大值和最小值.

解:$f'(x)=4x^3-16x=4x(x^2-4)$，

令 $f'(x)=0$ 得区间$(-1,3)$内的驻点 $x_1=0$，$x_2=2$.

计算 $f(0)=2$，$f(2)=-14$，$f(-1)=-5$，$f(3)=11$，比较得，最大值 $f(3)=11$，最小值 $f(2)=-14$.

同步练习 2.5

(一)填空题

1. $\lim\limits_{x\to1}\dfrac{\ln x}{x-1}=$__________.

2. 求极限:$\lim\limits_{x\to\infty}x\left(e^{\frac{1}{x}}-1\right)=$__________.

3. 求极限:$\lim\limits_{x\to0}\dfrac{2^x-1}{3^x-1}=$__________.

4. 若函数 $y=x^2+2kx+1$ 在点 $x=-1$ 处取得极小值,则 $k=$__________.

5. 函数 $f(x)=x^3-3x$ 的极小值为__________.

6. 设 $y=2x^2+ax+3$ 在点 $x=1$ 处取得极小值,则 $a=$__________.

7. 设函数 $y=f(x)$ 在点 x_0 处可导,且在该点取得极小值,则曲线 $y=f(x)$ 在点$(x_0,f(x_0))$处的切线方程为__________.

8. 函数 $y=x+\sqrt{1-x}$ 在$[-3,1]$上的最大值点 $x=$__________.

9. 函数 $y=\ln(x^2+1)$在区间$[-1,2]$上的最大值为__________,最小值为__________.

(二)选择题

1. $\lim\limits_{x\to+\infty}\dfrac{x^2}{e^x}=$(　　).

A. 1　　B. 0　　C. -1　　D. $\dfrac{1}{2}$

2. $\lim\limits_{x\to0}\left(\dfrac{1}{x}-\dfrac{1}{\sin x}\right)=$(　　).

A. 0　　B. 1　　C. $\dfrac{1}{2}$　　D. $-\dfrac{1}{2}$

3. 极限$\lim\limits_{x\to0}\dfrac{x^2\sin\frac{1}{x}}{\sin x}=$(　　).

A. 0　　B. 1　　C. ∞　　D. 不存在但不是∞

4. 极限$\lim\limits_{x\to\frac{\pi}{2}}\dfrac{\cos5x}{\cos3x}=$(　　).

A. $-\dfrac{5}{3}$　　B. $\dfrac{5}{3}$　　C. -1　　D. 1

5. $\lim\limits_{x\to0}\dfrac{e^{x^2}-1}{\cos x-1}=$(　　).

A. 0　　B. ∞　　C. -2　　D. 2

6. 下列极限问题中能直接使用洛必达法则的是(　　).

A. $\lim\limits_{x\to0^+}\dfrac{e^{-\frac{1}{x}}}{x}$　　B. $\lim\limits_{x\to1}\dfrac{1-x}{\sin(1-x^2)}$

C. $\lim\limits_{x\to\infty}\dfrac{x-\sin x}{x\sin x}$　　D. $\lim\limits_{x\to+\infty}x\left(\dfrac{\pi}{2}-\arctan x\right)$

7. 函数 $f(x)=2x+3\sqrt[3]{x^2}$(　　).

A. 只有极大值　　B. 只有极小值

C. 在 $x=-1$ 处取极大值,在 $x=0$ 处取极小值

D. 在 $x=-1$ 处取极小值,在 $x=0$ 处取极大值

8. $f'(x_0)=0$,$f''(x_0)>0$ 是函数 $f(x)$ 在点 $x=x_0$ 处有极值的(　　).

A. 必要条件　　B. 充分条件　　C. 充要条件　　D. 无关条件

9. 函数 $y=f(x)$ 在点 $x=x_0$ 处取得极大值,则必有(　　).

A. $f'(x_0)=0$　　B. $f''(x_0)<0$

C. $f'(x_0)=0$ 且 $f''(x_0)<0$　　D. $f'(x_0)=0$ 或不存在

10. 设 $f(x)=(x-1)^{\frac{2}{3}}$,则点 $x=1$ 是 $f(x)$ 的(　　).

A. 间断点　　B. 可导点　　C. 驻点　　D. 极值点

11. 函数 $f(x)=(x+2)^2(x-1)^3$ 的极大值点是(　　).

A. -2　　B. 2　　C. -1　　D. 1

12. 设 $x=1$ 是 $f(x)=\dfrac{1}{x^2+bx+2}$ 的驻点,则 $b=$(　　).

A. -2　　B. 2　　C. $\dfrac{1}{2}$　　D. $-\dfrac{1}{2}$

13. 函数 $f(x)=\dfrac{e^x+e^{-x}}{2}$ 的极小值点为(　　).

A. 1　　B. -1　　C. 0　　D. 不存在

14. 设函数 $f(x)$ 在 $[0,1]$ 上可导,且 $f'(x)>0$,$f(0)<0$,$f(1)>0$,则 $f(x)$ 在 $(0,1)$ 内(　　).

A. 至少有两个零点　　B. 有且仅有一个零点

C. 没有零点　　D. 零点个数不能确定

15. 下列曲线 $y=f(x)$ 在定义域内凹的是(　　).

A. $y=e^{-x}$　　B. $y=\ln(1+x^2)$　　C. $y=x^2-x^3$　　D. $y=\sin x$

16. 曲线 $y=xe^{-x}$ 的拐点是(　　).

A. $(2,2e^{-2})$　　B. $(0,0)$　　C. $(1,e^{-1})$　　D. $(2,e^{-2})$

17. 曲线 $y=e^{-x^2}$(　　).

A. 无拐点　　B. 有一个拐点　　C. 有两个拐点　　D. 有三个拐点

(三)解答题

1. 求极限:$\lim\limits_{x\to 0}\dfrac{x-\sin x}{x^3}$.

2. 求极限:$\lim\limits_{x\to\frac{\pi}{2}}\dfrac{\tan x}{\tan 3x}$.

3. 求极限:$\lim\limits_{x\to 0^+}x\ln x$.

4. 求极限:$\lim\limits_{x\to+\infty}x\left(\dfrac{\pi}{2}-\arctan x\right)$.

5. 求极限:$\lim\limits_{x\to 1}\tan\dfrac{\pi}{2}x\ln(2-x)$.

6. 证明不等式:$e^x>1+x(x>0)$.

7. 设 $x>1$,证明:$2\sqrt{x}>3-\dfrac{1}{x}$.

8. 求函数 $y=x-\dfrac{3}{2}x^{\frac{2}{3}}$ 的极值.

9. 已知 $y=2x^3-x^4$,试讨论其单调性,并求其极值.

10. 确定函数 $f(x)=(x-11)^3x^{\frac{2}{3}}$ 的单调区间并求其极值.

11. 讨论函数 $y=x+\dfrac{4}{x}$ 的单调性并求其极值.

12. 证明方程 $x^3-3x^2-9x+1=0$ 在 $(0,1)$ 内有唯一的实根.

13. 求 $y=x^3+3x^2$ 的拐点和凹凸区间.

14. 求 $y=xe^{-x}$ 的拐点和凹凸区间.

15. 求曲线 $y=x^3(1-x)$ 的凹凸区间和拐点.

16. 求函数 $y=x^4-2x^2+5$ 在区间 $[-2,2]$ 上的最值.

17. 求函数 $y=x+\sqrt{x}$ 在区间 $[0,4]$ 上的最值.

自测题二

一、填空题

1. 设 $f(x)$ 在点 x_0 可导,则 $\lim\limits_{\Delta x\to 0}\dfrac{f(x_0-2\Delta x)-f(x_0)}{\Delta x}=$__________.

2. 曲线 $y=ax^2+b$ 上点 $(1,2)$ 处的切线斜率为 1,则 $a=$__________,$b=$__________.

3. 设 $f(x)=\ln\dfrac{1}{x}-\ln 2$,则 $f'(x)=$__________.

4. 设 $f(x)$ 在点 $x=0$ 处可导,且 $f(0)=0$,则 $\lim\limits_{x\to 0}\dfrac{f(x)}{x}=$__________.

5. 若 $f(x)=\begin{cases} e^{ax} & x\leqslant 0 \\ b(1-x^2) & x>0 \end{cases}$ 处处有导数,则 $a=$__________,$b=$__________.

6. 设 $\varphi(x)=f(x)\sin 2x$,其中 $f(x)$ 在 $x=0$ 处连续,但不可导,则 $\phi(x)$ 在 $x=0$ 处的导数 $\phi'(0)=$__________.

7. 设 $z=\sin(3x-y)+y$,则 $\left.\dfrac{\partial z}{\partial x}\right|_{\substack{x=2\\y=1}}=$__________.

8. $\lim\limits_{x\to 1}\dfrac{\ln x}{x-1}=$__________.

9. 设函数 $y=f(x)$ 在点 x_0 处可导,且在该点取得极小值,则曲线 $y=f(x)$ 在点 $(x_0, f(x_0))$ 处的切线方程为__________.

10. 曲线 $y=x+x^{\frac{5}{3}}$ 的凹区间是__________.

二、选择题

1. 设函数 $f(x)=\begin{cases} x^2+1 & -1<x\leqslant 0 \\ 1 & 0<x\leqslant 2 \end{cases}$,则 $f(x)$ 在点 $x=0$ 处(　　).

A. 极限不存在　　B. 极限存在但不连续　　C. 连续但不可导　　D. 可导

2. 设函数 $f(x)$ 可导,则 $\lim\limits_{h\to 0}\dfrac{f(x+ah)-f(x-bh)}{\sin 3h}=$(　　).

A. $\dfrac{1}{3}(a+b)f'(x)$　　B. $\dfrac{1}{3}(a-b)f'(x)$　　C. $\dfrac{1}{3}f'(x)$　　D. $(a-b)f'(x)$

3. 设 $f(x)=x\ln 2x$ 在 x_0 处可导,且 $f'(x_0)=2$,则 $f(x_0)=$(　　).

A. 1　　B. $\dfrac{e}{2}$　　C. $\dfrac{2}{e}$　　D. e^2

4. 设 $x^2=\sin y$，则 $\dfrac{dy}{dx}=$(　　).

A. $\dfrac{2x}{\sin y}$　　B. $\dfrac{2x}{\cos y}$　　C. $\dfrac{x^2}{\sin y}$　　D. $\dfrac{x^2}{\cos y}$

5. 设 $y=f(x)$ 在点 x_0 可微，且 $\lim\limits_{x\to0}\dfrac{f(x_0)-f(x_0+2x)}{6x}=3$，则 $dy|_{x=x_0}=$(　　).

A. $-9dx$　　B. $8dx$　　C. $-3dx$　　D. $2dx$

6. 函数 $z=f(x,y)$ 在点 (x_0,y_0) 处连续是它在该点偏导数存在的(　　).

A. 必要而非充分条件　　B. 充分而非必要条件

C. 充分必要条件　　D. 既非充分又非必要条件

7. 设 $z=\arcsin\dfrac{x}{x^2+y^2}(y<0)$，则 $\dfrac{\partial z}{\partial y}=$(　　).

A. $\dfrac{2x}{x^2+y^2}$　　B. $\dfrac{-2x}{x^2+y^2}$　　C. $\dfrac{2y}{x^2+y^2}$　　D. $\dfrac{-2y}{x^2+y^2}$

8. 下列极限问题中能直接使用洛必达法则的是(　　).

A. $\lim\limits_{x\to0^+}\dfrac{e^{-\frac{1}{x}}}{x}$　　B. $\lim\limits_{x\to1}\dfrac{1-x}{\sin(1-x^2)}$

C. $\lim\limits_{x\to\infty}\dfrac{x-\sin x}{x\sin x}$　　D. $\lim\limits_{x\to+\infty}x\left(\dfrac{\pi}{2}-\arctan x\right)$

9. 函数 $f(x)=2x+3\sqrt[3]{x^2}$(　　).

A. 只有极大值　　B. 只有极小值

C. 在 $x=-1$ 处取极大值，在 $x=0$ 处取极小值

D. 在 $x=-1$ 处取极小值，在 $x=0$ 处取极大值

10. 设 $f'(x)=(x-1)(2x+1)$，$x\in(-\infty,+\infty)$ 则在 $\left(\dfrac{1}{2},1\right)$ 内 $f(x)$(　　).

A. 单调增加，曲线 $f(x)$ 为凹的　　B. 单调减少，曲线 $f(x)$ 为凹的

C. 单调增加，曲线 $f(x)$ 为凸的　　D. 单调减少，曲线 $f(x)$ 为凸的

三、解答题

1. 设 $y=\dfrac{x^3+2x\sqrt{x}-2}{x^2}$，求 y'.

2. 设 $y=2^{\cos x}$，求 y'.

3. 求曲线 $e^y+xy=e$ 在点 $(0,1)$ 处的切线方程及法线方程.

4. 求 $y=\ln(\sin\sqrt{x})$ 的微分 dy.

5. 求由方程 $xy=e^{x+y}$ 确定的函数 $y=y(x)$ 的导数 $\dfrac{dy}{dx}$.

6. 用对数微分法求函数 $y=x^{\sin x}(x>0)$ 的导数.

7. 求极限：$\lim\limits_{x\to\frac{\pi}{2}}\dfrac{\tan x}{\tan 3x}$.

8. 求函数 $y=x^4-2x^2+5$ 在区间 $[-2,2]$ 上的最值.

9. 已知 $y=2x^3-x^4$，试讨论其单调性，并求其极值.

10. 求曲线 $y=x^3(1-x)$ 的凹凸区间和拐点.

第三章　积　分　学

本章知识结构：

1. 不定积分
   - 概念与性质
     - 原函数与不定积分的概念
     - 不定积分基本公式
     - 性质
       - 与微分运算的互逆性
       - 线性运算
   - 积分法
     - 直接积分法
     - 换元积分法
       - 凑微分法(第一换元积分法)
       - 第二换元积分法(主要:三角代换)
       - 其他(主要:简单根式代换)
     - 分部积分法

2. 定积分
   - 定积分(正常积分)
     - 概念与性质
     - 积分限函数
     - 微积分基本公式
     - 换元积分法与分部积分法
   - *广义积分
     - 无穷区间的广义积分
     - 无界函数的广义积分
   - *二重积分
     - 曲顶柱体的体积
     - 二重积分的定义
     - 二重积分的几何意义

3. 定积分的应用
   - 定积分的元素法
   - 几何应用
     - 平面图形的面积
       - 直角坐标系的情形
       - 参数方程的情形
       - *极坐标系的情形
     - 立体体积
       - 旋转体的体积
       - 平行截面面积为已知的立体体积
   - *物理应用
     - 功
     - 液体压力

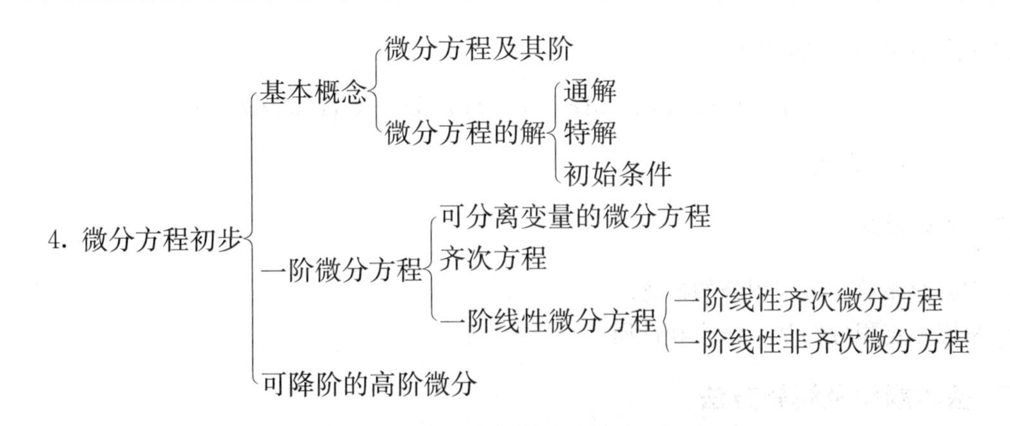

3.1　不定积分的概念与性质

一、基本内容

1. 概念：

原函数：若 $F'(x)=f(x)$，则称 $F(x)$ 是 $f(x)$ 的原函数.

不定积分：若 $F'(x)=f(x)$，则 $\int f(x)\mathrm{d}x=F(x)+C$.

2. 基本积分公式：

(1) $\int \mathrm{d}x=x+C$；

(2) $\int x^{\alpha}\mathrm{d}x=\frac{1}{\alpha+1}x^{\alpha+1}+C(\alpha\neq-1)$；

(3) $\int \frac{1}{x}\mathrm{d}x=\ln|x|+C$；

(4) $\int a^{x}\mathrm{d}x=\frac{a^{x}}{\ln a}+C$；(当 $a=\mathrm{e}$ 时 $\int \mathrm{e}^{x}\mathrm{d}x=\mathrm{e}^{x}+C$)；

(5) $\int \cos x\mathrm{d}x=\sin x+C$；

(6) $\int \sin x\mathrm{d}x=-\cos x+C$；

(7) $\int \sec^{2}x\mathrm{d}x=\tan x+C$；

(8) $\int \csc^{2}x\mathrm{d}x=-\cot x+C$；

(9) $\int \sec x\tan x\mathrm{d}x=\sec x+C$；

(10) $\int \csc x\cot x\mathrm{d}x=-\csc x+C$；

(11) $\int \frac{\mathrm{d}x}{\sqrt{1-x^{2}}}=\arcsin x+C=-\arccos x+C$；

(12) $\int \frac{\mathrm{d}x}{1+x^{2}}=\arctan x+C=-\operatorname{arccot} x+C$.

3. 性质：

(1)与微分运算的可逆性：

① $\frac{\mathrm{d}}{\mathrm{d}x}\left[\int f(x)\mathrm{d}x\right]=f(x)$ 或 $\mathrm{d}\left[\int f(x)\mathrm{d}x\right]=f(x)\mathrm{d}x$；

② $\int F'(x)\mathrm{d}x=F(x)+C$ 或 $\int \mathrm{d}F(x)=F(x)+C$.

(2)运算法则(线性运算):

$$\int[k_1 f(x) \pm k_2 g(x)]\mathrm{d}x = k_1\int f(x)\mathrm{d}x \pm k_2\int g(x)\mathrm{d}x,$$

其中 k_1, k_2 为非零常数.

二、学习要求

1. 理解原函数与不定积分的概念.
2. 掌握不定积分的基本公式和性质.

三、基本题型及解题方法

题型 1　有关概念与性质的问题

解题方法:理解原函数与不定积分的概念,掌握性质(1).

例 1　(1)填空:函数__________的原函数为 $\ln(5x)$.

(2)若在区间 (a,b) 内 $f'(x)=g'(x)$,则在 (a,b) 内一定有(　　).

A. $f(x)=g(x)$　　B. $f(x)=g(x)+C$

C. $\left(\int f(x)\mathrm{d}x\right)' = \left(\int g(x)\mathrm{d}x\right)'$;　　D. $\mathrm{d}\left(\int f(x)\mathrm{d}x\right) = \mathrm{d}\left(\int g(x)\mathrm{d}x\right)$

解:由原函数的相关知识,(1)题所求函数为 $[\ln(5x)]'=\dfrac{1}{x}$;(2)题应选择 B.

例 2　填空: $\mathrm{d}\int \mathrm{d}f(x) =$__________.

解:由性质(1),可得 $\mathrm{d}\int \mathrm{d}f(x) = \mathrm{d}f(x)$.

题型 2　已知 $f(x)$ 的原函数,求 $f(x)$ 或与 $f(x)$ 相关的函数

解题方法:首先对已知的原函数求导,可得 $f(x)$,然后再进行相关运算.

例 3　选择:(1)若 $\int f(x)\mathrm{e}^{\frac{1}{x}}\mathrm{d}x = \mathrm{e} - \mathrm{e}^{\frac{1}{x}} + C$, 则 $f(x)=$(　　).

A. $\dfrac{1}{x}$　　B. $\dfrac{1}{x^2}$　　C. $-\dfrac{1}{x}$　　D. $-\dfrac{1}{x^2}$

解:(1) 对 $\int f(x)\mathrm{e}^{\frac{1}{x}}\mathrm{d}x = \mathrm{e} - \mathrm{e}^{\frac{1}{x}} + C$ 的两边求导,得 $f(x)\mathrm{e}^{\frac{1}{x}} = \dfrac{1}{x^2}\mathrm{e}^{\frac{1}{x}}$,从而,$f(x)=\dfrac{1}{x^2}$,即应选择 B.

题型 3　直接积分法

解题方法:通常都需要对被积函数进行初等函数的恒等变形,然后利用不定积分的基本公式和运算法则.

恒等变形的方法通常有:加减项,分子分母同乘,因式分解,完全平方,三角函数的二倍角公式,同角三角函数间的关系等.

例 4　计算下列不定积分：

(1) $\int \frac{1+x}{1+\sqrt[3]{x}}\mathrm{d}x$；　　(2) $\int \frac{3x^4+3x^2+1}{x^2+1}\mathrm{d}x$；

(3) $\int \frac{1-2x^2}{1+x^2}\mathrm{d}x$；　　(4) $\int (2^x+3^x)^2\mathrm{d}x$；

(5) $\int \frac{\cos 2x}{\sin^2 x\cos^2 x}\mathrm{d}x$；　　(6) $\int \frac{1}{1+\sin x}\mathrm{d}x$.

解：(1)原式 $=\int \frac{(1+\sqrt[3]{x})(1-\sqrt[3]{x}+\sqrt[3]{x^2})}{1+\sqrt[3]{x}}\mathrm{d}x=\int (1-\sqrt[3]{x}+\sqrt[3]{x^2})\mathrm{d}x$

$$=x-\frac{3}{4}x^{\frac{4}{3}}+\frac{3}{5}x^{\frac{5}{3}}+C.$$

(2)原式 $=\int \frac{3x^2(x^2+1)+1}{x^2+1}\mathrm{d}x=\int \left(3x^2+\frac{1}{1+x^2}\right)\mathrm{d}x=x^3+\arctan x+C.$

(3)原式 $=\int \frac{-2-2x^2+3}{1+x^2}\mathrm{d}x=\int \left(-2+\frac{3}{1+x^2}\right)\mathrm{d}x=-2x+3\arctan x+C.$

(4)原式 $=\int (4^x+2\cdot 6^x+9^x)\mathrm{d}x=\frac{1}{\ln 4}4^x+\frac{2}{\ln 6}6^x+\frac{1}{\ln 9}9^x+C.$

(5)原式 $=\int \frac{\cos^2 x-\sin^2 x}{\sin^2 x\cos^2 x}\mathrm{d}x=\int \left(\frac{1}{\sin^2 x}-\frac{1}{\cos^2 x}\right)\mathrm{d}x=-\cot x-\tan x+C.$

(6)解：原式 $=\int \frac{1-\sin x}{\cos^2 x}\mathrm{d}x=\int (\sec^2 x-\sec x\tan x)\mathrm{d}x=\tan x-\sec x+C.$

同步练习 3.1

(一)填空题

1. 已知 $\int f(x)\mathrm{d}x=\sin^2 x+C$，则 $f(x)=$ ________.

2. $\int \mathrm{d}\ln(x-1)=$ ________.

3. $\int \left(1-\frac{1}{x^2}\right)\sqrt{x\sqrt{x}}\,\mathrm{d}x=$ ________.

4. $\int 2^x\mathrm{e}^x\mathrm{d}x=$ ________.

5. $\int \sqrt{x\sqrt{x\sqrt{x}}}\,\mathrm{d}x=$ ________.

6. $\int \cot^2 x\mathrm{d}x=$ ________.

7. $\int \frac{(\sqrt{x})^3+1}{\sqrt{x}+1}\mathrm{d}x=$ ________.

(二)选择题

1. 设 $f(x)$ 为连续函数，则 $\left(\int f(x)\mathrm{d}x\right)'=$ (　　).

A. $f(x)+C$　　B. $f(x)$　　C. $f(x)\mathrm{d}x$　　D. $f'(x)$

2. 下列函数中，是同一函数的原函数的是(　　).

A. $\frac{1}{2}\sin^2 x$ 与 $\frac{1}{4}\cos 2x$　　B. $\frac{1}{2}\sin^2 x$ 与 $-\frac{1}{4}\cos 2x$

C. $\ln|\ln x|$ 与 $2\ln x$　　D. $\tan^2 \frac{x}{2}$ 与 $\csc^2 \frac{x}{2}$

3. 已知曲线 $y=f(x)$ 在点 (x,y) 的切线斜率为 $\frac{1}{x^2}$，且过点 $(1,1)$，则此曲线方程是(　　).

A. $\frac{1}{x}$　　B. $\frac{1}{x}+2$　　C. $-\frac{1}{x}$　　D. $-\frac{1}{x}+2$

4. 下列不定积分中不正确的是(　　).

A. $\int \tan x\mathrm{d}x = \sec^2 x + C$　　B. $\int \frac{1}{x}\mathrm{d}x = \ln|3x| + C$

C. $\int \frac{1}{\sqrt{1-x^2}}\mathrm{d}x = -\arccos x + C$　　D. $\int \frac{1}{1+x^2}\mathrm{d}x = -\operatorname{arccot} x + C$

(三)计算下列不定积分

1. $\int \frac{(2x-1)(\sqrt{x}+1)}{\sqrt{x}}\mathrm{d}x$.　　2. $\int \sec x(\sec x + \tan x)\mathrm{d}x$.

3. $\int \frac{4\cdot \mathrm{e}^x + 2\cdot 3^{2x}}{3^x}\mathrm{d}x$.　　4. $\int \frac{\mathrm{e}^{2x}-1}{\mathrm{e}^x+1}\mathrm{d}x$.

5. $\int \frac{\sin^2 x}{1+\cos 2x}\mathrm{d}x$.　　6. $\int \cos^2 \frac{x}{2}\mathrm{d}x$.

3.2 积分方法

一、基本内容

1. 凑微分法(第一换元积分法)：

$$\int f(x)\mathrm{d}x = \int g[\varphi(x)]\varphi'(x)\mathrm{d}x = \int g[\varphi(x)]\mathrm{d}[\varphi(x)] = G[\varphi(x)] + C,$$

其中 $G(x)$ 是 $g(x)$ 的原函数.

常用凑微分公式：

(1) $\int f(ax+b)\mathrm{d}x = \frac{1}{a}\int f(ax+b)\mathrm{d}(ax+b)$　$(a\neq 0)$.

(2) $\int f(x^\alpha)x^{\alpha-1}\mathrm{d}x = \frac{1}{\alpha}\int f(x^\alpha)\mathrm{d}(x^\alpha)$　$(\alpha\neq 0)$.

(3) $\int f(\ln x)\cdot\frac{1}{x}\mathrm{d}x = \int f(\ln x)\mathrm{d}(\ln x)$.

(4) $\int f(a^x)\cdot a^x\mathrm{d}x = \frac{1}{\ln a}\int f(a^x)\mathrm{d}(a^x)$，$\int f(\mathrm{e}^x)\cdot \mathrm{e}^x\mathrm{d}x = \int f(\mathrm{e}^x)\mathrm{d}(\mathrm{e}^x)$.

(5) $\int f(\sin x)\cdot\cos x\mathrm{d}x = \int f(\sin x)\mathrm{d}(\sin x)$，用于求形如 $\int \sin^m x\cos^{2n+1}x\mathrm{d}x$ 的积分

$(m,n\in\mathbf{N})$.

(6) $\int f(\cos x)\cdot\sin x\mathrm{d}x=-\int f(\cos x)\mathrm{d}(\cos x)$，用于求形如$\int\sin^{2m+1}x\cos^{n}x\mathrm{d}x$的积分$(m,n\in\mathbf{N})$.

(7) $\int f(\tan x)\sec^{2}x\mathrm{d}x=\int f(\tan x)\mathrm{d}(\tan x)$，用于求形如$\int\tan^{m}x\sec^{2n}x\mathrm{d}x$的积分$(m,n\in\mathbf{N})$.

(8) $\int f(\cot x)\csc^{2}x\mathrm{d}x=-\int f(\cot x)\mathrm{d}(\cot x)$，用于求形如$\int\cot^{m}x\csc^{2n}x\mathrm{d}x$的积分$(m,n\in\mathbf{N})$.

(9) $\int f(\sec x)\sec x\tan x\mathrm{d}x=\int f(\sec x)\mathrm{d}(\sec x)$，用于求形如$\int\sec^{m}x\tan^{2n+1}x\mathrm{d}x$的积分$(m,n\in\mathbf{N})$.

(10) $\int f(\arctan x)\dfrac{1}{1+x^{2}}\mathrm{d}x=\int f(\arctan x)\mathrm{d}(\arctan x)$.

(11) $\int f(\arcsin x)\dfrac{1}{\sqrt{1-x^{2}}}\mathrm{d}x=\int f(\arcsin x)\mathrm{d}(\arcsin x)$.

2. 第二换元积分法：

$$\int f(x)\mathrm{d}x\xlongequal{\text{令}x=\psi(t)}\int f[\psi(t)]\psi'(t)\mathrm{d}t=F(t)+C\xlongequal[\text{回代}]{t=\psi^{-1}(x)}F[\psi^{-1}(x)]+C,$$

其中$F(t)$是$f(t)$的原函数.

第二换元积分法最常用的变量代换是三角代换：

(1) $\sqrt{a^{2}-x^{2}}$，令$x=a\sin t$；　　(2) $\sqrt{x^{2}+a^{2}}$，令$x=a\tan t$；

(3) $\sqrt{x^{2}-a^{2}}$，令$x=a\sec t$.

3. 其他换元积分法：主要介绍简单无理函数的积分(简单根式代换).

4. 由凑微分法和第二换元积分法推导出的积分公式：

(1) $\int\dfrac{1}{x^{2}-a^{2}}\mathrm{d}x=\dfrac{1}{2a}\ln\left|\dfrac{x-a}{x+a}\right|+C$；　　(2) $\int\dfrac{1}{a^{2}+x^{2}}\mathrm{d}x=\dfrac{1}{a}\arctan\dfrac{x}{a}+C$；

(3) $\int\dfrac{\mathrm{d}x}{\sqrt{a^{2}-x^{2}}}=\arcsin\dfrac{x}{a}+C$；　　(4) $\int\tan x\mathrm{d}x=-\ln|\cos x|+C$；

(5) $\int\cot x\mathrm{d}x=\ln|\sin x|+C$；　　(6) $\int\sec x\mathrm{d}x=\ln|\sec x+\tan x|+C$；

(7) $\int\csc x\mathrm{d}x=\ln|\csc x-\cot x|+C$；　　(8) $\int\dfrac{\mathrm{d}x}{\sqrt{x^{2}\pm a^{2}}}=\ln|x+\sqrt{x^{2}\pm a^{2}}|+C$.

以上各式中常数$a>0$.

5. 分部积分公式　　$\int u\mathrm{d}v=uv-\int v\mathrm{d}u$

通常需要用分部积分法计算的不定积分，并不具备分部积分公式左端的特征，而是$\int f(x)g(x)\mathrm{d}x$的形式，则应用分部积分法的首要问题是：①把哪个函数移到微分号“d”的后面(谁移后)；②如何把函数从“d”前移至“d”后(怎样移后). 读者需理解将函数从d前移至d后的过程是积分过程，可利用前面所讲的各种积分法.

二、学习要求

1. 灵活掌握换元积分法.
2. 熟练掌握分部积分法的基本题型及解题技巧.

三、基本题型及解题方法

题型 1　利用凑微分法求不定积分

解题方法:熟记基本积分公式,熟悉常见的凑微分类型,灵活掌握"凑"的技巧.

例 1　求下列不定积分:

(1) $\int \frac{1}{e^x + e^{-x}} dx$;　　(2) $\int \frac{x^3}{9+x^2} dx$;

(3) $\int \tan^4 x dx$;　　(4) $\int \frac{dx}{\sqrt{1+x-x^2}}$.

解:(1) $\int \frac{1}{e^x + e^{-x}} dx = \int \frac{e^x}{e^{2x}+1} dx = \int \frac{1}{1+e^{2x}} d(e^x) = \arctan e^x + C$.

(2) $$\int \frac{x^3}{9+x^2} dx = \frac{1}{2}\int \frac{x^2}{9+x^2} d(x^2) = \frac{1}{2}\int \left(1 - \frac{9}{9+x^2}\right) d(x^2)$$

$$= \frac{1}{2}x^2 - \frac{9}{2}\ln(9+x^2) + C.$$

(3) $$\int \tan^4 x dx = \int (\sec^2 x - 1)\tan^2 x dx = \int \sec^2 x \cdot \tan^2 x dx - \int \tan^2 x dx$$

$$= \int \tan^2 x d(\tan x) - \int (\sec^2 x - 1) dx = \frac{1}{3}\tan^3 x - \tan x + x + C.$$

(4) $$\int \frac{dx}{\sqrt{1+x-x^2}} = \int \frac{dx}{\sqrt{\frac{5}{4} - \left(x - \frac{1}{2}\right)^2}} = \int \frac{1}{\sqrt{\left(\frac{\sqrt{5}}{2}\right)^2 - \left(x - \frac{1}{2}\right)^2}} d\left(x - \frac{1}{2}\right)$$

$$= \arcsin \frac{x - \frac{1}{2}}{\sqrt{5}/2} + C = \arcsin \frac{2x-1}{\sqrt{5}} + C.$$

题型 2　利用三角代换求不定积分

解题方法:熟悉三角代换的常见类型.

例 2　求下列不定积分:

(1) $\int \frac{1}{x^4\sqrt{x^2+1}} dx$;　　(2) $\int \sqrt{5-4x-x^2}\, dx$.

解:(1)令 $x=\tan t$,$-\frac{\pi}{2}<t<\frac{\pi}{2}$,则 $\sqrt{x^2+1}=\sec t$,$dx=\sec^2 t dt$,从而

$$\int \frac{1}{x^4\sqrt{x^2+1}} dx = \int \frac{1}{\tan^4 x \sec x} \cdot \sec^2 t dt = \int \frac{\cos^3 t}{\sin^4 t} dt$$

$$=\int\frac{1-\sin^2 t}{\sin^4 t}\mathrm{d}(\sin t)=\int\left(\frac{1}{\sin^4 t}-\frac{1}{\sin^2 t}\right)\mathrm{d}(\sin t)$$

$$=-\frac{1}{3\sin^3 t}+\frac{1}{\sin t}+C$$

$$=-\frac{\sqrt{(1+x^2)^3}}{3x^3}+\frac{\sqrt{1+x^2}}{x}+C.\text{（见图 3-1）}$$

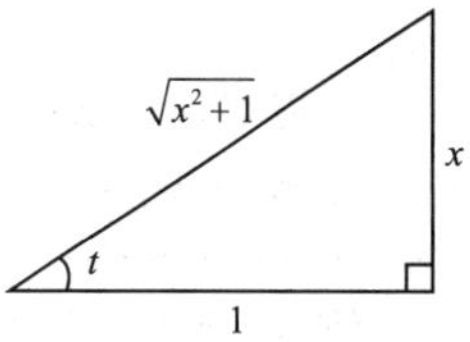

图　3-1

(2) $\int\sqrt{5-4x-x^2}\,\mathrm{d}x=\int\sqrt{9-(x+2)^2}\,\mathrm{d}x$

令 $x+2=3\sin t$，则 $\sqrt{9-(x+2)^2}=3\cos t$，$\mathrm{d}x=3\cos t\mathrm{d}t$，从而

原式 $=9\int\cos^2 t\mathrm{d}t=\frac{9}{2}\int(1+\cos 2t)\mathrm{d}t$

$$=\frac{9}{2}(t+\sin t\cos t)+C$$

$$=\frac{9}{2}\arcsin\frac{x+2}{3}+\frac{x+2}{2}\sqrt{5-4x-x^2}+C.\text{（见图 3-2）}$$

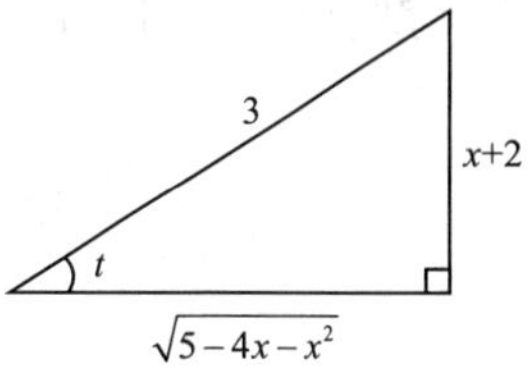

图　3-2

题型 3　简单无理函数的积分

解题方法：直接令被积函数中的根式为新变量，以去掉根号. 若被积函数中有不同次的根式，可令它们的最小公倍数次根式为新变量，以去掉所有根号.

例 3　计算下列不定积分：

(1) $\int\frac{1}{x}\sqrt{\frac{1-x}{1+x}}\mathrm{d}x$；　　(2) $\int\frac{\mathrm{d}x}{\sqrt{x}(1+\sqrt[3]{x})}$.

解：(1) 令 $\sqrt{\frac{1-x}{1+x}}=t$，则 $x=\frac{1-t^2}{1+t^2}$，$\mathrm{d}x=-\frac{4t}{(1+t^2)^2}\mathrm{d}t$，从而

原式 $=-\int\frac{1+t^2}{1-t^2}\cdot t\cdot\frac{4t}{(1+t^2)^2}\mathrm{d}t=2\int\frac{2t^2}{(t^2-1)(t^2+1)}\mathrm{d}t$

$$=2\int\left(\frac{1}{t^2-1}+\frac{1}{t^2+1}\right)\mathrm{d}t=\ln\left|\frac{t-1}{t+1}\right|+2\arctan t+C.$$

将 $t=\sqrt{\frac{1-x}{1+x}}$ 代入，得 $\int\frac{1}{x}\sqrt{\frac{1-x}{1+x}}\mathrm{d}x=\ln\left|\frac{\sqrt{\frac{1-x}{1+x}}-1}{\sqrt{\frac{1-x}{1+x}}+1}\right|+2\arctan\sqrt{\frac{1-x}{1+x}}+C$

$$=\ln\left|\frac{\sqrt{1-x}-\sqrt{1+x}}{\sqrt{1-x}+\sqrt{1+x}}\right|+2\arctan\sqrt{\frac{1-x}{1+x}}+C.$$

(2) 令 $\sqrt[6]{x}=t$，则 $x=t^6$，$\mathrm{d}x=6t^5\mathrm{d}t$，

原式 $=\int\frac{6t^5\mathrm{d}t}{t^3(1+t^2)}=6\int\frac{t^2\mathrm{d}t}{1+t^2}=6\int\left(1-\frac{1}{1+t^2}\right)\mathrm{d}t=6(t-\arctan t)+C.$

将 $t=\sqrt[6]{x}$ 代入上式，得

$$\int\frac{\mathrm{d}x}{\sqrt{x}(1+\sqrt[3]{x})}=6(\sqrt[6]{x}-\arctan\sqrt[6]{x})+C.$$

题型 4　被积函数含有$\sqrt{a^2-x^2}$、$\sqrt{x^2+a^2}$或$\sqrt{x^2-a^2}$，且在根号之外有 x 的奇次方.

解题方法：直接令根式为新变量比用三角代换更简便.

例 4　计算下列不定积分：

(1) $\int \frac{x^5}{\sqrt{1+x^2}}dx$；　　(2) $\int \frac{\sqrt{x^2-9}}{x}dx$.

解：(1) 令$\sqrt{1+x^2}=t$，则 $x=\sqrt{t^2-1}$，$dx=\frac{t}{\sqrt{t^2-1}}dt$，从而

$$\int \frac{x^5}{\sqrt{1+x^2}}dx=\int \frac{(t^2-1)^2\sqrt{t^2-1}}{t}\cdot\frac{t}{\sqrt{t^2-1}}dt=\int(t^4-2t^2+1)dt$$

$$=\frac{1}{5}t^5-\frac{2}{3}t^3+t+C.$$

将 $t=\sqrt{1+x^2}$代入上式，得

$$\int \frac{x^5}{\sqrt{1+x^2}}dx=\frac{1}{5}\sqrt{(1+x^2)^5}-\frac{2}{3}\sqrt{(1+x^2)^3}+\sqrt{1+x^2}+C.$$

(2) 令$\sqrt{x^2-9}=t$，则 $x=\sqrt{t^2+9}$，$dx=\frac{t}{\sqrt{t^2+9}}dt$，

$$\int \frac{\sqrt{x^2-9}}{x}dx=\int \frac{t}{\sqrt{t^2+9}}\cdot\frac{t}{\sqrt{t^2+9}}dt=\int \frac{t^2}{t^2+9}dt=\int\left(1-\frac{9}{t^2+9}\right)dt$$

$$=t-3\arctan\frac{t}{3}+C.$$

将 $t=\sqrt{x^2-9}$代入上式，得

原式$=\sqrt{x^2-9}-3\arctan\frac{\sqrt{x^2-9}}{3}+C.$

题型 5　被积函数是三角函数与其他函数的乘积.

解题方法：其他函数原位置不动，将三角函数移至微分号 d 的后面.

例 5　求下列不定积分：

(1) $\int x\tan x\sec^4 x dx$；　　(2) $\int \sin x\cdot\ln\tan x dx$.

解：(1) $\int x\tan x\sec^4 x dx=\int x\sec^3 x d(\sec x)=\frac{1}{4}\int x d(\sec^4 x)$

$$=\frac{1}{4}x\sec^4 x-\frac{1}{4}\int\sec^4 x dx$$

$$=\frac{1}{4}x\sec^4 x-\frac{1}{4}\int(\tan^2 x+1)d(\tan x)$$

$$=\frac{1}{4}x\sec^4 x-\frac{1}{12}\tan^3 x-\frac{1}{4}\tan x+C.$$

(2) $\int\sin x\cdot\ln\tan x dx=-\int\ln\tan x d(\cos x)$

$$=-\cos x\cdot\ln\tan x+\int\cos x\,d(\ln\tan x)$$

$$=-\cos x\cdot\ln\tan x+\int\frac{1}{\sin x}dx$$

$$=-\cos x\cdot\ln\tan x+\ln|\csc x-\cot x|+C.$$

题型 6　被积函数是指数函数与其他函数的乘积.

解题方法:其他函数原位置不动,将指数函数移至微分号 d 的后面.

例 6　求下列不定积分:

(1) $\int\frac{1}{x^4}e^{-\frac{1}{x}}dx$;　　(2) $\int\frac{xe^x}{(e^x+1)^2}dx$.

解:(1) $\int\frac{1}{x^4}e^{-\frac{1}{x}}dx=\int\frac{1}{x^2}e^{-\frac{1}{x}}d\left(-\frac{1}{x}\right)=\int\frac{1}{x^2}d(e^{-\frac{1}{x}})$

$$=\frac{1}{x^2}e^{-\frac{1}{x}}-\int e^{-\frac{1}{x}}d\left(\frac{1}{x^2}\right)=\frac{1}{x^2}e^{-\frac{1}{x}}+2\int\frac{1}{x^3}e^{-\frac{1}{x}}dx$$

$$=\frac{1}{x^2}e^{-\frac{1}{x}}+2\int\frac{1}{x}d(e^{-\frac{1}{x}})=\frac{1}{x^2}e^{-\frac{1}{x}}+\frac{2}{x}e^{-\frac{1}{x}}-2\int e^{-\frac{1}{x}}d\left(\frac{1}{x}\right)$$

$$=\frac{1}{x^2}e^{-\frac{1}{x}}+\frac{2}{x}e^{-\frac{1}{x}}+2e^{-\frac{1}{x}}+C=\left(\frac{1}{x^2}+\frac{2}{x}+2\right)e^{-\frac{1}{x}}+C.$$

(2) $\int\frac{xe^x}{(e^x+1)^2}dx=\int\frac{x}{(e^x+1)^2}d(e^x+1)=-\int x\,d\left(\frac{1}{e^x+1}\right)$

$$=-\frac{x}{e^x+1}+\int\frac{1}{e^x+1}dx=-\frac{x}{e^x+1}+\int\frac{e^{-x}}{1+e^{-x}}dx$$

$$=-\frac{x}{e^x+1}-\ln(1+e^{-x})+C=\frac{xe^x}{e^x+1}-\ln(1+e^x)+C.$$

题型 7　被积函数是对数函数与其他函数的乘积.

解题方法:对数函数原位置不动,将其他函数移至微分号 d 的后面.

例 7　求下列不定积分:

(1) $\int\frac{\ln x}{(1+x^2)^{\frac{3}{2}}}dx$;　　(2) $\int\frac{\ln^3 x}{x^2}dx$.

解:(1)令 $x=\tan t$,则 $dx=\sec^2 t\,dt$,于是

$$\int\frac{1}{(1+x^2)^{\frac{3}{2}}}dx=\int\frac{1}{\sec^3 t}\cdot\sec^2 t\,dt=\int\cos t\,dt=\sin t+C$$

$$=\frac{x}{\sqrt{1+x^2}}+C.\text{(见图 3-3)}$$

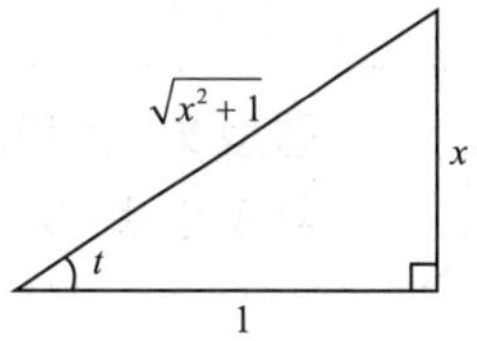

图　3-3

从而,$\int\frac{\ln x}{(1+x^2)^{\frac{3}{2}}}dx=\int\ln x\,d\left(\frac{x}{\sqrt{1+x^2}}\right)=\frac{x}{\sqrt{1+x^2}}\ln x-\int\frac{x}{\sqrt{1+x^2}}\cdot\frac{1}{x}dx$

$$=\frac{x}{\sqrt{1+x^2}}\ln x-\int\frac{1}{\sqrt{1+x^2}}dx=\frac{x\ln x}{\sqrt{1+x^2}}-\ln(x+\sqrt{1+x^2})+C.$$

(2) $\int \frac{\ln^3 x}{x^2}dx = -\int \ln^3 x d\left(\frac{1}{x}\right) = -\frac{1}{x}\ln^3 x + 3\int \frac{1}{x^2}\ln^2 x dx$

$= -\frac{1}{x}\ln^3 x - 3\int \ln^2 x d\left(\frac{1}{x}\right) = -\frac{1}{x}\ln^3 x - \frac{3}{x}\ln^2 x + 6\int \frac{1}{x^2}\ln x dx$

$= -\frac{1}{x}\ln^3 x - \frac{3}{x}\ln^2 x - 6\int \ln x d\left(\frac{1}{x}\right) = -\frac{1}{x}\ln^3 x - \frac{3}{x}\ln^2 x - \frac{6}{x}\ln x + 6\int \frac{1}{x^2}dx$

$= -\frac{1}{x}\ln^3 x - \frac{3}{x}\ln^2 x - \frac{6}{x}\ln x - \frac{6}{x} + C$

$= -\frac{1}{x}(\ln^3 x + 3\ln^2 x + 6\ln x + 6) + C.$

题型 8　被积函数是反三角函数与其他函数的乘积.

解题方法：反三角函数原位置不动，将其他函数移至微分号 d 的后面.

例 8　求下列不定积分：

(1) $\int e^{-x}\arctan e^x dx$；　　(2) $\int \frac{(1-x)\arcsin(1-x)}{\sqrt{2x-x^2}}dx$.

解：(1) 原式 $= -\int \arctan e^x d(e^{-x}) = -e^{-x}\arctan e^x + \int e^{-x}\cdot\frac{e^x}{1+e^{2x}}dx$

$= -e^{-x}\arctan e^x + \int\left(1 - \frac{e^{2x}}{1+e^{2x}}\right)dx$

$= -e^{-x}\arctan e^x + x - \frac{1}{2}\ln(1+e^{2x}) + C.$

(2) $\int \frac{(1-x)\arcsin(1-x)}{\sqrt{2x-x^2}}dx = \frac{1}{2}\int \frac{\arcsin(1-x)}{\sqrt{2x-x^2}}d(2x-x^2)$

$= \int \arcsin(1-x)d(\sqrt{2x-x^2})$

$= \sqrt{2x-x^2}\arcsin(1-x) - \int \sqrt{2x-x^2}d[\arcsin(1-x)]$

$= \sqrt{2x-x^2}\arcsin(1-x) + \int dx$

$= \sqrt{2x-x^2}\arcsin(1-x) + x + C.$

题型 9　被积函数是三角函数与指数函数的乘积.

解题方法：三角函数和指数函数均可以移至微分号 d 的后面.

例 9　求下列不定积分：$\int e^{-2x}\sin\frac{x}{2}dx$.

解：(解一) $\int e^{-2x}\sin\frac{x}{2}dx = -2\int e^{-2x}d\left(\cos\frac{x}{2}\right) = -2e^{-2x}\cos\frac{x}{2} + 2\int \cos\frac{x}{2}d(e^{-2x})$

$= -2e^{-2x}\cos\frac{x}{2} - 4\int e^{-2x}\cos\frac{x}{2}dx$

$= -2e^{-2x}\cos\frac{x}{2} - 8\int e^{-2x}d\left(\sin\frac{x}{2}\right)$

$$=-2e^{-2x}\cos\frac{x}{2}-8e^{-2x}\sin\frac{x}{2}-16\int e^{-2x}\sin\frac{x}{2}dx,$$

移项整理,得

$$\int e^{-2x}\sin\frac{x}{2}dx=-\frac{2}{17}e^{-2x}\left(\cos\frac{x}{2}+4\sin\frac{x}{2}\right)+C.$$

(解二) $\int e^{-2x}\sin\frac{x}{2}dx=-\frac{1}{2}\int\sin\frac{x}{2}d(e^{-2x})=-\frac{1}{2}e^{-2x}\sin\frac{x}{2}+\frac{1}{2}\int e^{-2x}d\left(\sin\frac{x}{2}\right)$

$$=-\frac{1}{2}e^{-2x}\sin\frac{x}{2}+\frac{1}{4}\int e^{-2x}\cos\frac{x}{2}dx$$

$$=-\frac{1}{2}e^{-2x}\sin\frac{x}{2}-\frac{1}{8}\int\cos\frac{x}{2}d(e^{-2x})$$

$$=-\frac{1}{2}e^{-2x}\sin\frac{x}{2}-\frac{1}{8}e^{-2x}\cos\frac{x}{2}-\frac{1}{16}\int e^{-2x}\sin\frac{x}{2}dx,$$

移项整理,得 $\int e^{-2x}\sin\frac{x}{2}dx=\frac{16}{17}\left(-\frac{1}{2}e^{-2x}\sin\frac{x}{2}-\frac{1}{8}e^{-2x}\cos\frac{x}{2}\right)+C$

$$=-\frac{2}{17}e^{-2x}\left(\cos\frac{x}{2}+4\sin\frac{x}{2}\right)+C.$$

题型 10 被积函数是反三角函数或对数函数.

解题方法:将微分号 d 后面的变量 x 作为分部积分公式中的函数 v.

例 10 求下列不定积分:

(1) $\int\arcsin^3 x dx$; (2) $\int\ln(x+\sqrt{1+x^2})dx$.

解:(1) $\int\arcsin^3 x dx=x\arcsin^3 x-3\int x\arcsin^2 x\cdot\frac{1}{\sqrt{1-x^2}}dx$

$$=x\arcsin^3 x+\frac{3}{2}\int\arcsin^2 x\cdot\frac{1}{\sqrt{1-x^2}}d(1-x^2)$$

$$=x\arcsin^3 x+3\int\arcsin^2 x d(\sqrt{1-x^2})$$

$$=x\arcsin^3 x+3\sqrt{1-x^2}\arcsin^2 x-3\int\sqrt{1-x^2}d(\arcsin^2 x)$$

$$=x\arcsin^3 x+3\sqrt{1-x^2}\arcsin^2 x-6\int\arcsin x dx$$

$$=x\arcsin^3 x+3\sqrt{1-x^2}\arcsin^2 x-6x\arcsin x+6\int\frac{x}{\sqrt{1-x^2}}dx$$

$$=x\arcsin^3 x+3\sqrt{1-x^2}\arcsin^2 x-6x\arcsin x-6\sqrt{1-x^2}+C.$$

(2) $\int\ln(x+\sqrt{1+x^2})dx=x\ln(x+\sqrt{1+x^2})-\int x d[\ln(x+\sqrt{1+x^2})]$

$$=x\ln(x+\sqrt{1+x^2})-\int x\cdot\frac{1}{\sqrt{1+x^2}}dx$$

$$=x\ln(x+\sqrt{1+x^2})-\sqrt{1+x^2}+C.$$

注:(1)中也可令 $\arcsin x=t$,原式化为 $\int t^3\cos t dt$,然后再用分部积分法求.

同步练习 3.2

(一)填空题

1. 若$\int f(x)\mathrm{d}x=\cos x+C$,则$\int xf(x^2)\mathrm{d}x=$______.

2. $\int f(x)f'(x)\mathrm{d}x=$______.

3. 设 $f'(x)$ 连续,则$\int f'(kx)\mathrm{d}x=$______. $(k\neq 0)$

4. $\int \frac{x}{x+3}\mathrm{d}x=$______.

5. $\int \frac{x}{\sqrt{x-3}}\mathrm{d}x=$______.

6. $\int \frac{x}{(x+1)^3}\mathrm{d}x=$______.

7. $\int \frac{1}{x^2}\mathrm{e}^{-\frac{1}{x}}\mathrm{d}x=$______.

8. $\int x\mathrm{e}^{-x^2}\mathrm{d}x=$______.

9. $\int \frac{2x+2}{x^2+2x+2}\mathrm{d}x=$______.

10. $\int \frac{1}{\sqrt{x}}\cos\sqrt{x}\,\mathrm{d}x=$______.

11. $\int \sqrt{\frac{\arcsin x}{1-x^2}}\,\mathrm{d}x=$______.

12. $\int \mathrm{e}^{\mathrm{e}^x}\cdot \mathrm{e}^x\mathrm{d}x=$______.

13. $\int \sin^3 x\cos x\mathrm{d}x=$______.

14. $\int \cos^2 t\mathrm{d}t=$______.

15. $\int x\ln x\mathrm{d}x=$______.

16. $\int x\mathrm{e}^x\mathrm{d}x=$______.

(二)选择题

1. 设 $f(x)$是连续函数,且$\int f(x)\mathrm{d}x=F(x)+C$,则下列各式正确的是(   ).

A. $\int f(x^2)x\mathrm{d}x=F(x^2)+C$　　B. $\int f(3x+2)\mathrm{d}x=F(3x+2)+C$

C. $\int f(\mathrm{e}^x)\mathrm{e}^x\mathrm{d}x=F(\mathrm{e}^x)+C$　　D. $\int f(\ln 2x)\frac{\mathrm{d}x}{2x}=F(\ln 2x)+C$

2. 若 $f(x)=\mathrm{e}^{-x}$,则$\int \frac{f'(\ln x)}{x}\mathrm{d}x$ (   ).

A. $\frac{1}{x}+C$　　B. $-\frac{1}{x}+C$　　C. $\ln x+C$　　D. $-\ln x+C$

3. 设 $f'(x)$ 连续，则(　　).

A. $\int f'(2x)\mathrm{d}x=\frac{1}{2}f(2x)+C$　　B. $\int f'(2x)\mathrm{d}x=f(2x)+C$

C. $\int f'(2x)\mathrm{d}x=f(x)+C$　　D. $\left[\int f(2x)\mathrm{d}x\right]'=2f(2x)$

4. 若 $\frac{\ln x}{x}$ 为 $f(x)$ 的一个原函数，则 $\int xf'(x)\mathrm{d}x=$(　　).

A. $\frac{\ln x}{x}+C$　　B. $\frac{1+\ln x}{x^2}+C$　　C. $\frac{1}{x}+C$　　D. $\frac{1-2\ln x}{x}+C$

5. $\int xf''(x)\mathrm{d}x=$(　　).

A. $xf'(x)+C$　　B. $xf'(x)-f(x)+C$

C. $\frac{1}{2}x^2f'(x)+C$　　D. $(x+1)f'(x)+C$

(三)解答题

1. $\int\frac{x^2}{(1+2x^3)^2}\mathrm{d}x$.　　2. $\int x\sqrt{25-x^2}\,\mathrm{d}x$.　　3. $\int\frac{1}{\sqrt{x}(1+x)}\mathrm{d}x$.

4. $\int\frac{1}{1+\mathrm{e}^{2x}}\mathrm{d}x$.　　5. $\int\frac{\mathrm{d}x}{x^2+x+1}$.　　6. $\int\frac{\mathrm{d}x}{x^2-x-6}$.

7. $\int\frac{\mathrm{d}x}{\sqrt{1-2x-x^2}}$.　　8. $\int\frac{\sec^2x}{2+\tan^2x}\mathrm{d}x$.　　9. $\int\sin^2x\cos^3x\mathrm{d}x$.

10. $\int\frac{\sqrt{x-1}}{x}\mathrm{d}x$.　　11. $\int\frac{x^2}{\sqrt{a^2-x^2}}\mathrm{d}x(a>0)$.　　12. $\int\frac{\mathrm{d}x}{x\sqrt{x^2-1}}$.

13. $\int x^2\sin x\mathrm{d}x$.　　14. $\int x\cos^2\frac{x}{2}\mathrm{d}x$.　　15. $\int x\tan^2x\mathrm{d}x$.

16. $\int x^2\mathrm{e}^{-2x}\mathrm{d}x$.　　17. $\int x\ln(1+x^4)\mathrm{d}x$.　　18. $\int x^2\arccos x\mathrm{d}x$.

19. $\int\cos\sqrt{x}\,\mathrm{d}x$.　　20. $\int\mathrm{e}^{\sqrt{x+1}}\mathrm{d}x$.

3.3　定积分的概念与性质

一、基本内容

1. 定积分的概念：$\int_a^b f(x)\mathrm{d}x=\lim\limits_{\lambda\to0}\sum\limits_{i=1}^{n}f(\xi_i)\Delta x_i$，其中 $\lambda=\max\limits_{i=1,\cdots,n}\{\Delta x_i\}$.

2. 定积分的几何意义：曲边梯形面积的代数和.

3. 定积分的性质：

(1)线性运算：$\int_a^b[k_1f(x)\pm k_2g(x)]\mathrm{d}x=k_1\int_a^b f(x)\mathrm{d}x\pm k_2\int_a^b g(x)\mathrm{d}x$，其中 k_1,k_2 为非

零常数.

(2) $\int_a^b \mathrm{d}x = b - a$.

(3)积分对区间的可加性：$\int_a^b f(x)\mathrm{d}x = \int_a^c f(x)\mathrm{d}x + \int_c^b f(x)\mathrm{d}x$.

(4)保号性：若 $f(x) \geqslant 0$，则 $\int_a^b f(x)\mathrm{d}x \geqslant 0 (a < b)$.

(5)单调性：若 $f(x) \geqslant g(x)$，则 $\int_a^b f(x)\mathrm{d}x \geqslant \int_a^b g(x)\mathrm{d}x (a < b)$.

(6)绝对值不等式：$\left|\int_a^b f(x)\mathrm{d}x\right| \leqslant \int_a^b |f(x)|\mathrm{d}x (a < b)$.

(7)积分估值定理：$m(b-a) \leqslant \int_a^b f(x)\mathrm{d}x \leqslant M(b-a)$，其中，$m$ 和 M 分别是 $f(x)$ 在区间 $[a,b]$ 上的最小值和最大值.

(8)积分中值定理：$\int_a^b f(x)\mathrm{d}x = f(\xi)(b-a) (a \leqslant \xi \leqslant b)$.

(9)奇、偶函数在对称区间上的定积分：

若 $f(x)$ 为奇函数，则 $\int_{-a}^a f(x)\mathrm{d}x = 0$；若 $f(x)$ 为偶函数，则 $\int_{-a}^a f(x)\mathrm{d}x = 2\int_0^a f(x)\mathrm{d}x$.

二、学习要求

1. 理解定积分的概念.

2. 掌握定积分的几何意义和性质，能利用定积分的几何意义和性质计算或证明一些问题.

三、基本题型及解题方法

题型 1　定积分的概念理解题

解题方法：理解定积分的概念要注意，定积分是一极限值，是一确定的常数（因此，其导数应该为零），该常数仅与被积函数及积分区间有关，而与积分变量用什么字母表示无关.

例 1　填空：(1) $\frac{\mathrm{d}}{\mathrm{d}x}\left(\int_0^{\ln 5}\sqrt{\mathrm{e}^x - 1}\,\mathrm{d}x\right) =$ ________.

(2) 设 $f(x)$ 为连续函数，则 $\int_2^3 f(x)\mathrm{d}x + \int_3^1 f(u)\mathrm{d}u + \int_1^2 f(t)\mathrm{d}t =$ ________.

解：(1) $\frac{\mathrm{d}}{\mathrm{d}x}\left(\int_0^{\ln 5}\sqrt{\mathrm{e}^x - 1}\,\mathrm{d}x\right) = 0$

(2) 因为 $\int_3^1 f(u)\mathrm{d}u = \int_3^1 f(x)\mathrm{d}x$，$\int_1^2 f(t)\mathrm{d}t = \int_1^2 f(x)\mathrm{d}x$，

所以

$$\int_2^3 f(x)\mathrm{d}x + \int_3^1 f(u)\mathrm{d}u + \int_1^2 f(t)\mathrm{d}t = \int_2^2 f(x)\mathrm{d}x = 0.$$

题型 2　利用定积分的几何意义求定积分

解题方法：根据 $y=f(x)$，$x=a$，$x=b$ 及 x 轴所围成的特殊图形的面积来求 $\int_a^b f(x)\mathrm{d}x$，直观简便.

例 2　利用定积分的几何意义求下列定积分：

(1) $\int_0^2 \sqrt{4-x^2}\,\mathrm{d}x$；　　　　(2) $\int_a^b \sqrt{(x-a)(b-x)}\,\mathrm{d}x\,(a<b)$.

解：(1)因为 $f(x)=\sqrt{4-x^2}\,(x\in[0,2])$是以$(0,0)$为圆心，以 2 为半径的$\frac{1}{4}$圆周，而该圆的面积为 $S=\pi r^2=4\pi$，由定积分的几何意义知

$$\int_0^2 \sqrt{4-x^2}\,\mathrm{d}x=\frac{1}{4}\cdot 4\pi=\pi.$$

(2)因为 $f(x)=\sqrt{(x-a)(b-x)}=\sqrt{\left(\frac{b-a}{2}\right)^2-\left(x-\frac{a+b}{2}\right)^2}$，$x\in[a,b]$是以$\left(\frac{a+b}{2},0\right)$为圆心，以$\frac{b-a}{2}$为半径的上半圆周，而该上半圆的面积为

$$S=\frac{1}{2}\pi r^2=\frac{\pi}{2}\left(\frac{b-a}{2}\right)^2=\frac{\pi}{8}(b-a)^2,$$

由定积分的几何意义知

$$\int_a^b \sqrt{(x-a)(b-x)}\,\mathrm{d}x=\frac{\pi}{8}(b-a)^2.$$

题型 3　利用定积分的性质求定积分

解题方法：定积分有一个很重要的性质——奇函数在对称区间上的定积分值为 0. 利用此性质可方便地计算定积分.

例 3　填空：$\int_{-1}^1 x^{2\,002}(\mathrm{e}^x-\mathrm{e}^{-x})\mathrm{d}x=$ ________.

解：设 $f(x)=x^{2\,002}(\mathrm{e}^x-\mathrm{e}^{-x})$，$x\in[-1,1]$，

因为　$f(-x)=(-x)^{2\,002}(\mathrm{e}^{-x}-\mathrm{e}^x)=-x^{2\,002}(\mathrm{e}^x-\mathrm{e}^{-x})=-f(x)$，

即 $f(x)$为奇函数. 由定积分的性质可得，

$$\int_{-1}^1 x^{2\,002}(\mathrm{e}^x-\mathrm{e}^{-x})\mathrm{d}x=0.$$

题型 4　不计算定积分，比较积分值的大小

解题方法：应用定积分的单调性. 根据定积分的单调性，在同一积分区间上，只需比较被积函数的大小关系，就可比较出积分值的大小.

比较被积函数的大小，有时只需根据基本初等函数的性质，有时还需要利用单调性证明不等式.

例 4　不计算定积分，比较下列积分值的大小：

(1) $\int_1^2 \ln x\,\mathrm{d}x$ 与$\int_1^2 \ln^2 x\,\mathrm{d}x$；　　　　(2) $\int_0^1 \mathrm{e}^{x^2}\mathrm{d}x$ 与$\int_0^1 \mathrm{e}^{x^3}\mathrm{d}x$；

(3) $\int_0^1 e^x dx$ 与 $\int_0^1 (1+x)dx$.

解:(1)当 $1 \leqslant x \leqslant 2$ 时,$0=\ln 1 \leqslant \ln x \leqslant \ln 2 < 1$,从而 $\ln x \geqslant (\ln x)^2$,因此 $\int_1^2 \ln x dx \geqslant \int_1^2 \ln^2 x dx$.

(2)由于当 $0 \leqslant x \leqslant 1$ 时,$x^2 \geqslant x^3$,又因为指数函数 e^u 是单调增加函数,所以 $e^{x^2} \geqslant e^{x^3}$,因此 $\int_0^1 e^{x^2} dx \geqslant \int_0^1 e^{x^3} dx$.

(3)设 $f(x)=e^x-1-x, 0 \leqslant x \leqslant 1$,显然 $f(x)$ 在 $[0,1]$ 上连续,在 $(0,1]$ 内,$f'(x)=e^x-1>0$,从而函数 $f(x)$ 在 $[0,1]$ 上单调增加,所以

$$f(x) \geqslant f(0)=e^0-1-0=0,$$

即有当 $0 \leqslant x \leqslant 1$ 时,$e^x \geqslant 1+x$,因此

$$\int_0^1 e^x dx \geqslant \int_0^1 (1+x) dx.$$

例 5 选择:下列定积分中,(　　)的值为负.

A. $\int_0^{\frac{\pi}{2}} \sin x dx$　　B. $\int_{-\frac{\pi}{2}}^0 \cos x dx$　　C. $\int_{-3}^{-2} x^3 dx$　　D. $\int_{-3}^{-2} x^2 dx$

解:因为,在 $\left[0,\frac{\pi}{2}\right]$ 上,$\sin x \geqslant 0$,从而 $\int_0^{\frac{\pi}{2}} \sin x dx \geqslant 0$;在 $\left[-\frac{\pi}{2},0\right]$ 上,$\cos x \geqslant 0$,从而 $\int_{-\frac{\pi}{2}}^0 \cos x dx \geqslant 0$;在 $[-3,-2]$ 上,$x^3<0$,从而 $\int_{-3}^{-2} x^3 dx < 0$;在 $[-3,-2]$ 上,$x^2>0$,从而 $\int_{-3}^{-2} x^2 dx > 0$,所以,选择 C.

题型 5　估计定积分的值

解题方法:应用积分估值定理.先求出被积函数在积分区间上的最值,再利用定积分的估值不等式,即可估计出定积分的值.

例 6 估计下列定积分的值:

(1) $\int_0^4 e^{\sqrt{x}} dx$;　(2) $\int_{\frac{\pi}{4}}^{\frac{5\pi}{4}} (1+\sin^2 x) dx$;

解:(1)因为 $f(x)=e^{\sqrt{x}}$ 在 $[0,4]$ 上单调增加,故其最大值、最小值分别为 $M=f(4)=e^2$、$m=f(0)=e^0=1$,由估值定理,得

$$m(4-0) \leqslant \int_0^4 e^{\sqrt{x}} dx \leqslant M(4-0),$$

即

$$4 \leqslant \int_0^4 e^{\sqrt{x}} dx \leqslant 4e^2.$$

(2)设 $f(x)=1+\sin^2 x$,令 $f'(x)=2\sin x \cos x=\sin 2x=0$ 得 $f(x)$ 在区间 $\left(\frac{\pi}{4},\frac{5\pi}{4}\right)$ 内的驻点 $x_1=\frac{\pi}{2}, x_2=\pi$,由于

$$f\left(\frac{\pi}{2}\right)=2,\quad f(\pi)=1,\quad f\left(\frac{\pi}{4}\right)=\frac{3}{2},\quad f\left(\frac{5\pi}{4}\right)=\frac{3}{2}.$$

则 $f(x)$ 在区间 $\left[\frac{\pi}{4},\frac{5\pi}{4}\right]$ 上的最大值和最小值分别为 $M=f\left(\frac{\pi}{2}\right)=2,m=f(\pi)=1$，于是

$$\pi=1\cdot\left(\frac{5\pi}{4}-\frac{\pi}{4}\right)\leqslant\int_{\frac{\pi}{4}}^{\frac{5\pi}{4}}(1+\sin^2 x)\mathrm{d}x\leqslant 2\cdot\left(\frac{5\pi}{4}-\frac{\pi}{4}\right)=2\pi.$$

同步练习 3.3

(一)填空题

1. $\int_{-\pi}^{\pi}x\sin^2 x\mathrm{d}x=$ __________.

2. 估计积分值的范围：__________ $\leqslant\int_{\frac{1}{\sqrt{3}}}^{\sqrt{3}}x\arctan x\mathrm{d}x\leqslant$ __________.

3. 估计积分值的范围：__________ $\leqslant\int_1^3\frac{x}{1+x^2}\mathrm{d}x\leqslant$ __________.

4. 估计积分值的范围：__________ $\leqslant\int_0^{\frac{\pi}{2}}\mathrm{e}^{\sin x}\mathrm{d}x\leqslant$ __________.

5. 设 $f(x)$ 在 $[a,b]$ 上连续，根据积分中值定理，在 $[a,b]$ 上至少存在一点 ξ，使 $f(\xi)=$ __________.

(二)选择题

1. 定积分 $\int_a^b f(x)\mathrm{d}x$ 的值(　　).

A. 与积分变量有关　　B. 与区间 $[a,b]$ 的分法及点 ξ_i 的取法有关

C. 为曲边梯形的面积　　D. 仅与被积函数及积分区间 $[a,b]$ 有关

2. $\frac{\mathrm{d}}{\mathrm{d}x}\int_a^b\arctan x\mathrm{d}x=$ (　　).

A. $\arctan x$　　B. $\arctan b-\arctan a$

C. 0　　D. $\frac{1}{1+x^2}$

3. 设 $f(x)$ 在 $[a,b]$ 上连续，则下列各式中(　　)不成立.

A. $\int_a^b f(x)\mathrm{d}x=\int_a^b f(t)\mathrm{d}t$　　B. $\int_a^b f(x)\mathrm{d}x=-\int_b^a f(x)\mathrm{d}x$

C. $\int_a^a f(x)\mathrm{d}x=0$　　D. 若 $\int_a^b f(x)\mathrm{d}x=0$，则 $f(x)=0$

4. 设 $f(x)$ 在 $[a,b]$ 上连续，则曲线 $y=f(x)$ 与直线 $x=a,x=b,y=0$ 所围成的平面图形的面积等于(　　).

A. $\int_a^b f(x)\mathrm{d}x$　　B. $\left|\int_a^b f(x)\mathrm{d}x\right|$

C. $\int_a^b|f(x)|\mathrm{d}x$　　D. $f'(\xi)(b-a),(a<\xi<b)$

5. 设 $f(x)$ 为 $[-a,a]$ 上定义的连续奇函数，且当 $x>0$ 时，$f(x)>0$，则下列求由 $y=f(x)$，$x=-a,x=a$ 及 x 轴所围成的平面图形的面积 A 的式子中不正确的是(　　).

A. $2\int_0^a f(x)\mathrm{d}x$　　B. $\int_{-a}^a|f(x)|\mathrm{d}x$

C. $\int_0^a f(x)\mathrm{d}x-\int_{-a}^0 f(x)\mathrm{d}x$　　D. $\int_0^a f(x)\mathrm{d}x+\int_{-a}^0 f(x)\mathrm{d}x$

6. 下列不等式中，正确的是（　　）.

A. $\int_0^1 x\mathrm{d}x\leqslant\int_0^1 t^2\mathrm{d}t$　　B. $\int_0^1 x^3\mathrm{d}x\leqslant\int_0^1 t^2\mathrm{d}t$

C. $\int_1^2 x^3\mathrm{d}x\leqslant\int_1^2 t^2\mathrm{d}t$　　D. $\int_1^2 \ln x\mathrm{d}x\leqslant\int_1^2 \ln^2 x\mathrm{d}t$

7. 设 $I_1=\int_0^{\frac{\pi}{4}} x\mathrm{d}x, I_2=\int_0^{\frac{\pi}{4}}\sqrt{x}\mathrm{d}x, I_3=\int_0^{\frac{\pi}{4}}\sin^2 x\mathrm{d}x$，则 I_1,I_2,I_3 之间的大小关系为（　　）.

A. $I_1>I_2>I_3$　　B. $I_2>I_1>I_3$

C. $I_3>I_1>I_2$　　D. $I_1>I_3>I_2$

（三）计算下列定积分

1. $\int_{-1}^1 \sqrt{1-x^2}\ln\frac{x+\sqrt{1+x^2}}{2}\mathrm{d}x$；　　2. $\int_{-1}^1 (x+\sqrt{1-x^2})^2\mathrm{d}x$.

3.4　牛顿-莱布尼茨公式

一、基本内容

1. 积分上限函数（变上限定积分）：$\Phi(x)=\int_a^x f(t)\mathrm{d}t$.

2. 积分上限函数的导数：$\Phi'(x)=\left(\int_a^x f(t)\mathrm{d}t\right)'=f(x)$.

一般地，若 $F(x)=\int_{g_1(x)}^{g_2(x)} f(t)\mathrm{d}t$（积分限函数），则

$$F'(x)=f[g_2(x)]g_2'(x)-f[g_1(x)]g_1'(x).$$

3. 微积分基本公式（牛顿-莱布尼茨公式）：

$$\int_a^b f(x)\mathrm{d}x=F(x)\big|_a^b=F(b)-F(a),$$

其中，$f(x)$ 连续，$F'(x)=f(x)$.

二、学习要求

1. 熟悉积分上限函数及其求导定理，会求积分限函数的导数.
2. 掌握牛顿-莱布尼茨公式.

三、基本题型及解题方法

题型 1　积分限函数的求导问题

解题方法：对积分限函数求导，首先要区分积分限函数的自变量和积分变量. 积分限函数的自变量是积分限上的变量，对积分限函数求导就是对积分限上的变量求导，与积分变量没有关系. 因此当遇到被积函数中含有积分限上的变量的情况，应首先设法将积分限上的变量从被积函数中分离出来，然后再进行求导.

例 1　(1) 设 $F(x)=\int_{x}^{x^2} t\mathrm{e}^{t^2}\mathrm{d}t$,求 $F'(x)$.

(2)设函数 $y=y(x)$ 由方程$\int_0^{y^2}\mathrm{e}^{t^2}\mathrm{d}t+\int_x^0\sin t\mathrm{d}t=0$ 所确定,求$\dfrac{\mathrm{d}y}{\mathrm{d}x}$.

解:(1)$F'(x)=x^2\mathrm{e}^{(x^2)^2}\cdot(x^2)'-x\mathrm{e}^{x^2}=2x^3\mathrm{e}^{x^4}-x\mathrm{e}^{x^2}$.

(2)已知方程两边同时对 x 求导,得

$$\mathrm{e}^{(y^2)^2}\cdot(y^2)'-\sin x=0,\text{即 }\mathrm{e}^{y^4}\cdot 2y\cdot y'-\sin x=0,$$

因此

$$\frac{\mathrm{d}y}{\mathrm{d}x}=y'=\frac{\sin x}{2y\mathrm{e}^{y^4}}.$$

题型 2　利用积分限函数求极限

解题方法:首先判断所给极限是否为$\dfrac{0}{0}$极限或$\dfrac{\infty}{\infty}$极限,然后用洛必达法则对分子分母分别按积分限函数求导.

例 2　求极限:$\lim\limits_{x\to 0}\dfrac{\left(\int_0^x\mathrm{e}^{-t^2}\mathrm{d}t\right)^2}{\int_0^x t\mathrm{e}^{2t^2}\mathrm{d}t}$.

解: $\lim\limits_{x\to 0}\dfrac{\left(\int_0^x\mathrm{e}^{-t^2}\mathrm{d}t\right)^2}{\int_0^x t\mathrm{e}^{2t^2}\mathrm{d}t}\overset{\frac{0}{0}}{=}\lim\limits_{x\to 0}\dfrac{2\int_0^x\mathrm{e}^{-t^2}\mathrm{d}t\cdot\mathrm{e}^{-x^2}}{x\mathrm{e}^{2x^2}}=2\lim\limits_{x\to 0}\dfrac{\int_0^x\mathrm{e}^{-t^2}\mathrm{d}t}{x}\overset{\frac{0}{0}}{=}2\lim\limits_{x\to 0}\dfrac{\mathrm{e}^{-x^2}}{1}=2.$

题型 3　讨论积分限函数的性态

解题方法:积分限函数作为一种函数,当然可以象一般函数一样讨论其奇偶性、单调性、凹凸性等性态,并可求其最值、极值及拐点,解决方法与一般函数相同.

例 3　设 $f(x)=\int_{-1}^{x}\dfrac{t\cos\frac{\pi}{2}t}{\sqrt{1+t^2}}\mathrm{d}t$,求 $f(x)$ 在区间$\left(-\dfrac{1}{2},2\right)$内的极值点.

解:$f'(x)=\dfrac{x\cos\frac{\pi}{2}x}{\sqrt{1+x^2}}$,令 $f'(x)=0$ 得区间$\left(-\dfrac{1}{2},2\right)$内的驻点 $x_1=0,x_2=1$.

当$-\dfrac{1}{2}<x<0$ 时,$f'(x)<0$,函数 $f(x)$单调减少;当 $0<x<1$ 时,$f'(x)>0$,函数 $f(x)$单调增加;当 $1<x<2$ 时,$f'(x)<0$,函数 $f(x)$单调减少.

因此,$x=0\in\left(-\dfrac{1}{2},2\right)$是函数 $f(x)$的极小值点,$x=1\in\left(-\dfrac{1}{2},2\right)$是函数 $f(x)$的极大值点.

例 4　求函数 $f(x)=\int_0^x\dfrac{t+2}{t^2+2t+2}\mathrm{d}t$ 在$[-1,0]$上的最值.

解:由 $f'(x)=\dfrac{x+2}{x^2+2x+2}>0,x\in[-1,0]$,知 $f(x)$在$[-1,0]$上单调增加,故 $f(x)$的最

大值为 $f(0)=0$，$f(x)$的最小值为

$$f(-1)=\int_0^{-1}\frac{t+2}{t^2+2t+2}\mathrm{d}t=\int_0^{-1}\frac{\frac{1}{2}(2t+2)+1}{t^2+2t+2}\mathrm{d}t$$

$$=\frac{1}{2}\int_0^{-1}\frac{1}{t^2+2t+2}\mathrm{d}(t^2+2t+2)+\int_0^{-1}\frac{\mathrm{d}t}{1+(t+1)^2}$$

$$=\frac{1}{2}\ln(t^2+2t+2)\Big|_0^{-1}+\arctan(t+1)\Big|_0^{-1}=-\frac{1}{2}\ln 2-\frac{\pi}{4}.$$

题型 4　利用牛顿-莱布尼茨公式求定积分

解题方法：牛顿-莱布尼茨公式表明，要计算定积分，只需求得被积函数的一个原函数，然后将积分上、下限代入作差，即得定积分的值. 因此，计算定积分的关键是找出被积函数的一个原函数，而利用不定积分的概念、性质及积分法即可求得原函数.

例 5　计算下列定积分：

(1) $\int_{\pi/2}^{\pi}\left(\frac{\sin x}{x}\right)'\mathrm{d}x$；　(2) $\int_1^{\sqrt{3}}\frac{1+2x^2}{x^2(1+x^2)}\mathrm{d}x$；　(3) $\int_0^{\pi/4}\tan^3\theta\mathrm{d}\theta$.

解：(1)根据不定积分性质：$\int f'(x)\mathrm{d}x=f(x)+C$，可得$\int\left(\frac{\sin x}{x}\right)'\mathrm{d}x=\frac{\sin x}{x}+C$，因此

$$\int_{\pi/2}^{\pi}\left(\frac{\sin x}{x}\right)'\mathrm{d}x=\frac{\sin x}{x}\Big|_{\pi/2}^{\pi}=-\frac{2}{\pi}.$$

(2)不定积分的直接积分法

$$\int_1^{\sqrt{3}}\frac{1+2x^2}{x^2(1+x^2)}\mathrm{d}x=\int_1^{\sqrt{3}}\left(\frac{1}{x^2}+\frac{1}{1+x^2}\right)\mathrm{d}x=\left(-\frac{1}{x}+\arctan x\right)\Big|_1^{\sqrt{3}}=1-\frac{1}{\sqrt{3}}+\frac{\pi}{12}.$$

(3)不定积分的凑微分法

$$\int_0^{\pi/4}\tan^3\theta\mathrm{d}\theta=\int_0^{\pi/4}\tan\theta(\sec^2\theta-1)\mathrm{d}\theta=\int_0^{\pi/4}\tan\theta\mathrm{d}(\tan\theta)-\int_0^{\pi/4}\tan\theta\mathrm{d}\theta$$

$$=\left(\frac{1}{2}\tan^2\theta+\ln|\cos\theta|\right)\Big|_0^{\pi/4}=\frac{1}{2}(1-\ln 2).$$

题型 5　被积函数是分段函数的定积分计算

解题方法：首先找到被积函数在积分区间内的分段点，它们将积分区间分成若干个子区间，然后根据定积分对积分区间的可加性，进行分段计算.

例 6　计算下列定积分：

(1) $\int_0^1|2x-1|\mathrm{d}x$；　(2) $\int_0^{\pi/2}\sqrt{1-\sin 2x}\mathrm{d}x$.

解：(1) $\int_0^1|2x-1|\mathrm{d}x=\int_0^{1/2}(1-2x)\mathrm{d}x+\int_{1/2}^1(2x-1)\mathrm{d}x$

$$=(x-x^2)\Big|_0^{1/2}+(x^2-x)\Big|_{1/2}^1=\frac{1}{2}.$$

(2) $\int_0^{\pi/2}\sqrt{1-\sin 2x}\mathrm{d}x=\int_0^{\pi/2}|\sin x-\cos x|\mathrm{d}x$

$$=\int_0^{\pi/4}(\cos x-\sin x)\mathrm{d}x+\int_{\pi/4}^{\pi/2}(\sin x-\cos x)\mathrm{d}x$$
$$=(\sin x+\cos x)\Big|_0^{\pi/4}+(-\cos x-\sin x)\Big|_{\pi/4}^{\pi/2}$$
$$=2(\sqrt{2}-1).$$

同步练习 3.4

(一)填空题

1. 设 $f(x)=\int_0^x \sin t\mathrm{d}t$,则 $f\left(f\left(\frac{\pi}{2}\right)\right)=$ __________.

2. 已知函数 $y=\int_0^x te^t\mathrm{d}t$,则 $y''(0)=$ __________.

3. 设$\int_a^x f(t)\mathrm{d}t=\sin^2 x$,则 $f(x)=$ __________.

4. 设 $f(x)=\int_{\sin x}^1\sqrt{1-t^2}\mathrm{d}t$,则 $f'\left(\frac{\pi}{2}\right)=$ __________.

5. 设由 $x(t)=\int_0^t \sin u\mathrm{d}u$,$y(t)=\int_0^t \cos u\mathrm{d}u$ 确定函数 $y=y(x)$,则$\frac{\mathrm{d}y}{\mathrm{d}x}=$ __________.

6. 设由方程$\int_0^y e^t\mathrm{d}t+\int_0^x \cos t\mathrm{d}t=0$ 确定隐函数 $y=y(x)$,则$\frac{\mathrm{d}y}{\mathrm{d}x}=$ __________.

7. $\lim\limits_{x\to 0}\frac{\int_0^x e^t\sin t^2\mathrm{d}t}{x^3}=$ __________.

8. 设 $f(x)=\begin{cases}x & x\geqslant 0\\ 1 & x<0\end{cases}$,则$\int_{-1}^2 f(x)\mathrm{d}x=$ __________.

9. $\int_{-\pi/2}^{\pi/2}\sqrt{1-\cos^2 x}\mathrm{d}x=$ __________.

10. $\int_1^3|x-2|\mathrm{d}x=$ __________.

11. $\int_{-1}^1(|x|+x)^2\mathrm{d}x=$ __________.

12. $\int_4^5\frac{1}{(x-3)^2}\mathrm{d}x=$ __________.

13. $\int_0^{\pi/2}\cos^2 x\sin x\mathrm{d}x=$ __________.

14. $\int_0^{\frac{1}{2}}\frac{\arcsin x}{\sqrt{1-x^2}}\mathrm{d}x=$ __________.

(二)选择题

1. 设 $f(x)$为连续函数,则积分上限函数$\int_a^x f(t)\mathrm{d}t$ 是(　　).

A. $f'(x)$的一个原函数　　B. $f'(x)$的所有原函数

C. $f(x)$的一个原函数　　D. $f(x)$的所有原函数

2. 设 $y=y(x)$由方程$\int_0^y e^{-t}\mathrm{d}t+\int_0^x e^t\mathrm{d}t=0$ 确定,则$\frac{\mathrm{d}y}{\mathrm{d}x}=$(　　).

A. e^{x+y}　　B. e^{x-y}　　C. $-e^{x+y}$　　D. $-e^{x-y}$

3. 设 $y=\int_0^x (t-1)(t-2)\mathrm{d}t$，则 $y'|_{x=0}=$（　　）.

A. -2　　B. -1　　C. 1　　D. 2

4. 设 $f(x)=\begin{cases}\sin x & x\geqslant 0\\ \cos x & x<0\end{cases}$，则 $\int_{-\pi}^{\pi} f(x)\mathrm{d}x=$（　　）.

A. 1　　B. -1　　C. 2　　D. -2

5. 下列积分值不为零的是（　　）.

A. $\int_{-1}^{1}\frac{x}{1+x^2}\mathrm{d}x$　　B. $\int_{-\pi/2}^{\pi/2} x\sin^2 x\mathrm{d}x$

C. $\int_{-\pi}^{\pi}\sin^2 x\cos x\mathrm{d}x$　　D. $\int_{-1}^{1}|x|\mathrm{d}x$

6. $\int_0^1 f'(2x)\mathrm{d}x=$（　　）.

A. $2[f(2)-f(0)]$　　B. $2[f(1)-f(0)]$

C. $\frac{1}{2}[f(2)-f(0)]$　　D. $\frac{1}{2}[f(1)-f(0)]$

（三）计算与解答题

1. 求积分上限函数 $F(x)=\int_0^x (x-t)\cos t\mathrm{d}t$ 的导数.

2. 求函数 $f(x)=\int_{1/2}^{x}\ln t\mathrm{d}t$ 的极值点.

3. 求下列定积分：

(1) $\int_0^2 e^{|x-1|}\mathrm{d}x$.　　(2) $\int_0^8\frac{x}{1+\sqrt{1+x}}\mathrm{d}x$.

(3) $\int_0^{1/2}\frac{2x-1}{\sqrt{1-x^2}}\mathrm{d}x$.　　(4) $\int_{1/\pi}^{2/\pi}\frac{1}{y^2}\sin\frac{1}{y}\mathrm{d}y$.

(5) $\int_1^{e}\frac{1+\ln^2 x}{x}\mathrm{d}x$.　　(6) $\int_0^{\pi/2} e^{\sin x}\cos x\mathrm{d}x$.

(7) $\int_0^1\frac{1}{\sqrt{4-x^2}}\mathrm{d}x$.

3.5　定积分的换元积分法与分部积分法

一、基本内容

1. 定积分的换元公式：

$$\int_a^b f(x)\mathrm{d}x \xrightarrow[\text{且 } a=\varphi(\alpha),\,b=\varphi(\beta)]{\text{令 } x=\varphi(t)} \int_\alpha^\beta f[\varphi(t)]\varphi'(t)\mathrm{d}t.$$

2. 用定积分的换元法证得的一些结论：

(1)函数 $f(x)$在对称区间上的定积分：

$$\int_{-a}^{a} f(x)\mathrm{d}x=\begin{cases}\int_{0}^{a}[f(x)+f(-x)]\mathrm{d}x & f(x)\text{ 为任意连续函数}\\ 2\int_{0}^{a}f(x)\mathrm{d}x & f(x)\text{ 为连续的偶函数}\\ 0 & f(x)\text{ 为连续的奇函数}\end{cases}$$

(2)周期函数的积分性质：

$$\int_{a}^{a+l} f(x)\mathrm{d}x=\int_{0}^{l} f(x)\mathrm{d}x,$$

其中，$f(x)$是以 l 为周期的连续函数.

(3) $\int_{0}^{\pi/2} f(\sin x)\mathrm{d}x=\int_{0}^{\pi/2} f(\cos x)\mathrm{d}x$，特殊地，$\int_{0}^{\pi/2} \sin^{n}x\,\mathrm{d}x=\int_{0}^{\pi/2} \cos^{n}x\,\mathrm{d}x$.

(4) $\int_{0}^{\pi} xf(\sin x)\mathrm{d}x=\frac{\pi}{2}\int_{0}^{\pi} f(\sin x)\mathrm{d}x$.

3. 定积分的分部积分公式：

$$\int_{a}^{b} u\,\mathrm{d}v=uv\,\Big|_{a}^{b}-\int_{a}^{b} v\,\mathrm{d}u.$$

4. 用分部积分法证得的结论：

$$\int_{0}^{\pi/2} \sin^{n}x\,\mathrm{d}x=\begin{cases}\frac{n-1}{n}\cdot\frac{n-3}{n-2}\cdot\cdots\cdot\frac{3}{4}\cdot\frac{1}{2}\cdot\frac{\pi}{2} & n\text{ 为偶数时}\\ \frac{n-1}{n}\cdot\frac{n-3}{n-2}\cdot\cdots\cdot\frac{4}{5}\cdot\frac{2}{3}\cdot 1 & n\text{ 为奇数时}\end{cases}.$$

二、学习要求

熟练应用换元积分法和分部积分法计算定积分.

三、基本题型及解题方法

题型 1　利用换元法计算定积分

解题方法：定积分的换元法与不定积分有所不同. 定积分换元的目的在于求出积分值，而不定积分换元的目的是为了求被积函数的原函数，因此，不定积分换元之后需要回代，而定积分只需要在换元的同时变换积分限，将原积分变换成一个积分值相等的新积分即可.

例 1　计算下列定积分：

(1) $\int_{0}^{2} \frac{\mathrm{d}x}{\sqrt{x+1}+\sqrt{(x+1)^{3}}}$；　　(2) $\int_{1/\sqrt{2}}^{1} \frac{\sqrt{1-x^{2}}}{x^{2}}\mathrm{d}x$.

解：(1)令 $\sqrt{x+1}=t$，则 $x=t^{2}-1$，$\mathrm{d}x=2t\mathrm{d}t$，$\frac{x\,|\,0\to 2}{t\,|\,1\to\sqrt{3}}$，

原式 $=\int_{1}^{\sqrt{3}} \frac{2t}{t+t^{3}}\mathrm{d}t=2\int_{1}^{\sqrt{3}} \frac{1}{1+t^{2}}\mathrm{d}t=2\arctan t\,\Big|_{1}^{\sqrt{3}}=\frac{\pi}{6}$.

(2)令 $x=\sin t$,则 $\sqrt{1-x^2}=\cos t$, $dx=\cos t dt$, $\frac{x\,|\,1/\sqrt{2}\to 1}{t\,|\,\pi/4\to\pi/2}$,

原式 $=\int_{\pi/4}^{\pi/2}\frac{\cos t}{\sin^2 t}\cos t dt=\int_{\pi/4}^{\pi/2}\cot^2 t dt=\int_{\pi/4}^{\pi/2}(\csc^2 t-1)dt=(-\cot t-t)\,|_{\pi/4}^{\pi/2}=1-\frac{\pi}{4}$.

题型 2　利用定积分的换元法证明或求解一些问题

解题方法:根据要证的等式或者结论的特征选择适当的换元.

例 2　设函数 $f(x)$ 在 $[0,1]$ 上连续,证明:

$$\int_0^{\pi}xf(\sin x)dx=\frac{\pi}{2}\int_0^{\pi}f(\sin x)dx.$$

证明:令 $x=\pi-t$,则 $\frac{x\,|\,0\to\pi}{t\,|\,\pi\to 0}$,于是

$$\begin{aligned}\int_0^{\pi}xf(\sin x)dx&=\int_{\pi}^{0}(\pi-t)f[\sin(\pi-t)](-dt)\\&=\pi\int_0^{\pi}f(\sin t)dt-\int_0^{\pi}tf(\sin t)dt\\&=\pi\int_0^{\pi}f(\sin x)dx-\int_0^{\pi}xf(\sin x)dx,\end{aligned}$$

所以

$$\int_0^{\pi}xf(\sin x)dx=\frac{\pi}{2}\int_0^{\pi}f(\sin x)dx.$$

例 3　(1)选择:设 $f(x)$ 为 $[a,b]$ 上的连续函数,则 $\int_{1/n}^{n}\left(1-\frac{1}{t^2}\right)f\left(t+\frac{1}{t}\right)dt=$(　　).

A. 0　　　　B. 1　　　　C. $a+b$　　　　D. $\int_a^b f(x)dx$

(2)设函数 $f(x)=\begin{cases}x+1 & x<0\\ x^2 & x\geqslant 0\end{cases}$,计算 $\int_{-2}^{0}f(x+1)dx$.

(3)设 $f(2x-1)=xe^x$,求 $\int_3^5 f(t)dt$.

解:(1)令 $t+\frac{1}{t}=u$,则 $\frac{t\,|\,\frac{1}{n}\to n}{u\,|\,\frac{1}{n}+n\to\frac{1}{n}+n}$,于是

$$\int_{1/n}^{n}\left(1-\frac{1}{t^2}\right)f\left(t+\frac{1}{t}\right)dt=\int_{1/n}^{n}f\left(t+\frac{1}{t}\right)d\left(t+\frac{1}{t}\right)=\int_{\frac{1}{n}+n}^{\frac{1}{n}+n}f(u)du=0,$$

故应选 A.

(2)令 $x+1=t$,则 $dx=dt$, $\frac{x\,|\,-2\to 0}{t\,|\,-1\to 1}$,

原式 $=\int_{-1}^{1}f(t)dt=\int_{-1}^{0}(t+1)dt+\int_0^1 t^2dt=\left(\frac{1}{2}t^2+t\right)\Big|_{-1}^{0}+\frac{1}{3}t^3\Big|_0^1=\frac{5}{6}$.

(3)令 $t=2x-1$,则 $dt=2dx$, $\frac{t\,|\,3\to 5}{x\,|\,2\to 3}$,

$$\begin{aligned}\int_3^5 f(t)\mathrm{d}t &= 2\int_2^3 f(2x-1)\mathrm{d}x = 2\int_2^3 x\mathrm{e}^x\mathrm{d}x \\ &= 2\int_2^3 x\mathrm{d}(\mathrm{e}^x) = 2x\mathrm{e}^x\ \Big|_2^3 - 2\int_2^3 \mathrm{e}^x\mathrm{d}x \\ &= 6\mathrm{e}^3 - 4\mathrm{e}^2 - 2\mathrm{e}^x\ \Big|_2^3 = 2\mathrm{e}^2(2\mathrm{e}-1).\end{aligned}$$

题型 3　利用定积分中已经证得的结论求定积分

解题方法：本节中利用换元法证得了定积分的一些结论，诸如函数在对称区间上的定积分、周期函数的定积分等，利用这些结论可非常便捷地计算定积分.

例 4　计算下列定积分：

(1) $\int_{-2}^{3} |\, x^2+5\,|\,x\,|-2\,|\,\mathrm{d}x$；　　(2) $\int_a^{a+\pi} \sin^2 2x(\tan x+1)\mathrm{d}x$；

(3) $\int_0^{\pi} \dfrac{x\sin x}{1+\cos^2 x}\mathrm{d}x$.

解：(1) 被积函数 $f(x)=|x^2+5|x|-2|$ 为偶函数，因此

$$\begin{aligned}\text{原式} &= \int_{-2}^{2} |\, x^2+5\,|\,x\,|-2\,|\,\mathrm{d}x + \int_2^3 |\, x^2+5\,|\,x\,|-2\,|\,\mathrm{d}x \\ &= 2\int_0^2 (x^2+5x-2)\mathrm{d}x + \int_2^3 (x^2+5x-2)\mathrm{d}x \\ &= 2\left(\frac{1}{3}x^3+\frac{5}{2}x^2-2x\right)\Big|_0^2 + \left(\frac{1}{3}x^3+\frac{5}{2}x^2-2x\right)\Big|_2^3 = 34\,\frac{1}{6}.\end{aligned}$$

(2) 函数 $\sin^2 2x$ 及 $\tan x$ 均是以 π 为周期的周期函数，由周期函数的积分性质，有

$$\begin{aligned}\text{原式} &= \int_0^{\pi} \sin^2 2x(\tan x+1)\mathrm{d}x = \int_{-\pi/2}^{\pi/2} \sin^2 2x(\tan x+1)\mathrm{d}x \\ &= \int_{-\pi/2}^{\pi/2} \sin^2 2x\tan x\mathrm{d}x + \int_{-\pi/2}^{\pi/2} \sin^2 2x\mathrm{d}x \\ &= 0 + 2\int_0^{\pi/2} \sin^2 2x\mathrm{d}x = \int_0^{\pi/2} (1-\cos 4x)\mathrm{d}x \\ &= \left(x-\frac{1}{4}\sin 4x\right)\Bigg|_0^{\frac{\pi}{2}} = \frac{\pi}{2}.\end{aligned}$$

(3) 由公式 $\int_0^{\pi} xf(\sin x)\mathrm{d}x = \dfrac{\pi}{2}\int_0^{\pi} f(\sin x)\mathrm{d}x$，得

$$\begin{aligned}\text{原式} &= \frac{\pi}{2}\int_0^{\pi} \frac{\sin x}{1+\cos^2 x}\mathrm{d}x = -\frac{\pi}{2}\int_0^{\pi} \frac{1}{1+\cos^2 x}\mathrm{d}(\cos x) \\ &= -\frac{\pi}{2}\arctan(\cos x)\Big|_0^{\pi} = \frac{\pi^2}{4}.\end{aligned}$$

例 5　选择：设 $F(x)=\int_x^{x+2\pi} \mathrm{e}^{\sin t}\sin t\mathrm{d}t$，则 $F(x)$ 为(　　　).

A. 正常数　　B. 负常数　　C. 恒为 0　　D. 不为常数

解：被积函数 $f(t)=\mathrm{e}^{\sin t}\sin t$ 以 2π 为周期，由周期函数的积分性质及函数在对称区间上的定积分，有

$$F(x) = \int_{-\pi}^{\pi} \mathrm{e}^{\sin t}\sin t\mathrm{d}t = \int_0^{\pi} (\mathrm{e}^{\sin t}\sin t + \mathrm{e}^{\sin(-t)}\sin(-t))\mathrm{d}t$$

$$=\int_0^{\pi}\left(e^{\sin t}-\frac{1}{e^{\sin t}}\right)\sin t\mathrm{d}t=\text{常数}>0.$$

故应选 A.

题型 4　利用分部积分法计算定积分.

解题方法:定积分的分部积分法与不定积分的分部积分法的区别之处仅在于它把先积出来的部分原函数 uv 先行代入积分限变为数值,使积分过程变的简捷.其需要利用分部积分法计算的积分类型与不定积分完全相同.

例 6　计算下列定积分:

(1) $\int_0^{\pi}(x\sin x)^2\mathrm{d}x$;　　(2) $\int_1^2 x\log_2 x\mathrm{d}x$.

解:(1)
$$\begin{aligned}\int_0^{\pi}(x\sin x)^2\mathrm{d}x&=\frac{1}{2}\int_0^{\pi}x^2(1-\cos 2x)\mathrm{d}x\\&=\frac{1}{2}\int_0^{\pi}x^2\mathrm{d}x-\frac{1}{2}\int_0^{\pi}x^2\cos 2x\mathrm{d}x\\&=\frac{1}{6}x^3\Big|_0^{\pi}-\frac{1}{4}\int_0^{\pi}x^2\mathrm{d}(\sin 2x)\\&=\frac{1}{6}\pi^3-\frac{1}{4}x^2\sin 2x\Big|_0^{\pi}+\frac{1}{4}\int_0^{\pi}2x\sin 2x\mathrm{d}x\\&=\frac{1}{6}\pi^3-0-\frac{1}{4}\int_0^{\pi}x\mathrm{d}(\cos 2x)\\&=\frac{1}{6}\pi^3-\frac{1}{4}x\cos 2x\Big|_0^{\pi}+\frac{1}{4}\int_0^{\pi}\cos 2x\mathrm{d}x\\&=\frac{1}{6}\pi^3-\frac{1}{4}\pi+\frac{1}{8}\sin 2x\Big|_0^{\pi}=\frac{\pi^3}{6}-\frac{\pi}{4}.\end{aligned}$$

(2)
$$\begin{aligned}\int_1^2 x\log_2 x\mathrm{d}x&=\frac{1}{2}\int_1^2\log_2 x\mathrm{d}(x^2)\\&=\frac{1}{2}x^2\log_2 x\Big|_1^2-\frac{1}{2}\int_1^2 x^2\frac{1}{x\ln 2}\mathrm{d}x\\&=2-\frac{1}{4\ln 2}x^2\Big|_1^2=2-\frac{3}{4\ln 2}.\end{aligned}$$

题型 5　被积函数中含有积分限函数

解题方法:当被积函数中含有积分限函数时,常用分部积分法,且将积分限函数选为分部积分公式中的 u.

例 7　已知函数 $f(x)=\int_1^x e^{-t^2}\mathrm{d}t$,求$\int_0^1 f(x)\mathrm{d}x$.

解: $\int_0^1 f(x)\mathrm{d}x=[xf(x)]\Big|_0^1-\int_0^1 xf'(x)\mathrm{d}x=-\int_0^1 xe^{-x^2}\mathrm{d}x=\frac{1}{2}e^{-x^2}\Big|_0^1=\frac{e^{-1}-1}{2}.$

题型 6　被积函数中含有抽象函数的导数

解题方法:常利用分部积分法.

例 8　设 $f''(x)$在$[0,1]$上连续，且 $f(0)=1, f(2)=3, f'(2)=5$，求$\int_0^1 xf''(2x)\mathrm{d}x$.

解: $\int_0^1 xf''(2x)\mathrm{d}x=\frac{1}{2}\int_0^1 x\mathrm{d}[f'(2x)]=\frac{1}{2}xf'(2x)\big|_0^1-\frac{1}{2}\int_0^1 f'(2x)\mathrm{d}x$

$$=\frac{1}{2}f'(2)-\frac{1}{4}f(2x)\big|_0^1=\frac{1}{2}f'(2)-\frac{1}{4}f(2)+\frac{1}{4}f(0)=2.$$

同步练习 3.5

(一)填空题

1. 已知$\int_0^1 f(x)\mathrm{d}x=1, f(1)=0$，则$\int_0^1 xf'(x)\mathrm{d}x=$________________.

2. 已知$\int_0^x f(t)\mathrm{d}t=\frac{1}{2}x^2$，则$\int_0^1 \mathrm{e}^{-x}f(x)\mathrm{d}x=$________________.

3. 已知 $f(0)=1, f(1)=2, f'(1)=3$，则$\int_0^1 xf''(x)\mathrm{d}x=$________________.

(二)选择题

1. 设 $f(x)$是连续函数，则$\int_a^b f(x)\mathrm{d}x-\int_a^b f(a+b-x)\mathrm{d}x=($　　$)$.

A. 0　　B. 1　　C. $a+b$　　D. $\int_a^b f(x)\mathrm{d}x$

2. 设 $f(x)$的一个原函数为 $\sin x$，则$\int_0^{\frac{\pi}{2}} xf(x)\mathrm{d}x=($　　$)$.

A. 0　　B. $\frac{\pi}{2}$　　C. $\frac{\pi}{2}+1$　　D. $\frac{\pi}{2}-1$

(三)计算题

1. $\int_0^8 \frac{\mathrm{d}x}{1+\sqrt[3]{x}}$.

2. $\int_0^{\ln 2}\sqrt{\mathrm{e}^x-1}\,\mathrm{d}x$.

3. $\int_{\ln 3}^{\ln 8}\sqrt{\mathrm{e}^x+1}\,\mathrm{d}x$.

4. $\int_0^1 x^2\sqrt{1-x^2}\,\mathrm{d}x$

5. $\int_0^1 \frac{x^2}{(1+x^2)^2}\mathrm{d}x$.

6. $\int_0^{(\frac{\pi}{2})^2}\cos\sqrt{x}\,\mathrm{d}x$

7. $\int_0^1 x^3\mathrm{e}^{x^2}\mathrm{d}x$.

8. $\int_1^{\mathrm{e}}\sqrt{x}\ln x\mathrm{d}x$.

9. $\int_1^3 \arctan\sqrt{x}\,\mathrm{d}x$.

10. $\int_0^{\frac{\pi}{2}}\mathrm{e}^{-x}\cos x\mathrm{d}x$.

11. $\int_0^1 \ln(1+x^2)\mathrm{d}x$.

12. $\int_0^{\frac{1}{2}}\arccos x\mathrm{d}x$.

13. $\int_0^1 \sqrt{x}\mathrm{e}^{\sqrt{x}}\mathrm{d}x$.

14. 设函数 $f(x)=\begin{cases} x\sin x & x>0 \\ -1 & x\leqslant 0 \end{cases}$，计算$\int_0^{2\pi} f(x-\pi)\mathrm{d}x$.

15. 设 $f(2x-1)=\frac{\ln x}{x}$，求$\int_1^{2\mathrm{e}-1} f(t)\mathrm{d}t$.

*3.6 广义积分

一、基本内容

1. 无穷区间的广义积分

设函数 $f(x)$在区间$[a,+\infty)$上连续,设 $b>a$,若极限

$$\lim_{b\to+\infty}\int_a^b f(x)\mathrm{d}x$$

存在,则称此极限为函数 $f(x)$在无穷区间$[a,+\infty)$上的**广义积分**,记作$\int_a^{+\infty}f(x)\mathrm{d}x$,即

$$\int_a^{+\infty}f(x)\mathrm{d}x=\lim_{b\to+\infty}\int_a^b f(x)\mathrm{d}x,$$

这时也称广义积分$\int_a^{+\infty}f(x)\mathrm{d}x$ **收敛**;若上述极限不存在,函数 $f(x)$ 在无穷区间$[a,+\infty)$上的广义积分$\int_a^{+\infty}f(x)\mathrm{d}x$ **发散或不存在**.

2. 无界函数的广义积分

设函数 $f(x)$在$(a,b]$上连续,且$\lim\limits_{x\to a^+}f(x)=\infty$. 取 $t>a$,若极限

$$\lim_{t\to a^+}\int_t^b f(x)\mathrm{d}x$$

存在,则称此极限为函数 $f(x)$在$(a,b]$上的**广义积分**,仍然记作$\int_a^b f(x)\mathrm{d}x$, 即

$$\int_a^b f(x)\mathrm{d}x=\lim_{t\to a^+}\int_t^b f(x)\mathrm{d}x.$$

这时也称广义积分$\int_a^b f(x)\mathrm{d}x$ **收敛**. 若上述极限不存在,就称广义积分$\int_a^b f(x)\mathrm{d}x$ **发散**.

二、学习要求

1. 了解无穷区间的广义积分的基本内容.
2. 了解无界函数的广义积分的基本内容.

三、基本题型及解题方法

题型 1　计算无穷区间上的广义积分.

解题方法:先用极限的方法将广义积分转化为常义积分,解出常义积分后,再通过求极限,得到广义积分的结果. 或先忽略无穷限问题按常义积分求其原函数,在代入上下求值时,再将无穷限处求函数值变为求极限值.

例 1　计算广义积分$\int_{\frac{2}{\pi}}^{+\infty}\frac{1}{x^2}\sin\frac{1}{x}\mathrm{d}x$.

解　原式 $=\lim\limits_{b\to+\infty}\int_{\frac{2}{\pi}}^b\frac{1}{x^2}\sin\frac{1}{x}\mathrm{d}x=-\lim\limits_{b\to+\infty}\int_{\frac{2}{\pi}}^b\sin\frac{1}{x}\mathrm{d}\left(\frac{1}{x}\right)$

$$=\lim_{b\to+\infty}\left(\cos\frac{1}{x}\right)\Bigg|_{\frac{2}{\pi}}^b=\lim_{b\to+\infty}\left(\cos\frac{1}{b}-\cos\frac{\pi}{2}\right)=1.$$

或

$$原式=-\int_{\frac{2}{\pi}}^{+\infty}\sin\frac{1}{x}\mathrm{d}\frac{1}{x}=\cos\frac{1}{x}\bigg|_{\frac{2}{\pi}}^{+\infty}=\lim_{x\to+\infty}\cos\frac{1}{x}-\cos\frac{\pi}{2}=1.$$

题型 2　计算无界函数的广义积分(瑕积分).

解题方法:对积分区间内有瑕点的积分,要特别注意找出瑕点,再将广义积分转化为常义积分,解出常义积分后,再通过求极限,得到广义积分的结果.

例 2　计算广义积分 $\int_0^1\frac{1}{\sqrt{1-x}}\mathrm{d}x$ 的暇点.

解:因为 $\lim\limits_{x\to1^-}\frac{1}{\sqrt{1-x}}=+\infty$, $\lim\limits_{x\to0^+}\frac{1}{\sqrt{1-x}}=1$,

所以 $x=1$ 为瑕点.

于是

$$\begin{aligned}\int_0^1\frac{1}{\sqrt{1-x}}\mathrm{d}x&=\lim_{\varepsilon\to0^+}\int_0^{1-\varepsilon}\frac{1}{\sqrt{1-x}}\mathrm{d}x\\&=\lim_{\varepsilon\to0^+}\left[-\int_0^{1-\varepsilon}(1-x)^{-\frac{1}{2}}\mathrm{d}(1-x)\right]\\&=\lim_{\varepsilon\to0^+}\left[-2(1-x)^{\frac{1}{2}}\bigg|_0^{1-\varepsilon}\right]=\lim_{\varepsilon\to0^+}(-2\sqrt{\varepsilon}+2)=2.\end{aligned}$$

题型 3　广义积分敛散性判定.

解题方法:先进行广义积分计算,最终极限部分极限值存在,则收敛,若极限不存在,则发散.

例 3　判断广义积分 $\int_0^2\frac{\mathrm{d}x}{x^2-4x+3}$ 的敛散性.

解:因为 $\frac{1}{x^2-4x+3}=\frac{1}{(x-1)(x-3)}$,所以在区间 $[0,2]$ 内 $x=1$ 为瑕点.

于是

$$\int_0^2\frac{\mathrm{d}x}{x^2-4x+3}=\int_0^1\frac{\mathrm{d}x}{x^2-4x+3}+\int_1^2\frac{\mathrm{d}x}{x^2-4x+3},$$

其中

$$\begin{aligned}\int_0^1\frac{\mathrm{d}x}{x^2-4x+3}&=\lim_{\varepsilon\to0^+}\int_0^{1-\varepsilon}\frac{\mathrm{d}x}{x^2-4x+3}=\lim_{\varepsilon\to0^+}\int_0^{1-\varepsilon}\frac{1}{2}\left(\frac{1}{x-3}-\frac{1}{x-1}\right)\mathrm{d}x\\&=\frac{1}{2}\lim_{\varepsilon\to0^+}[\ln|x-3|-\ln|x-1|]\bigg|_0^{1-\varepsilon}=\frac{1}{2}\lim_{\varepsilon\to0^+}\ln\left|\frac{x-3}{x-1}\right|\bigg|_0^{1-\varepsilon}\\&=\frac{1}{2}\left(\lim_{\varepsilon\to0^+}\ln\left|\frac{1-\varepsilon-3}{1-\varepsilon-1}\right|-\ln3\right)=\frac{1}{2}\lim_{\varepsilon\to0^+}\ln\frac{2+\varepsilon}{\varepsilon}-\frac{1}{2}\ln3=+\infty.\end{aligned}$$

故题设广义积分发散.

同步练习 3.6

计算题

1. $\int_1^{+\infty}\frac{\mathrm{d}x}{x^3}$.

2. $\int_1^{+\infty}\frac{\mathrm{d}x}{\sqrt{x}}$.

3. $\int_0^{+\infty}\mathrm{e}^{-ax}\mathrm{d}x\,(a>0)$.

4. $\int_{-\infty}^{+\infty}\frac{\mathrm{d}x}{x^2+4x+5}$.

5. $\int_{e}^{+\infty}\frac{\ln x}{x}\mathrm{d}x$.　　　　6. $\int_{1}^{+\infty}\frac{\mathrm{d}x}{x(x^2+1)}$.

3.7 积分的应用

一、基本内容

1. 元素法计算实际问题的条件

一般地，若某一实际问题中的所求量 U 符合下列条件：

(1) U 是与一个变量 x 的变化区间 $[a,b]$ 有关的量；

(2) U 对于区间 $[a,b]$ 具有可加性，即若把区间 $[a,b]$ 分成许多部分区间，则 U 相应地分成许多部分量 ΔU_i，而 U 等于所有部分量之和；

(3)部分量 ΔU_i 的近似值可表示为 $f(\xi_i)\Delta x_i$，则就可考虑用定积分来表达这个量.

2. 元素法计算实际问题的主要步骤

通常把所求量 U（总量）表示为定积分的方法（即元素法）的主要步骤如下：

(1)由分割写出元素　根据具体问题，选取一个积分变量，例如 x 为积分变量，并确定它的变化区间 $[a,b]$，任取 $[a,b]$ 的一个子区间 $[x,x+\mathrm{d}x]$，求出相应于这个子区间上部分量 ΔU 的近似值，即求出所求总量 U 的元素

$$\mathrm{d}U=f(x)\mathrm{d}x;$$

(2)由元素写出积分　根据 $\mathrm{d}U=f(x)\mathrm{d}x$ 写出表示总量 U 的定积分

$$U=\int_a^b \mathrm{d}U=\int_a^b f(x)\mathrm{d}x.$$

3. 直角坐标系中计算面积的公式：

(1)由曲线 $y=f(x)$，$y=g(x)$ 及直线 $x=a$，$x=b(a<b)$ 所围成的平面图形的面积为

$$A=\int_a^b |f(x)-g(x)|\mathrm{d}x.$$

(2)由曲线 $x=\varphi(y)$，$x=\psi(y)$ 及直线 $y=c$，$y=d(c<d)$ 所围成的平面图形的面积为

$$A=\int_c^d |\varphi(y)-\psi(y)|\mathrm{d}y.$$

4. 曲线由参数方程表示时计算面积的公式：

设曲线 L：$\begin{cases}x=x(t)\\y=y(t)\end{cases}$，$\alpha\leqslant t\leqslant\beta$，且 $x(\alpha)=a$，$x(\beta)=b$，$x(t)$ 在 $[\alpha,\beta]$ 上具有连续导数，$y(t)$ 连续. 则由曲线 L 与直线 $x=a$，$x=b(a<b)$ 及 x 轴所围成的曲边梯形的面积为

$$A=\int_a^b |y|\mathrm{d}x=\int_\alpha^\beta |y(t)x'(t)|\mathrm{d}t.$$

*5. 极坐标系中计算面积的公式：

(1)由曲线 $r=r(\theta)$ 及射线 $\theta=\alpha$，$\theta=\beta(\alpha<\beta)$ 所围成的曲边扇形的面积为

$$A=\frac{1}{2}\int_\alpha^\beta r^2(\theta)\mathrm{d}\theta.$$

(2)由曲线 $r=r_1(\theta)$，$r=r_2(\theta)$ 及射线 $\theta=\alpha$，$\theta=\beta(\alpha<\beta)$ 所围成的平面图形的面积为

$$A=\frac{1}{2}\int_\alpha^\beta |r_2^2(\theta)-r_1^2(\theta)|\mathrm{d}\theta.$$

6. 旋转体的体积公式：

(1)由曲线 $y=f(x)$、直线 $x=a$、$x=b(a<b)$ 及 x 轴所围成的曲边梯形绕 x 轴和绕 y 轴旋

转一周而成的旋转体的体积分别为

$$V_x=\pi\int_a^b[f(x)]^2\mathrm{d}x\text{(切片法)}\quad\text{及}\quad V_y=2\pi\int_a^b xy\mathrm{d}x=2\pi\int_a^b xf(x)\mathrm{d}x\text{(薄壳法)}.$$

(2)由曲线 $x=\varphi(x)$、直线 $y=c$、$y=d(c<d)$及 y 轴所围成的曲边梯形绕 y 轴和绕 x 轴旋转一周而成的旋转体的体积分别为

$$V_y=\pi\int_c^d[\varphi(y)]^2\mathrm{d}y\text{(切片法)}\quad\text{及}\quad V_x=2\pi\int_c^d y\varphi(y)\mathrm{d}y\text{(薄壳法)}.$$

*7. 平行截面面积为已知的立体的体积公式：

由曲面及平面 $x=a,x=b(a<b)$所围成，且过点 x 而垂直于 x 轴的截面面积为 $A(x)$的立体体积为 $V=\int_a^b A(x)\mathrm{d}x$.

二、学习要求

1. 了解定积分元素法的基本内容.
2. 掌握在直角坐标系中用定积分表达和计算平面图形的面积.
3. 理解曲线用参数方程表示时用定积分表达和计算平面图形的面积.
4. 了解在极坐标系中用定积分表达和计算平面图形的面积.
5. 掌握用定积分表达和计算旋转体的体积.
6. 了解用定积分表达和计算平行截面面积为已知的立体的体积.

三、基本题型及解题方法

题型 1　直角坐标系中平面图形的面积.

解题方法：一般应先求出曲线与坐标轴或曲线与曲线之间的交点，据此作出平面图形的草图，然后根据图形特征，选择相应的积分变量并确定其积分区间，最后写出面积的积分表达式进行计算.

例 1　计算由曲线 $y=x^3-6x$ 和 $y=x^2$ 所围成的图形的面积.

解：因为曲线 $y=x^3-6x=x(x-\sqrt{6})(x+\sqrt{6})$的零点为 $x_1=-\sqrt{6},x_2=0,x_3=\sqrt{6}$，且其与曲线 $y=x^2$ 的交点为$(-2,4)$，$(0,0)$及$(3,9)$，据此作出题设图形的草图(见图 3-4). 则所求面积为

$$\begin{aligned}A&=\int_{-2}^0(x^3-6x-x^2)\mathrm{d}x+\int_0^3(x^2-x^3+6x)\mathrm{d}x\\&=\left(\frac{1}{4}x^4-3x^2-\frac{1}{3}x^3\right)\Big|_{-2}^0+\left(\frac{1}{3}x^3-\frac{1}{4}x^4+3x^2\right)\Big|_0^3\\&=21\frac{1}{12}.\end{aligned}$$

例 2　已知曲线 $x=ky^2(k>0)$与直线 $y=-x$ 所围图形的面积为$\frac{9}{48}$，试求 k 的值.

解：曲线 $x=ky^2$ 与 $y=-x$ 的交点为$(0,0)$和$\left(\frac{1}{k},-\frac{1}{k}\right)$，作出题设平面图形的草图(见图 3-5)，则

$$\frac{9}{48}=\int_0^{\frac{1}{k}}\left(-x+\sqrt{\frac{x}{k}}\right)\mathrm{d}x=\left(-\frac{1}{2}x^2+\frac{2}{3\sqrt{k}}x^{\frac{3}{2}}\right)\Big|_0^{\frac{1}{k}}=\frac{1}{6k^2}$$

故

$$k=\frac{2\sqrt{2}}{3}.$$

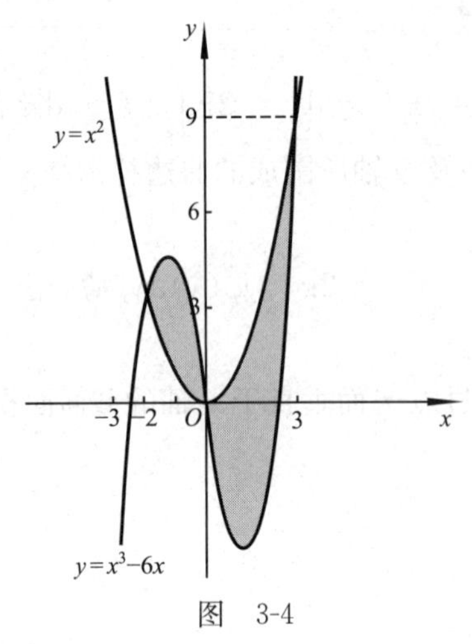

图 3-4

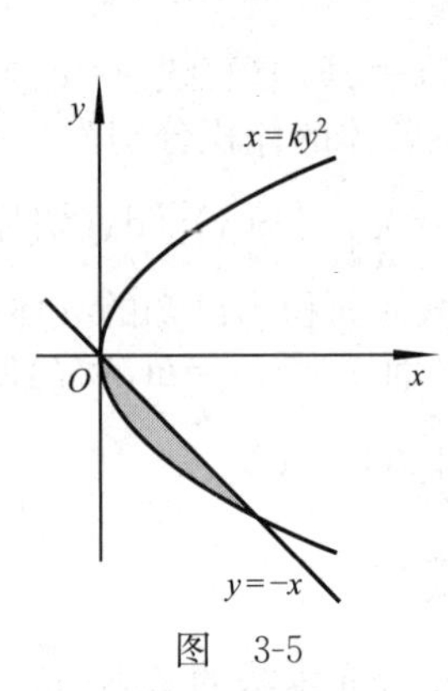

图 3-5

例 3 选择:已知 $y=x^2$ 与它在 $x=a(a>0)$ 处的切线及 y 轴所围成的平面图形的面积为 a,则 $a=($ $)$.

A. $\sqrt{3}$ B. $\dfrac{\sqrt{3}}{3}$ C. $\sqrt{2}$ D. $\dfrac{\sqrt{2}}{2}$

解:由 $y'=2x, y'|_{x=a}=2a$ 知 $y=x^2$ 在 $x=a$ 处的切线方程为

$$y-a^2=2a(x-a) \quad 即 \quad y=2ax-a^2$$

该切线的横截距为 $x=\dfrac{a}{2}$. 作出题设平面图形的草图(见图 3-6),由题设有

$$a=\int_0^a (x^2-2ax+a^2)\mathrm{d}x=\left(\frac{1}{3}x^3-ax^2+a^2x\right)\Big|_0^a=\frac{1}{3}a^3$$

解得 $a=\sqrt{3}$,故应选择 A.

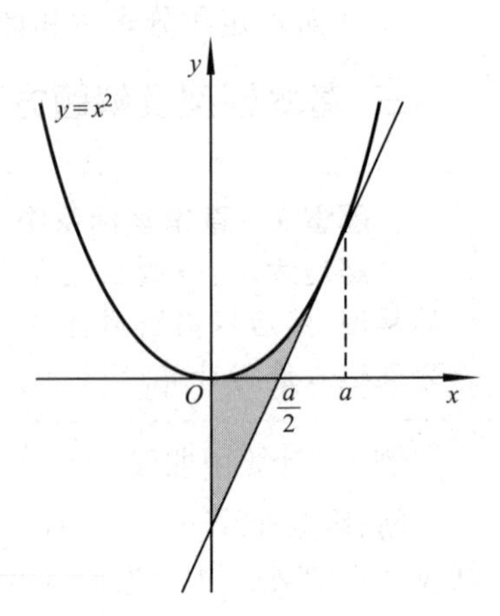

图 3-6

例 4 选择:下列求由曲线 $y^2=x, y=x, y=\sqrt{3}$ 所围成的平面图形的面积 A 的算式中( )是错误的.

A. $A=\int_0^1 (y-y^2)\mathrm{d}y+\int_1^{\sqrt{3}} (y^2-y)\mathrm{d}y$

B. $A=\int_1^{\sqrt{3}} (x-\sqrt{x})\mathrm{d}x+\int_{\sqrt{3}}^3 (\sqrt{3}-\sqrt{x})\mathrm{d}x$

C. $A=\int_1^3 (\sqrt{3}-\sqrt{x})\mathrm{d}x-\dfrac{1}{2}(\sqrt{3}-1)^2$

D. $A=\int_1^{\sqrt{3}} (y^2-y)\mathrm{d}y$

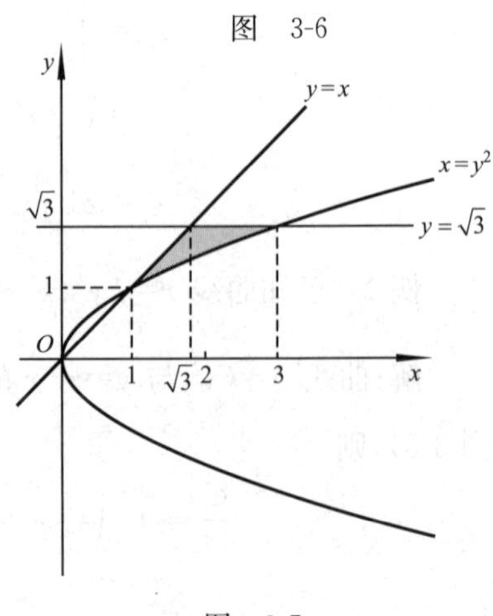

图 3-7

解:作出题设图形的草图(见图 3-7),易知三曲线交点分别为 $(1,1),(\sqrt{3},\sqrt{3})$ 及 $(3,\sqrt{3})$. 若取 x 为积分变量,则

$$A=\int_1^{\sqrt{3}} (x-\sqrt{x})\mathrm{d}x+\int_{\sqrt{3}}^3 (\sqrt{3}-\sqrt{x})\mathrm{d}x$$

或　　$A=\int_1^3(\sqrt{3}-\sqrt{x})\mathrm{d}x-\int_1^{\sqrt{3}}(\sqrt{3}-x)\mathrm{d}x=\int_1^3(\sqrt{3}-\sqrt{x})\mathrm{d}x-\frac{1}{2}(\sqrt{3}-1)^2$

若取 y 为积分变量,则 $A=\int_1^{\sqrt{3}}(y^2-y)\mathrm{d}y$. 因此应选择 A.

题型 2　旋转体的体积.

解题方法:由曲线 $y=f(x)$、直线 $x=a$、$x=b(a<b)$ 及 x 轴所围成的曲边梯形无论是绕 x 轴还是绕 y 轴旋转而成的旋转体,求其体积时均取 x 为积分变量,用切片法求 V_x,用薄壳法求 V_y;由曲线 $x=\varphi(x)$、直线 $y=c$、$y=d(c<d)$ 及 y 轴所围成的曲边梯形无论是绕 x 轴还是绕 y 轴旋转而成的旋转体,求其体积时均取 y 为积分变量,用薄壳法求 V_x,用切片法求 V_y.

例 5　求由曲线 $x^2+(y-5)^2=16$ 所围成的图形分别绕 x 轴和 y 轴旋转而成的旋转体的体积.

解:作出草图(见图 3-8),该曲线与 y 轴相交于 $y_1=1,y_2=9$. 由图形的对称性,若用薄壳法求绕 x 轴旋转而成的旋转体的体积,则有

$$V_x=2\cdot 2\pi\int_1^9 yx\mathrm{d}y=4\pi\int_1^9 y\sqrt{16-(y-5)^2}\mathrm{d}y.$$

令 $y-5=4\sin t$,则 $\sqrt{16-(y-5)^2}=4\cos t$, $\mathrm{d}y=4\cos t\mathrm{d}t$,且当 $y=1$ 时, $t=-\frac{\pi}{2}$,当 $y=9$ 时, $t=\frac{\pi}{2}$,因此

$$\begin{aligned}V_x&=4\pi\int_{-\pi/2}^{\pi/2}(4\sin t+5)\cdot 4\cos t\cdot 4\cos t\mathrm{d}t\\&=64\pi\int_{-\pi/2}^{\pi/2}(4\sin t\cos^2 t+5\cos^2 t)\mathrm{d}t\\&=640\pi\int_0^{\pi/2}\cos^2 t\mathrm{d}t=640\pi\cdot\frac{1}{2}\cdot\frac{\pi}{2}=160\pi^2.\end{aligned}$$

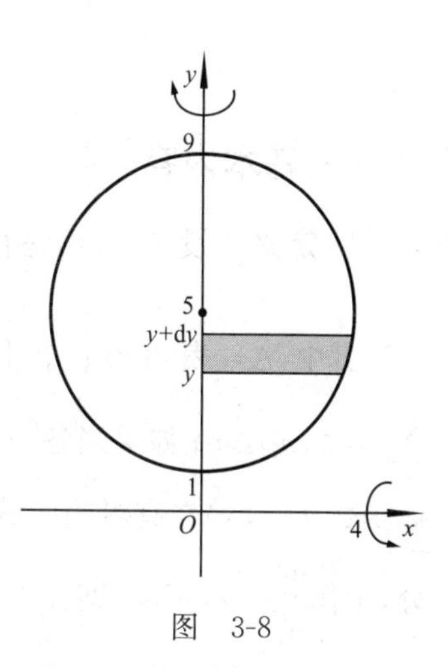

图　3-8

同步练习 3.7

(一)填空题

1. 曲线 $y=1-x^2$ 与 x 轴围成的图形面积为________.
2. 曲线 $y=\frac{1}{x}$ 与直线 $y=x$, $x=2$ 围成图形的面积为________.
3. 曲线 $y=\frac{1}{x}$ 及直线 $y=x$, $y=3$ 所围平面图形的面积为________.
4. 曲线 $y=x^n(x>0,n>0)$ 与直线 $y=1$ 及 y 轴所围的平面图形的面积为________.
5. 曲线 $y=x^2$ 与 $x=y^2$ 所围图形绕 x 轴旋转所得的旋转体的体积为________.

(二)解答题

1. 求曲线 $y=\sqrt{x-1}$ 与其在点(2,1)处的切线及 x 轴所围图形的面积.

2. 在曲线 $y=x^2(x\geqslant 0)$ 上某点 A 处作一切线,使之与曲线以及 x 轴所围图形的面积为 $\frac{1}{12}$,求过切点 A 的切线方程.

3. 求由抛物线 $y=x^2$ 与直线 $y=x$, $y=3x$ 所围成的平面图形的面积.

4. 求由曲线 $y=\sin x(0\leqslant x\leqslant \pi)$ 及 $y=\frac{1}{2}$, $y=0$ 所围成的平面图形的面积.

5. 求由曲线 $x=1-y^2$ 及 $y=x+1$ 所围成的平面图形的面积.

6. 求抛物线 $y=x^2$ 与其在点(1,1)处的切线及 x 轴所围图形绕 x 轴旋转所得的旋转体的体积 V_x.

7. 求抛物线 $y=x^2$ 与直线 $y=2x$ 所围图形分别绕 x 轴和 y 轴旋转所得的旋转体的体积.

8. 求椭圆 $\frac{x^2}{4}+\frac{y^2}{9}=1$ 分别绕 x, y 轴旋转一周生成的旋转体的体积.

*3.8 二重积分

一、基本内容

1. **定义** 设 $f(x,y)$ 是有界闭区域 D 上的有界函数,将闭区域 D 任意分成 n 个小闭区域

$$\Delta\sigma_1, \Delta\sigma_2, \cdots, \Delta\sigma_n,$$

其中,$\Delta\sigma_i$ 表示第 i 个小区域,也表示它的面积,在每个 $\Delta\sigma_i$ 上任取一点 (ξ_i, η_i),作和 $\sum\limits_{i=1}^{n} f(\xi_i, \eta_i)\Delta\sigma_i$;如果当各小闭区域的直径中的最大值 λ 趋于零时,这个和式的极限总存在,则称函数 $f(x,y)$ 在有界闭区域 D 上**可积**,并称此极限为函数 $f(x,y)$ 在闭区域 D 上的**二重积分**,记作 $\iint\limits_D f(x,y)\mathrm{d}\sigma$,即:$\iint\limits_D f(x,y)\mathrm{d}\sigma = \lim\limits_{\lambda\to 0}\sum\limits_{i=1}^{n} f(\xi_i, \eta_i)\Delta\sigma_i$

2. 二重积分的几何意义

(1)如果 $f(x,y)\geqslant 0$,被积函数 $f(x,y)$ 可解释为曲顶柱体在点 (x,y) 处的竖坐标,所以二重积分 $\iint\limits_D f(x,y)\mathrm{d}\sigma$ 的几何意义就是曲顶柱体的体积;

(2)如果 $f(x,y)$ 是负的,曲顶柱体就在 xOy 面的下方,二重积分 $\iint\limits_D f(x,y)\mathrm{d}\sigma$ 的绝对值仍等于曲顶柱体的体积,但二重积分的值是负的;

(3) 如果 $f(x,y)$ 在 D 的某些部分区域上是正的,而在其他部分区域上是负的,则二重积分 $\iint\limits_D f(x,y)\mathrm{d}\sigma$ 的值就等于在 xOy 面上方的曲顶柱体体积的值与在 xOy 面下方的曲顶柱体体积极值相反数的和.

二、学习要求

1. 理解二重积分的概念,掌握其解法.
2. 理解二重积分的几何意义.

三、基本题型及解题方法

题型 1　化二重积分为二次积分.

解题方法：根据积分区域的形状准确定限，再按先定限后积分得原则写出二次积分.

例 1　化二重积分$\iint\limits_D f(x,y)\mathrm{d}x\mathrm{d}y$为二次积分(写出两种积分次序)，其中$D$是由$x$轴，$y=\ln x$及$x=\mathrm{e}$围成的区域.

解：如图 3-9 所示，先对x积分，后对y积分，则积分区域D可写成$D=\{(x,y)\mid 0\leqslant y\leqslant 1,\mathrm{e}^y\leqslant x\leqslant \mathrm{e}\}$，

所以
$$\iint\limits_D f(x,y)\mathrm{d}x\mathrm{d}y=\int_0^1\mathrm{d}y\int_{\mathrm{e}^y}^{\mathrm{e}}f(x,y)\mathrm{d}x.$$

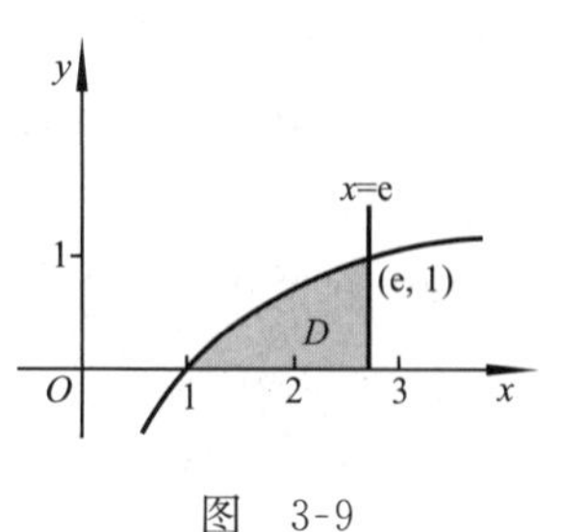

图　3-9

先对y积分，后对x积分，则积分区域D可写成$D=\{(x,y)\mid 1\leqslant x\leqslant \mathrm{e},0\leqslant y\leqslant \ln x\}$，

所以
$$\iint\limits_D f(x,y)\mathrm{d}x\mathrm{d}y=\int_1^{\mathrm{e}}\mathrm{d}x\int_0^{\ln x}f(x,y)\mathrm{d}y.$$

题型 2　交换二次积分的次序.

解题方法：先由给定二次积分确定积分区域形状及边界曲线，然后改变定限顺序，重新定限，最后按新的积分限写出二次积分即可.

例 2　求证：$\int_0^1\mathrm{d}y\int_0^{\sqrt{y}}\mathrm{e}^y f(x)\mathrm{d}x=\int_0^1(\mathrm{e}-\mathrm{e}^{x^2})f(x)\mathrm{d}x$ (提示：交换积分次序)

证明：由左式二次积分可知，积分区域$D=\{(x,y)\mid 0\leqslant y\leqslant 1,0\leqslant x\leqslant\sqrt{y}\}$，

重新定限
$$D=\{(x,y)\mid 0\leqslant x\leqslant 1,x^2\leqslant y\leqslant 1\},$$

交换积分次序
$$\int_0^1\mathrm{d}y\int_0^{\sqrt{y}}\mathrm{e}^y f(x)\mathrm{d}x=\int_0^1\mathrm{d}x\int_{x^2}^1\mathrm{e}^y f(x)\mathrm{d}y=\int_0^1 f(x)\left(\mathrm{e}^y\Big|_{x^2}^{1}\right)\mathrm{d}x$$
$$=\int_0^1(\mathrm{e}-\mathrm{e}^{x^2})f(x)\mathrm{d}x.$$

原式得证.

题型 3　二重积分的计算.

解题方法：一般计算步骤如下：

(1)画出积分区域D的图形，有时需求出图中有关曲线交点的坐标.

(2)将二重积分化为累次积分(二次积分).

(3)计算累次积分的值，对x积分时y看作常量，对y积分时x看作常量.

例 3　$I=\iint\limits_D(x+6y)\mathrm{d}\sigma$的值，其中$D$是由$y=x$，$y=5x$，$x=1$所围成的区域.

解:区域 D 的图形如图 3-10 所示,

$$D=\{(x,y)\mid 0\leqslant x\leqslant 1, x\leqslant y\leqslant 5x\},$$

于是
$$I=\iint_D (x+6y)\mathrm{d}\sigma=\int_0^1 \mathrm{d}x\int_x^{5x}(x+6y)\mathrm{d}y$$
$$=\int_0^1 (xy+3y^2)\Big|_x^{5x}\mathrm{d}x=\int_0^1 76x^2\mathrm{d}x=\frac{76}{3}.$$

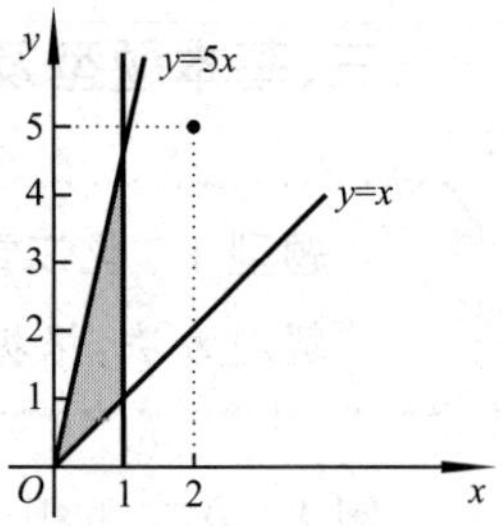

图 3-10

同步练习 3.8

1. 利用二重积分证明 $\iint_D \mathrm{d}\sigma=\sigma$ (σ 为区域 D 的面积).

2. 利用二重积分定义证明 $\iint_D kf(x,y)\mathrm{d}\sigma=k\iint_D f(x,y)\mathrm{d}\sigma$ 其中 k 为常数.

3. 估计 $\iint_D xy(x+y)\mathrm{d}\sigma$,其中 D 是矩形闭区域:$0\leqslant x\leqslant 1, 0\leqslant y\leqslant 1$.

3.9 微分方程初步

一、基本内容

1. 微分方程的相关概念:微分方程,微分方程的阶,微分方程的解,通解,特解,初始条件,初值问题,积分曲线.

2. 可分离变量的微分方程:若一阶微分方程能写成 $\frac{\mathrm{d}y}{\mathrm{d}x}=f(x)g(y)$ 的形式,就称该方程为**可分离变量的微分方程**.

3. 齐次方程:若一阶微分方程能写成 $\frac{\mathrm{d}y}{\mathrm{d}x}=\varphi\left(\frac{y}{x}\right)$ 的形式,就称该方程为**齐次方程**.

4. 一阶线性齐次方程:$\frac{\mathrm{d}y}{\mathrm{d}x}+P(x)y=0$,通解公式为 $y=C\mathrm{e}^{-\int P(x)\mathrm{d}x}$.

5. 一阶线性非齐次方程:$\frac{\mathrm{d}y}{\mathrm{d}x}+P(x)y=Q(x)$,通解公式为

$$y=\left(\int Q(x)\mathrm{e}^{\int P(x)\mathrm{d}x}\mathrm{d}x+C\right)\mathrm{e}^{-\int P(x)\mathrm{d}x}.$$

6. $y^{(n)}=f(x)$ 型微分方程的解法.
7. $y''=f(x,y')$ 型微分方程的解法.
8. $y''=f(y,y')$ 型微分方程的解法.

二、学习要求

1. 了解微分方程的相关概念.

2. 理解可分离变量的微分方程的概念，掌握其解法.

3. 理解齐次方程的概念，掌握其解法.

4. 了解一阶线性微分方程、线性齐次方程及线性非齐次方程的概念.

5. 了解用常数变易法求线性非齐次方程的通解.

6. 掌握用通解公式求线性非齐次方程的通解.

7. 掌握 $y^{(n)}=f(x)$ 型、$y''=f(x,y')$ 型及 $y''=f(y,y')$ 型微分方程的解法.

三、基本题型及解题方法

题型 1　判断所给方程的阶数.

解题方法：根据微分方程阶的概念.

例 1　指出下列微分方程的阶数：

(1)$x(y')^2-2yy'+x=0$；　　(2)$\frac{\mathrm{d}^2x}{\mathrm{d}t^2}+x=2$.

解：(1)由于方程中所含的未知函数 y 的最高阶导数是 y'(一阶导数)，故此微分方程是一阶微分方程.

(2)由于方程中所含的未知函数 x 的最高阶导数是$\frac{\mathrm{d}^2x}{\mathrm{d}t^2}$(二阶导数)，故此微分方程是二阶微分方程.

题型 2　验证函数是否是微分方程的解.

解题方法：按微分方程的阶数求出函数的各阶导数，代入方程，验证是否恒等. 若要求验证是否是通解，须再看函数式中所含的独立的任意常数的个数是否与方程的阶数相同.

例 2　验证函数 $x=C_1\cos kt+C_2\sin kt$ 是微分方程

$$\frac{\mathrm{d}^2x}{\mathrm{d}t^2}+k^2x=0$$

的解，并求满足初始条件 $x|_{t=0}=A$，$\left.\frac{\mathrm{d}x}{\mathrm{d}t}\right|_{t=0}=0$ 的特解.

解：求出所给函数的一、二阶导数

$$\frac{\mathrm{d}x}{\mathrm{d}t}=-kC_1\sin kt+kC_2\cos kt,\frac{\mathrm{d}^2x}{\mathrm{d}t^2}=-k^2(C_1\cos kt+C_2\sin kt),$$

将$\frac{\mathrm{d}^2x}{\mathrm{d}t^2}$及 x 的表达式代入所给微分方程，得

$$-k^2(C_1\cos kt+C_2\sin kt)+k^2(C_1\cos kt+C_2\sin kt)\equiv 0,$$

因此函数 $x=C_1\cos kt+C_2\sin kt$ 是微分方程$\frac{\mathrm{d}^2x}{\mathrm{d}t^2}+k^2x=0$ 的解.

将条件 $x|_{t=0}=A$　代入 $x=C_1\cos kt+C_2\sin kt$，得 $C_1=A$，将条件$\left.\frac{\mathrm{d}x}{\mathrm{d}t}\right|_{t=0}=0$ 及 $C_1=A$ 代

入$\frac{dx}{dt}=-kC_1\sin kt+kC_2\cos kt$，得$C_2=0$，因此所求的特解为$x=A\cos kt$.

题型3　求已知函数族所满足的微分方程

解题方法：有n个独立任意常数的函数族，能产生一个不含任意常数的n阶微分方程. 因此要求已知函数族所满足的微分方程，只需根据函数族中独立的任意常数的个数，对函数族求相应阶数的导数，然后从由已知函数族及其各阶导数联立的方程组中消去任意常数即可.

例3　求下列函数族所满足的微分方程：

(1) $y=\cos(x+C)$；　　　　(2) $y=C_1x+C_2x^2$.

解：(1)由已知得$y'=-\sin(x+C)$，因为$\sin^2(x+C)+\cos^2(x+C)=1$，故所求微分方程为$y^2+(y')^2=1$.

(2)由已知得$y'=C_1+2C_2x$，$y''=2C_2$，因此$C_2=\frac{1}{2}y''$，$C_1=y'-xy''$，代入已知函数族得

$$y=(y'-xy'')x+\frac{1}{2}y''x^2,\quad 即\quad \frac{1}{2}x^2y''-xy'+y=0.$$

题型4　求解可分离变量的微分方程

解题方法：先分离变量，然后两端积分，就可得此类方程的通解，代入初始条件便可得特解.

例4　求微分方程$(e^{x+y}-e^x)dx+(e^{x+y}+e^y)dy=0$的通解.

解：原方程可化为
$$e^x(e^y-1)dx+e^y(e^x+1)dy=0,$$
分离变量，得
$$\frac{e^y}{e^y-1}dy=-\frac{e^x}{e^x+1}dx,$$
两边积分，得
$$\ln(e^y-1)=-\ln(e^x+1)+\ln C,$$
即
$$(e^y-1)(e^x+1)=C,$$
其中C为任意常数，此为原方程的通解.

题型5　求解齐次方程

解题方法：先将方程化为$\frac{dy}{dx}=\varphi\left(\frac{y}{x}\right)$的形式，然后令$\frac{y}{x}=u$，就可将原方程化为可分离变量的微分方程，从而求出关于函数u通解，最后以$\frac{y}{x}$代替u，便可得原齐次方程的通解.

例5　求微分方程$xy'-x\sin\frac{y}{x}-y=0$满足初始条件$y|_{x=1}=\frac{\pi}{2}$的特解.

解：将原方程化为
$$y'-\sin\frac{y}{x}-\frac{y}{x}=0.$$
令$\frac{y}{x}=u$，则$y=xu$，$y'=u+x\frac{du}{dx}$，因此有

$$u+x\frac{\mathrm{d}u}{\mathrm{d}x}-\sin u-u=0,\text{即 } x\frac{\mathrm{d}u}{\mathrm{d}x}=\sin u.$$

对上式分离变量,得 $$\frac{\mathrm{d}u}{\sin u}=\frac{\mathrm{d}x}{x},$$

两边积分,得 $$\ln(\csc u-\cot u)=\ln x+\ln C,$$

即 $1-\cos u=Cx\sin u$,将 $u=\frac{y}{x}$代入,得原方程的通解为

$$1-\cos\frac{y}{x}=Cx\sin\frac{y}{x}.$$

代入初始条件 $y|_{x=1}=\frac{\pi}{2}$,得 $C=1$,故所求的特解为

$$1-\cos\frac{y}{x}=x\sin\frac{y}{x}.$$

例 6　求微分方程 $(1+2e^{x/y})\mathrm{d}x+2e^{x/y}\left(1-\frac{x}{y}\right)\mathrm{d}y=0$ 的通解.

解:设$\frac{x}{y}=u$,则 $x=yu$,$\mathrm{d}x=u\mathrm{d}y+y\mathrm{d}u$,从而原方程化为

$$(1+2e^{u})(u\mathrm{d}y+y\mathrm{d}u)+2e^{u}(1-u)\mathrm{d}y=0,$$

即 $$(1+2e^{u})y\mathrm{d}u=-(u+2e^{u})\mathrm{d}y.$$

对上式分离变量,得 $$\frac{1+2e^{u}}{u+2e^{u}}\mathrm{d}u=-\frac{1}{y}\mathrm{d}y,$$

两边积分,得 $$\ln(u+2e^{u})=-\ln y+\ln C,$$

即 $u+2e^{u}=\frac{C}{y}$,将 $u=\frac{x}{y}$代入并整理,得

$$x+2ye^{x/y}=C.$$

题型 6　求解一阶线性齐次方程

解题方法:一阶线性齐次方程是可分离变量的微分方程,可用分离变量法求解,也可用教材中已经推导出的通解公式求解.

例 7　求微分方程 $x\cos y\cdot y'=1$ 的通解.

解:(解法一)将原方程分离变量,得

$$\cos y\mathrm{d}y=\frac{\mathrm{d}x}{x},$$

对两边积分,得 $\sin y+C=\ln|x|$,即 $x=\pm e^{C}\cdot e^{\sin y}=Ce^{\sin y}$(其中 C 为任意常数)为原方程的通解.

(解法二)原方程可化为以 $x=x(y)$为未知函数的一阶线性齐次方程:$\frac{\mathrm{d}x}{\mathrm{d}y}-(\cos y)x=0$,且其中 $P(y)=-\cos y$,代入一阶线性齐次方程的通解公式,得

$$x=Ce^{-\int P(y)\mathrm{d}y}=Ce^{\int\cos y\mathrm{d}y}=Ce^{\sin y},$$

即原方程的通解为 $x=Ce^{\sin y}$.

题型 7　求解一阶线性非齐次方程.

解题方法：可用常数变易法求解，也可用教材中已经推导出的通解公式求解.

例 8　求下列微分方程的通解：

(1) $y'+y\cos x=e^{-\sin x}$；　　(2) $(xy-x-y)dy-y^2dx=0$.

解：(1)（解一）常数变易法

由通解公式，可得原方程对应齐次方程 $y'+y\cos x=0$ 的通解为

$$y=Ce^{-\int\cos x dx}=Ce^{-\sin x}.$$

设原方程的通解为 $y=C(x)e^{-\sin x}$，则 $y'=C'(x)e^{-\sin x}-C(x)e^{-\sin x}\cos x$，代入原方程，得

$$C'(x)e^{-\sin x}-C(x)e^{-\sin x}\cos x+C(x)e^{-\sin x}\cos x=e^{-\sin x},$$

即 $C'(x)=1$，故 $C(x)=x+C_1$，因此原方程的通解为

$$y=(x+C_1)e^{-\sin x}.$$

（解二）原方程是以 $y=y(x)$ 为未知函数的一阶线性非齐次方程，且其中 $P(x)=\cos x$，$Q(x)=e^{-\sin x}$，由一阶线性非齐次方程的通解公式，得

$$\begin{aligned}y&=e^{-\int P(x)dx}\left(\int Q(x)e^{\int P(x)dx}dx+C\right)=e^{-\int\cos x dx}\left(\int e^{-\sin x}e^{\int\cos x dx}dx+C\right)\\&=e^{-\sin x}\left(\int e^{-\sin x}e^{\sin x}dx+C\right)=e^{-\sin x}(x+C),\end{aligned}$$

即原方程的通解为　$y=(x+C)e^{-\sin x}$.

(2) 由于原方程中含 y^2，故以 y 为未知函数时不是线性方程，但把 x 作为未知函数时是线性方程. 将原方程变形为 $\dfrac{dx}{dy}-\dfrac{y-1}{y^2}\cdot x=-\dfrac{1}{y}$，其中 $P(y)=-\dfrac{y-1}{y^2}$，$Q(y)=-\dfrac{1}{y}$，

由一阶线性非齐次方程的通解公式 $x=e^{-\int P(y)dy}\left(C+\int Q(y)e^{\int P(y)dy}dy\right)$ 及

$$\int P(y)dy=-\int\frac{y-1}{y^2}dy=-\ln y-\frac{1}{y},$$

$$\int Q(y)e^{\int P(y)dy}dy=-\int\frac{1}{y}\cdot e^{-\ln y-\frac{1}{y}}dy=-\int\frac{1}{y^2}e^{-\frac{1}{y}}dy=-e^{-\frac{1}{y}},$$

得原方程的通解为

$$x=e^{\ln y+\frac{1}{y}}\left(C-e^{-\frac{1}{y}}\right)=ye^{\frac{1}{y}}\left(C-e^{-\frac{1}{y}}\right)，即\ x=Cye^{\frac{1}{y}}-y.$$

题型 8　求解 $y^{(n)}=f(x)$ 型微分方程

解题方法：对原微分方程连续积分 n 次，每积分一次加一个常数.

例 9　求微分方程 $y'''=xe^x$ 的通解.

解：题设方程两边连续积分三次，得

$$y''=\int xe^x dx=\int x d(e^x)=xe^x-\int e^x dx=xe^x-e^x+C;$$

$$y'=\int(xe^x-e^x+C)dx=(xe^x-e^x+C_2)-e^x+Cx=xe^x-2e^x+Cx+C_2;$$

$$y=\int(xe^{x}-2e^{x}+Cx+C_2)\mathrm{d}x=(xe^{x}-e^{x}+C_3)-2e^{x}+\frac{C}{2}x^2+C_2x$$

$$=xe^{x}-3e^{x}+C_1x^2+C_2x+C_3\quad\left(C_1=\frac{C}{2}\right).$$

即所求的通解为 $\quad y=xe^{x}-3e^{x}+C_1x^2+C_2x+C_3.$

例 10　求微分方程 $y''=\sin x-\cos x$ 的满足条件 $y\left(\frac{\pi}{2}\right)=\pi,y'\left(\frac{\pi}{2}\right)=1$ 的特解.

解:方程两边同时积分,得

$$y'=-\cos x-\sin x+C_1,$$

将条件 $y'\left(\frac{\pi}{2}\right)=1$ 代入,得 $C_1=2$,即

$$y'=-\cos x-\sin x+2,$$

上式两边再积分,得

$$y'=-\sin x+\cos x+2x+C_2,$$

将条件 $y\left(\frac{\pi}{2}\right)=\pi$ 代入,得 $C_2=1$,故所求特解为

$$y'=-\sin x+\cos x+2x+1.$$

题型 9　求解 $y''=f(x,y')$ 型微分方程.

解题方法:此类方程中不显含 y,通常令 $y'=p(x)$,将原方程化为一阶微分方程求解.

例 11　求微分方程 $y''=1+(y')^2$ 的通解.

解:该方程为不显含 y 的二阶微分方程,可设 $y'=p(x)$,则 $y''=p'(x)$,于是,原方程化为

$$p'=1+p^2,$$

分离变量,得 $\frac{\mathrm{d}p}{1+p^2}=\mathrm{d}x$,两边积分,得 $\arctan p=x+C_1$,即

$$y'=p=\tan(x+C_1).$$

对上式两边再积分,得 $y=-\ln|\cos(x+C_1)|+C_2$,这就是原方程的通解.

例 12　求微分方程 $(1-x^2)y''-xy'=0$ 的满足条件 $y(0)=0,y'(0)=1$ 的特解.

解:该方程为不显含 y 的二阶微分方程,可设 $y'=p(x)$,则 $y''=p'(x)$,于是,原方程化为 $(1-x^2)\cdot p'-x\cdot p=0$,即

$$(1-x^2)p'=xp,$$

分离变量,得 $\frac{\mathrm{d}p}{p}=\frac{x}{1-x^2}\mathrm{d}x$,两边积分,得 $\ln p=-\frac{1}{2}\ln(1-x^2)+\ln C_1$,即

$$y'=p=\frac{C_1}{\sqrt{1-x^2}},$$

将条件 $y'(0)=1$ 代入得 $C_1=1$,即 $\quad y'=\frac{1}{\sqrt{1-x^2}},$

对两边再积分,得 $\quad y=\arcsin x+C_2,$

将条件 $y(0)=0$ 代入,得 $C_2=0$,故所求特解为 $y=\arcsin x$.

题型 10　求解 $y''=f(y,y')$ 型微分方程.

解题方法:此类方程中不显含 x,故求解时暂把 y 看作自变量,作变换 $y'=p(y)$,将原方程化为一阶微分方程求解.

例 13　求微分方程 $yy''-(y')^2=0$ 的通解.

解:该方程为不显含 x 的二阶微分方程,可设 $y'=p(y)$,则 $y''=p'p$,于是原方程化为 $yp'p-p^2=0$,当 $p\neq 0$ 时,有 $yp'=p$,

分离变量,得 $\frac{dp}{p}=\frac{dy}{y}$,两边积分,得 $\ln p=\ln y+\ln C_1$,即

$$y'=p=C_1y(\text{显然},p=0\text{ 是方程的解,且包含在该通解中})$$

上式两边分离变量,得 $\frac{dy}{y}=C_1dx$,两边再积分,得 $\ln y=C_1x+\ln C_2$,即

$$y=C_2e^{C_1x},$$

此为原方程的通解.

同步练习 3.9

(一)填空题

1. 一个微分方程,当其中的函数为一元时,称为__________,当其中的函数为多元时,称为__________.

2. $y''-y'-y=0$ 是__________阶微分方程,其通解含有独立任意常数的个数是__________.

3. 微分方程 $xy'+y=1$ 的通解为__________.

4. 方程 $y'=e^{x+y}$ 的通解为__________.

5. 方程 $y\ln x dx=x\ln y dy$ 满足 $y|_{x=1}=1$ 的特解为__________.

6. 微分方程 $yy'+xe^y=0$ 满足条件 $y(1)=0$ 的特解为__________.

7. $xy'+y-e^{2x}=0$,$y|_{x=\frac{1}{2}}=2e$,则 $y=$__________.

8. $y'+\frac{y}{x}=\frac{\sin x}{x}$,$y|_{x=\pi}=1$,则 $y=$__________.

9. $y'+y\cos x=\sin x\cos x$,$y|_{x=0}=1$,则 $y=$__________.

10. 微分方程 $y''=e^x$ 的通解为__________.

11. 微分方程 $(x+1)y''-y'+1=0$ 满足条件 $y(0)=1$,$y'(0)=2$ 的特解为__________.

(二)选择题

1. 微分方程 $x(y')^3+2(y')^2+2xy^4=0$ 的阶是(　　).

A. 1　　B. 2　　C. 3　　D. 4

2. 下列方程中为一阶微分方程的是(　　).

A. $\frac{d^2y}{dx^2}+xy=0$　　B. $dy+3ydx=x^2dx$

C. $\cos y+6x=8$　　D. $y^3+5y''-7y=0$

3. 下列方程中,(　　)不是可分离变量的微分方程.

A. $xy'-y\ln y=0$　　B. $(e^{x+y}-e^{x})dx+(e^{x+y}+e^{y})dy=0$

C. $\cos x\sin y dx+\sin x\cos y dy=0$　　D. $xy'-x\sin\dfrac{y}{x}-y=0$

4. 方程 $e^{x-y}\dfrac{dy}{dx}=1$ 的通解是(　　).

A. $e^{x}+e^{y}=C$　　B. $e^{x}-e^{y}=C$

C. $e^{-x}+e^{-y}=C$　　D. $e^{-x}-e^{-y}=C$

5. 方程 $y'-y\cot x=0$ 的通解是(　　).

A. $y=C\cos x$　　B. $y=C\sin x$

C. $y=C\tan x$　　D. $y=-C\csc x$

6. 微分方程 $y'-xy'=a(y^2+y')$ 是(　　).

A. 齐次方程　　B. 可分离变量的方程

C. 一阶线性齐次方程　　D. 一阶线性非齐次方程

7. 微分方程 $xy'=2x^2y+x^4$ 是(　　).

A. 齐次方程　　B. 可分离变量的方程

C. 一阶线性齐次方程　　D. 一阶线性非齐次方程

8. 方程 $y'+\dfrac{1}{y}e^{y^2+3x}=0$ 是(　　).

A. 可分离变量的方程　　B. 齐次方程

C. 一阶线性微分方程　　D. 都不是

9. 对于方程 $xy'+y=x$ 判断正确的是(　　).

①一阶线性非齐次微分方程;②可分离变量的微分方程;③齐次方程;④一阶线性齐次微分方程.

A. ①②　　B. ②③　　C. ③④　　D. ①③

10. 方程 $y'-y\cot x=0$ 的通解是(　　).

A. $y=C\cos x$　　B. $y=C\sin x$

C. $y=C\tan x$　　D. $y=-C\csc x$

11. 微分方程 $y''=\cos x$ 的通解为(　　).

A. $y=-\cos x+C_1x+C_2$　　B. $y=\cos x+C_1x+C_2$

C. $y=-\sin x+C_1x+C_2$　　D. $y=\sin x+C_1x+C_2$

12. 微分方程 $y''=\dfrac{y'}{x\ln x}$ 的通解为(　　).

A. $y=C_1x\ln x+C_2$　　B. $y=C_1x(\ln x-1)+C_2$

C. $y=x\ln x$　　D. $y=Cx(\ln x-1)$

13. 方程 $yy''=(y')^2$ 的通解是(　　).

A. $y=e^{C_1x}$　　B. $y=C_1x+C_2$　　C. $y=C_2e^{C_1x}$　　D. $y=e^{C_1x}+C_2$

(三)解答题

1. 设方程 $y''-3y'+2y=0$,

(1)验证:$y=C_1e^{x}+C_2e^{2x}$ 为它的通解.

(2)若给定初始条件 $y(0)=0, y'(0)=1$,求特解.

2. 已知 $y=C_1e^{-x}+C_2e^{2x}$ 为方程 $y''+ay'+by=0$ 的通解,试求 a,b 的值.

3. 求方程 $\dfrac{dy}{dx}=2xy$ 的通解.

4. 求方程 $3x^2+5x-5y'=0$ 的通解.

5. 求微分方程 $y'=e^{2x-y}$ 满足条件 $y|_{x=0}=0$ 的特解.

6. 求微分方程 $y'=\dfrac{y}{x}+\tan\dfrac{y}{x}$ 的通解.

7. 求微分方程 $y'+y\tan x=\sin 2x$ 的通解.

8. 求微分方程 $y'+y=e^{-x}$ 的通解.

9. 求微分方程 $(y^2-6x)y'+2y=0$ 的通解.

10. 求微分方程 $y'+\dfrac{1}{x}y=\dfrac{1}{x^2}$ 满足初始条件 $y|_{x=1}=0$ 的特解.

11. 求微分方程 $\dfrac{dy}{dx}+5y=-4e^{-3x}$ 满足初始条件 $y|_{x=0}=-4$ 的特解.

12. 求微分方程 $y''=\cos 2x$ 的通解.

13. 求微分方程 $y''=\ln x$ 的通解.

14. 求微分方程 $y''+2y'=0$ 的通解.

15. 求微分方程 $y''=y'+x$ 的通解.

16. 求微分方程 $y''-a(y')^2=0$ 的满足条件 $y|_{x=0}=0, y'|_{x=0}=-1$ 的特解.

自测题三

一、填空题

1. $\int 2^{2x}dx=$ ________.

2. $\dfrac{d}{dx}\int\dfrac{\cos x}{x^2}dx=$ ________ ; $\int d\dfrac{\cos x}{x^2}=$ ________.

3. 若 $\int f(x)dx=F(x)+C$,则 $\int e^x f(e^x)dx=$ ________.

4. 若 $\int f(x)dx=x^2+C$,则 $\int xf(1-x^2)dx=$ ________.

5. $\int f(x)f'(x)dx=$ ________.

6. $\int\dfrac{a^{\frac{1}{x}}}{x^2}dx=$ ________.

7. $\int xe^{-x^2}dx=$ ________.

8. $\int\dfrac{2x+2}{x^2+2x+2}dx=$ ________.

9. $\int\dfrac{1}{\sqrt{x}}\cos\sqrt{x}\,dx=$ ________.

10. $\int e^{x}f'(e^{x})dx=$ ________.

11. $\int_{0}^{3}|2-x|dx=$ ________.

12. 设 $f(x)=\int_{0}^{x}\sin t dt$，则 $f\left[f\left(\frac{\pi}{2}\right)\right]=$ ________.

13. 设 $\int_{0}^{x}f(x)dx=x\sin x$，则 $f(x)=$ ________.

14. $\int_{1}^{3}|x-2|dx=$ ________.

15. $\int_{0}^{\frac{1}{2}}\frac{\arcsin x}{\sqrt{1-x^{2}}}dx=$ ________.

16. $\int_{-1}^{1}\frac{x\ln(1+x^{2})}{1+x^{2}}dx=$ ________.

17. $\int_{-\frac{\pi}{2}}^{\frac{\pi}{2}}\sqrt{1-\cos^{2}x}\,dx=$ ________.

18. $y=\cos x$ 在 $\left[0,\frac{3\pi}{2}\right]$ 上，(1) 定积分的值________；(2) 与 x 轴及 y 轴所围平面图形的面积为________.

19. 曲线 $y=1-x^{2}$ 与 x 轴围成的图形面积为________.

20. 曲线 $y=\frac{1}{x}$ 与直线 $y=x$，$x=2$ 围成图形的面积________.

21. 两曲线 $y=x^{2}$ 与 $y=cx^{3}$（$c>0$）围成图形的面积为 $\frac{2}{3}$，则 $c=$ ________.

二、选择题

1. 设 $f(x)$ 的一个原函数是 $F(x)=2x^{2}-1$，则 $f(x)$ 为(　　).

A. $\frac{2}{3}x^{3}-x$　　B. $\frac{2}{3}x^{3}-x+C$　　C. $4x$　　D. $4x-1+C$

2. 下列各式中，正确的是(　　).

A. $\int x^{\frac{5}{2}}dx=\frac{5}{2}x^{\frac{3}{2}}+C$　　B. $\int x^{\frac{5}{2}}dx=\frac{7}{5}x^{\frac{7}{2}}+C$

C. $\int x^{\frac{5}{2}}dx=\frac{7}{2}x^{\frac{2}{7}}+C$　　D. $\int x^{\frac{5}{2}}dx=\frac{2}{7}x^{\frac{7}{2}}+C$

3. 下列各式中，正确的是(　　).

A. $\int\cos x dx=\sin x+C$　　B. $\int\sec x\tan x dx=-\sec x+C$

C. $\int\frac{1}{\sqrt{1-x^{2}}}dx=\arccos x+C$　　D. $-\int\csc^{2}x dx=\cot x+C$

4. $d\left|\int f(x)dx\right|=$ (　　).

A. $F(x)+C$　　B. $F(x)$　　C. $f(x)$　　D. $f(x)dx$

5. 下列各式中正确的是(　　).

A. $\csc x\cdot\cot x dx=d(\csc x)$　　B. $\csc^{2}x dx=d(\cot x)$

C. $\tan^2 x\mathrm{d}x=\mathrm{d}(\sec x)$　　D. $\sec x\cdot\tan x\mathrm{d}x=\mathrm{d}(\sec x)$

6. 积分 $\int\frac{1}{x\cdot\ln x}\mathrm{d}x$ 等于(　　).

A. $\ln|\ln x|+C$　　B. $-\frac{1}{\ln^2 x}+C$　　C. $\ln\ln x+C$　　D. $|\ln x|+C$

7. 下列各式中错误的是(　　).

A. $-\frac{1}{x^2}\mathrm{d}x=\mathrm{d}\left(\frac{1}{x}\right)$　　B. $\frac{1}{\sqrt{1-3x^2}}\mathrm{d}x=\sqrt{3}\,\mathrm{d}(\arcsin x)$

C. $a^x\mathrm{d}x=\frac{1}{\ln a}\mathrm{d}(a^x)$　　D. $2x\mathrm{d}x=\mathrm{d}(x^2)$

8. 根据定积分的几何意义,下列各式中正确的是(　　).

A. $\int_{-3}^{-2}x^2\mathrm{d}x<0$　　B. $\int_{-2}^{-1}x^3\mathrm{d}x<0$

C. $\int_{\pi}^{2\pi}\sin x\mathrm{d}x>0$　　D. $\int_{\frac{\pi}{2}}^{\pi}\cos x\mathrm{d}x>0$

9. 定积分 $\int_a^b f(x)\mathrm{d}x$ 的值(　　).

A. 与积分变量有关　　B. 与区间 $[a,b]$ 的分法及点 ξ_i 的取法有关

C. 为曲边梯形的面积　　D. 仅与被积函数及积分区间 $[a,b]$ 有关

10. 下列不等式中,正确的是(　　).

A. $\int_0^1 x\mathrm{d}x\leqslant\int_0^1 t^2\mathrm{d}t$　　B. $\int_0^1 x^3\mathrm{d}x\leqslant\int_0^1 t^2\mathrm{d}t$

C. $\int_1^2 x^3\mathrm{d}x\leqslant\int_1^2 t^2\mathrm{d}t$　　D. $\int_1^2\ln x\mathrm{d}x\leqslant\int_1^2\ln^2 x\mathrm{d}t$

11. 设 $f(x)$ 为连续函数,则积分上限函数 $\int_a^x f(t)\mathrm{d}t$ 是(　　).

A. $f'(x)$ 的一个原函数　　B. $f'(x)$ 的所有原函数

C. $f(x)$ 的一个原函数　　D. $f(x)$ 的所有原函数

12. 设 $y=y(x)$ 由方程 $\int_0^y \mathrm{e}^{-t}\mathrm{d}t+\int_0^x \mathrm{e}^t\mathrm{d}t=0$ 确定,则 $\frac{\mathrm{d}y}{\mathrm{d}x}$ (　　).

A. e^{x+y}　　B. e^{x-y}　　C. $-\mathrm{e}^{x+y}$　　D. $-\mathrm{e}^{x-y}$

13. $\int_0^1 f'(2x)\mathrm{d}x=$ (　　).

A. $2[f(2)-f(0)]$　　B. $2[f(1)-f(0)]$

C. $\frac{1}{2}[f(2)-f(0)]$　　D. $\frac{1}{2}[f(1)-f(0)]$

14. 设 $f(x)$ 是连续函数,则 $\int_b^a f(x)\mathrm{d}x-\int_a^b f(a+b-x)\mathrm{d}x=$ (　　).

A. 0　　B. 1　　C. $a+b$　　D. $\int_b^a f(x)\mathrm{d}x$

15. 设 $f(x)$ 的一个原函数为 $\sin x$，则 $\int_0^{\frac{\pi}{2}} xf(x)\mathrm{d}x =$ (　　).

A. 0　　B. $\frac{\pi}{2}$　　C. $\frac{\pi}{2}+1$　　D. $\frac{\pi}{2}-1$

16. 曲线 $y=\sin x$ 在$[0, 2\pi]$上与 x 轴所围的平面图形的面积为(　　).

A. $\int_0^{2\pi}\sin x\mathrm{d}x$　　B. $\int_0^{\pi}\sin x\mathrm{d}x+\int_{\pi}^{2\pi}\sin x\mathrm{d}x$

C. $-\int_0^{2\pi}\sin x\mathrm{d}x$　　D. $\int_0^{\pi}\sin x\mathrm{d}x-\int_{\pi}^{2\pi}\sin x\mathrm{d}x$

17. 已知 $y=x^2$ 与它在 $x=a$ ($a>0$)处的切线及 y 轴所围成的平面图形的面积为 a，则 $a=$ (　　).

A. $\sqrt{3}$　　B. $\frac{\sqrt{3}}{3}$　　C. $\sqrt{2}$　　D. $\frac{\sqrt{2}}{2}$

18. 求由曲线 $y^2=x$，$y=x$，$y=\sqrt{3}$ 所围成的平面图形的面积 A，其中(　　)是错误的.

A. $A=\int_0^1(y-y^2)\mathrm{d}y+\int_1^{\sqrt{3}}(y^2-y)\mathrm{d}y$

B. $A=\int_1^{\sqrt{3}}(x-\sqrt{x})\mathrm{d}x+\int_{\sqrt{3}}^{3}(\sqrt{3}-\sqrt{x})\mathrm{d}x$

C. $A=\int_1^{3}(\sqrt{3}-\sqrt{x})\mathrm{d}x-\frac{1}{2}(\sqrt{3}-1)^2$

D. $A=\int_1^{\sqrt{3}}(y^2-y)\mathrm{d}y$

19. 微分方程 $x(y')^3+2(y')^2+2xy^4=0$ 的阶是(　　).

A. 1　　B. 2　　C. 3　　D. 4

20. 下列方程中为一阶微分方程的是(　　).

A. $\frac{\mathrm{d}^2y}{\mathrm{d}x^2}+xy=0$　　B. $\mathrm{d}y+3y\mathrm{d}x=x^2\mathrm{d}x$

C. $\cos y+6x=8$　　D. $y^3+5y''-7y=0$

21. 方程 $\mathrm{e}^{x-y}\frac{\mathrm{d}y}{\mathrm{d}x}=1$ 的通解是(　　).

A. $\mathrm{e}^x+\mathrm{e}^y=C$　　B. $\mathrm{e}^x-\mathrm{e}^y=C$

C. $\mathrm{e}^{-x}+\mathrm{e}^{-y}=C$　　D. $\mathrm{e}^{-x}-\mathrm{e}^{-y}=C$

22. 方程 $y'-y\cot x=0$ 的通解是(　　).

A. $y=C\cos x$　　B. $y=C\sin x$

C. $y=C\tan x$　　D. $y=-C\csc x$

三、计算与解答题

1. $\int\frac{(2x-1)(\sqrt{x}+1)}{\sqrt{x}}\mathrm{d}x$.　　2. $\int\sec x(\sec x+\tan x)\mathrm{d}x$.

3. $\int\frac{1}{\mathrm{e}^x+\mathrm{e}^{-x}}\mathrm{d}x$.　　4. $\int\frac{x^3}{9+x^2}\mathrm{d}x$.

5. $\int \frac{1}{\sqrt{x(1+x)}}dx$.

6. $\int \frac{\sec^2 x}{2+\tan^2 x}dx$.

7. $\int_{\frac{1}{\pi}}^{\frac{\pi}{2}} \frac{1}{y^2}\sin\frac{1}{y}dy$.

8. $\int_0^2 e^{|x-1|}dx$.

9. 求由抛物线 $y=x^2$ 与直线 $y=x$，$y=3x$ 所围成的平面图形的面积.

10. 求抛物线 $y=x^2$ 与直线 $y=2x$ 所围图形分别绕 x 轴和 y 轴旋转所得的旋转体的体积.

专 业 模 块

第四章　线性代数初步

本章知识结构:

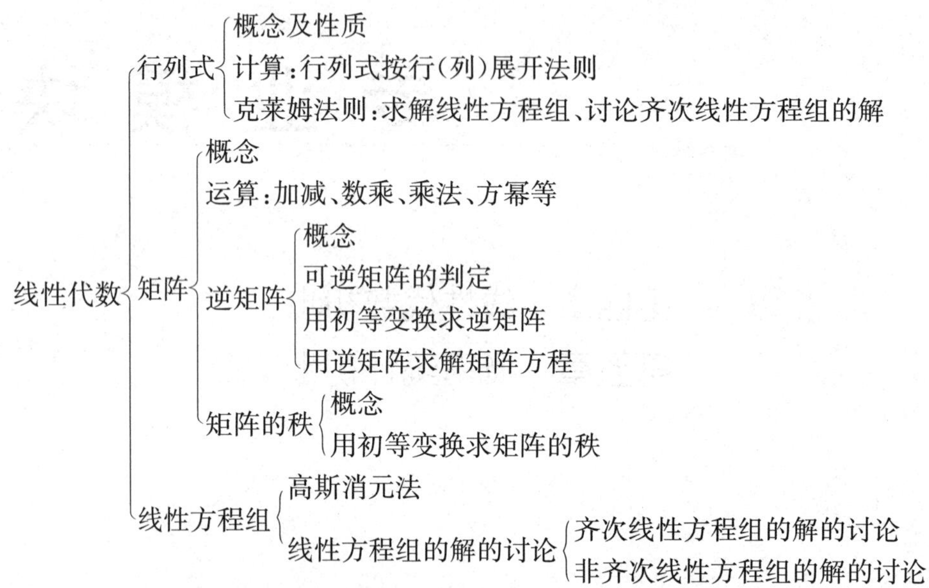

4.1　行列式的概念与运算

一、基本内容

1. 行列式

(1)二阶行列式:

$$\begin{vmatrix} a_{11} & a_{12} \\ a_{21} & a_{22} \end{vmatrix} = a_{11}a_{22} - a_{12}a_{21}.$$

(2)三阶行列式:

$$\begin{vmatrix} a_{11} & a_{12} & a_{13} \\ a_{21} & a_{22} & a_{23} \\ a_{31} & a_{32} & a_{33} \end{vmatrix} = a_{11}a_{22}a_{33} + a_{12}a_{23}a_{31} + a_{13}a_{21}a_{32} - a_{11}a_{23}a_{32} - a_{12}a_{21}a_{33} - a_{13}a_{22}a_{31}.$$

(3)n 阶行列式:$\begin{vmatrix} a_{11} & a_{12} & \cdots & a_{1n} \\ a_{21} & a_{22} & \cdots & a_{2n} \\ \vdots & \vdots & & \vdots \\ a_{n1} & a_{n2} & \cdots & a_{nn} \end{vmatrix}$

其中 $a_{ij}(i,j=1,2,\cdots,n)$称为 n 阶行列式的**元素**,在行列式中从左上角到右下角的对角线称为**主对角线**，从右上角到左下角的对角线称为**次对角线**，位于主对角线上的元素称为**主对角元**.

(4)几种特殊的 n 阶行列式

①上三角形行列式：$\begin{vmatrix} a_{11} & a_{12} & \cdots & a_{1n} \\ 0 & a_{22} & \cdots & a_{2n} \\ \vdots & \vdots & & \vdots \\ 0 & 0 & \cdots & a_{nn} \end{vmatrix} = a_{11}a_{22}\cdots a_{nn}$.

②下三角形行列式：$\begin{vmatrix} a_{11} & 0 & \cdots & 0 \\ a_{21} & a_{22} & \cdots & 0 \\ \vdots & \vdots & & \vdots \\ a_{n1} & a_{n2} & \cdots & a_{nn} \end{vmatrix} = a_{11}a_{22}\cdots a_{nn}$.

上三角形行列式和下三角形行列式统称为**三角形行列式**.

③对角形行列式：$\begin{vmatrix} a_{11} & 0 & \cdots & 0 \\ 0 & a_{22} & \cdots & 0 \\ \vdots & \vdots & & \vdots \\ 0 & 0 & \cdots & a_{nn} \end{vmatrix} = a_{11}a_{22}\cdots a_{nn}$.

(5)转置行列式：若 $D = \begin{vmatrix} a_{11} & a_{12} & \cdots & a_{1n} \\ a_{21} & a_{22} & \cdots & a_{2n} \\ \vdots & \vdots & & \vdots \\ a_{n1} & a_{n2} & \cdots & a_{nn} \end{vmatrix}$，则 $D^{T} = \begin{vmatrix} a_{11} & a_{21} & \cdots & a_{n1} \\ a_{12} & a_{22} & \cdots & a_{n2} \\ \vdots & \vdots & & \vdots \\ a_{1n} & a_{2n} & \cdots & a_{nn} \end{vmatrix}$.

(6)代数余子式：在 n 阶行列式中，划去元素 a_{ij} 所在的第 i 行和第 j 列后，剩下的元素按原来的顺序构成的 $n-1$ 阶行列式，称为元素 a_{ij} 的**余子式**，记为 M_{ij}. a_{ij} 的余子式乘以 $(-1)^{i+j}$ 称为 a_{ij} 的**代数余子式**，记作 A_{ij}，即 $A_{ij} = (-1)^{i+j}M_{ij}$.

2. 行列式的性质

性质 1　行列式与它的转置行列式相等，即 $D = D^{T}$.

性质 2　交换行列式的两行(列)，行列式变号，即

$$\begin{vmatrix} a_{11} & a_{12} & \cdots & a_{1n} \\ \vdots & \vdots & & \vdots \\ a_{i1} & a_{i2} & \cdots & a_{in} \\ \vdots & \vdots & & \vdots \\ a_{j1} & a_{j2} & \cdots & a_{jn} \\ \vdots & \vdots & & \vdots \\ a_{n1} & a_{n2} & \cdots & a_{nn} \end{vmatrix} = -\begin{vmatrix} a_{11} & a_{12} & \cdots & a_{1n} \\ \vdots & \vdots & & \vdots \\ a_{j1} & a_{j2} & \cdots & a_{jn} \\ \vdots & \vdots & & \vdots \\ a_{i1} & a_{i2} & \cdots & a_{in} \\ \vdots & \vdots & & \vdots \\ a_{n1} & a_{n2} & \cdots & a_{nn} \end{vmatrix}.$$

性质 3　若行列式中有两行(列)的对应元素相同，则此行列式为零.

性质 4　用数 k 乘行列式的某一行(列)，等于用数 k 乘此行列式，即

$$D_1 = \begin{vmatrix} a_{11} & a_{12} & \cdots & a_{1n} \\ \vdots & \vdots & & \vdots \\ ka_{i1} & ka_{i2} & \cdots & ka_{in} \\ \vdots & \vdots & & \vdots \\ a_{n1} & a_{n2} & \cdots & a_{nn} \end{vmatrix} = k\begin{vmatrix} a_{11} & a_{12} & \cdots & a_{1n} \\ \vdots & \vdots & & \vdots \\ a_{i1} & a_{i2} & \cdots & a_{in} \\ \vdots & \vdots & & \vdots \\ a_{n1} & a_{n2} & \cdots & a_{nn} \end{vmatrix} = kD.$$

推论 1 行列式的某一行(列)中所有元素的公因子可以提到行列式符号的外面.

推论 2 行列式中若有两行(列)元素成比例,则此行列式为零.

性质 5 若行列式的某一行(列)的元素都是两数之和,则此行列式等于两个相应的行列式的和.

性质 6 将行列式的某一行(列)的所有元素都乘以数 k 后加到另一行(列)对应位置的元素上,行列式值不变.

3. 行列式的计算

定理 1 行列式等于它的任一行(列)的各元素与其对应的代数余子式乘积之和,即

$$D=a_{i1}A_{i1}+a_{i2}A_{i2}+\cdots+a_{in}A_{in}\quad(i=1,2,\cdots,n),$$

或

$$D=a_{1j}A_{1j}+a_{2j}A_{2j}+\cdots+a_{nj}A_{nj}\quad(j=1,2,\cdots,n).$$

该定理称为行列式按行(列)展开法则. 用行列式展开法则计算行列式的方法称为**降阶法**.

定理 2 任一 n 阶行列式 $D=\begin{vmatrix} a_{11} & a_{12} & \cdots & a_{1n} \\ a_{21} & a_{22} & \cdots & a_{2n} \\ \vdots & \vdots & & \vdots \\ a_{n1} & a_{n2} & \cdots & a_{nn} \end{vmatrix}$ 都可以化为一个与其等值的上(下)三角形行列式,$D=\begin{vmatrix} b_{11} & b_{12} & \cdots & b_{1n} \\ 0 & b_{22} & \cdots & b_{2n} \\ \vdots & \vdots & & \vdots \\ 0 & 0 & \cdots & b_{nn} \end{vmatrix}$ 或 $D=\begin{vmatrix} c_{11} & 0 & \cdots & 0 \\ c_{21} & c_{22} & \cdots & 0 \\ \vdots & \vdots & & \vdots \\ c_{n1} & c_{n2} & \cdots & c_{nn} \end{vmatrix}$.

二、学习要求

1. 理解行列式的概念,掌握对角线展开法;
2. 掌握上三角、下三角、对角形行列式以及转置行列式;
3. 掌握应用行列式的性质进行行列式的计算;
4. 掌握降阶法以及化三角形行列式法.

三、基本题型及解题方法

题型 1 行列式的计算与证明.

解题方法:综合运用行列式的各种性质及一些常用技巧.

例 1 计算行列式:

(1) $\begin{vmatrix} 1+\sqrt{2} & 2-\sqrt{3} \\ 2+\sqrt{3} & 1-\sqrt{2} \end{vmatrix}$; (2) $\begin{vmatrix} 1 & \log_a b \\ \log_b a & 1 \end{vmatrix}$; (3) $\begin{vmatrix} 4 & 2 & 3 \\ 2 & 3 & 0 \\ 3 & 0 & 0 \end{vmatrix}$; (4) $\begin{vmatrix} 137 & 5\,408 \\ 274 & 11\,016 \end{vmatrix}$.

解:(1) $\begin{vmatrix} 1+\sqrt{2} & 2-\sqrt{3} \\ 2+\sqrt{3} & 1-\sqrt{2} \end{vmatrix}=(1+\sqrt{2})(1-\sqrt{2})-(2-\sqrt{3})(2+\sqrt{3})=-2.$

(2) $\begin{vmatrix} 1 & \log_a b \\ \log_b a & 1 \end{vmatrix}=1\cdot 1-\log_a b\cdot\log_b a=0.$

(3) $\begin{vmatrix} 4 & 2 & 3 \\ 2 & 3 & 0 \\ 3 & 0 & 0 \end{vmatrix} = 4\cdot 3\cdot 0+2\cdot 0\cdot 3+3\cdot 2\cdot 0-3\cdot 3\cdot 3-0\cdot 0\cdot 4-2\cdot 2\cdot 0=27.$

(4) $\begin{vmatrix} 137 & 5\,408 \\ 274 & 11\,016 \end{vmatrix} = 137\times 4\times \begin{vmatrix} 1 & 1\,352 \\ 2 & 2\,754 \end{vmatrix} = 137\times 4\times 2\times \begin{vmatrix} 1 & 1\,352 \\ 1 & 1\,377 \end{vmatrix}$

$=137\times 4\times 2\times 25=27\,400.$

注:行列式中某行或列有公因子时,常将公因子提出,以简化运算.

例 2　计算行列式 $\begin{vmatrix} 13\,547 & 28\,423 \\ 13\,647 & 28\,523 \end{vmatrix}$.

解:由于数字较大,直接计算比较复杂. 观察到第二行数字均比第一行数字多 100,为此,利用性质,将行列式改写成

$$\begin{vmatrix} 13\,547 & 28\,423 \\ 13\,647 & 28\,523 \end{vmatrix} = \begin{vmatrix} 13\,547 & 28\,423 \\ 13\,547+100 & 28\,423+100 \end{vmatrix}$$

$$= \begin{vmatrix} 13\,547 & 28\,423 \\ 13\,547 & 28\,423 \end{vmatrix} + \begin{vmatrix} 13\,547 & 28\,423 \\ 100 & 100 \end{vmatrix} = 0+100\times(13\,547-28\,423)=-1\,487\,600.$$

题型 2　矩阵及矩阵的转置.

解题方法:直接求解.

例 3　由下列条件写出 n 阶行列式 A 及转置行列式 A^T(注:第 i 行第 j 列的元素用 a_{ij} 表示).

(1) $a_{ij}=a_i^{j-1}$,　$1\leqslant i\leqslant n$,　$1\leqslant j\leqslant n$.

(2) $a_{ij}=\begin{cases} 3 & |i-j|=0 \\ -2 & |i-j|=1 \\ 0 & |i-j|>1 \end{cases}$.

(3) $a_{ij}=\begin{cases} 0 & i<j \\ 2 & i\geqslant j \end{cases}$.

解:由所给条件,可直接写出 A 与 A^T 如下:

$$(1) A=\begin{vmatrix} 1 & a_1 & a_1^2 & \cdots & a_1^{n-1} \\ 1 & a_2 & a_2^2 & \cdots & a_2^{n-1} \\ \vdots & \vdots & \vdots & & \vdots \\ 1 & a_{n-1} & a_{n-1}^2 & \cdots & a_{n-1}^{n-1} \\ 1 & a_n & a_n^2 & \cdots & a_n^{n-1} \end{vmatrix},\quad A^T=\begin{vmatrix} 1 & 1 & \cdots & 1 \\ a_1 & a_2 & \cdots & a_n \\ \vdots & \vdots & & \vdots \\ a_1^{n-1} & a_2^{n-1} & \cdots & a_n^{n-1} \end{vmatrix}.$$

$$(2) A=A^T=\begin{vmatrix} 3 & -2 & 0 & \cdots & 0 & 0 \\ -2 & 3 & -2 & \cdots & 0 & 0 \\ \vdots & \vdots & \vdots & & \vdots & \vdots \\ 0 & 0 & 0 & \cdots & 3 & -2 \\ 0 & 0 & 0 & \cdots & -2 & 3 \end{vmatrix}.$$

$$(3)A=\begin{vmatrix} 2 & 0 & \cdots & 0 \\ 2 & 2 & \cdots & 0 \\ \vdots & \vdots & & \vdots \\ 2 & 2 & \cdots & 2 \end{vmatrix},\quad A^{T}=\begin{vmatrix} 2 & 2 & \cdots & 2 \\ 0 & 2 & \cdots & 2 \\ \vdots & \vdots & & \vdots \\ 0 & 0 & \cdots & 2 \end{vmatrix}.$$

题型 3　行列式的计算.

解题方法：行列式计算一般有三种方法.(1)对角线展开法(一般适用于低阶行列式)；(2)降阶法；(3)化三角形行列式法. 可根据实际情况，灵活运用解题方法.

例 4　计算下面行列式：

$$(1)\begin{vmatrix} a_{11} & 0 & 0 & a_{14} \\ 0 & a_{22} & a_{23} & 0 \\ 0 & a_{32} & a_{33} & 0 \\ a_{14} & 0 & 0 & a_{44} \end{vmatrix};\qquad (2)\begin{vmatrix} a_1+b_1 & 3a_1 & 2b_1 \\ a_2+b_2 & 3a_2 & 2b_2 \\ a_3+b_3 & 3a_3 & 2b_3 \end{vmatrix}.$$

解：(1)

$$\begin{vmatrix} a_{11} & 0 & 0 & a_{14} \\ 0 & a_{22} & a_{23} & 0 \\ 0 & a_{32} & a_{33} & 0 \\ a_{14} & 0 & 0 & a_{44} \end{vmatrix}=a_{11}(-1)^{1+1}\begin{vmatrix} a_{22} & a_{23} & 0 \\ a_{32} & a_{33} & 0 \\ 0 & 0 & a_{44} \end{vmatrix}+a_{14}(-1)^{1+4}\begin{vmatrix} 0 & a_{22} & a_{23} \\ 0 & a_{32} & a_{33} \\ a_{14} & 0 & 0 \end{vmatrix}$$

$$=a_{11}a_{22}a_{33}a_{44}-a_{11}a_{23}a_{32}a_{44}-a_{14}a_{22}a_{33}a_{41}+a_{14}a_{23}a_{32}a_{41}$$

$$=(a_{11}a_{44}-a_{14}a_{41})(a_{22}a_{33}-a_{23}a_{32}).$$

(2)

$$\begin{vmatrix} a_1+b_1 & 3a_1 & 2b_1 \\ a_2+b_2 & 3a_2 & 2b_2 \\ a_3+b_3 & 3a_3 & 2b_3 \end{vmatrix}=\begin{vmatrix} a_1 & 3a_1 & 2b_1 \\ a_2 & 3a_2 & 2b_2 \\ a_3 & 3a_3 & 2b_3 \end{vmatrix}+\begin{vmatrix} b_1 & 3a_1 & 2b_1 \\ b_2 & 3a_2 & 2b_2 \\ b_3 & 3a_3 & 2b_3 \end{vmatrix}=0+0=0.$$

例 5　计算行列式 $D=\begin{vmatrix} a-b-c & 2a & 2a \\ 2b & b-c-a & 2b \\ 2c & 2c & c-a-b \end{vmatrix}$.

解：

$$D=\begin{vmatrix} a-b-c & 2a & 2a \\ 2b & b-c-a & 2b \\ 2c & 2c & c-a-b \end{vmatrix}\xlongequal{r_1+r_2+r_3}\begin{vmatrix} a+b+c & a+b+c & a+b+c \\ 2b & b-c-a & 2b \\ 2c & 2c & c-a-b \end{vmatrix}$$

$$=(a+b+c)\begin{vmatrix} 1 & 1 & 1 \\ 2b & b-c-a & 2b \\ 2c & 2c & c-a-b \end{vmatrix}\xlongequal[c_3-c_1]{c_2-c_1}(a+b+c)\begin{vmatrix} 1 & 0 & 0 \\ 2b & -c-a-b & 0 \\ 2c & 0 & -a-b-c \end{vmatrix}$$

$$=(a+b+c)^3.$$

注：当行列式每行(或列)各元素之和都相等时，一般通过把其余各列(行)加到某一列(行)上，提出公因子后使该列(行)各元素变为 1，这样便于化为较多的零元素及三角形行列式.

例 6　计算行列式 $D=\begin{vmatrix} a_1 & -a_1 & 0 & 0 \\ 0 & a_2 & -a_2 & 0 \\ 0 & 0 & a_3 & -a_3 \\ 1 & 1 & 1 & 1 \end{vmatrix}$.

解:$D=\begin{vmatrix} a_1 & -a_1 & 0 & 0 \\ 0 & a_2 & -a_2 & 0 \\ 0 & 0 & a_3 & -a_3 \\ 1 & 1 & 1 & 1 \end{vmatrix} \xlongequal{c_3+c_4} \begin{vmatrix} a_1 & -a_1 & 0 & 0 \\ 0 & a_2 & -a_2 & 0 \\ 0 & 0 & 0 & -a_3 \\ 1 & 1 & 2 & 1 \end{vmatrix}$

$$\xlongequal[c_1+c_2]{c_2+c_3} \begin{vmatrix} 0 & -a_1 & 0 & 0 \\ 0 & 0 & -a_2 & 0 \\ 0 & 0 & 0 & -a_3 \\ 4 & 3 & 2 & 1 \end{vmatrix} = 4\cdot(-1)^{4+1}\begin{vmatrix} -a_1 & 0 & 0 \\ 0 & -a_2 & 0 \\ 0 & 0 & -a_3 \end{vmatrix} = 4a_1a_2a_3.$$

例 7　证明:$\begin{vmatrix} a^2 & (a+1)^2 & (a+2)^2 \\ b^2 & (b+1)^2 & (b+2)^2 \\ c^2 & (c+1)^2 & (c+2)^2 \end{vmatrix} = 4(a-c)(c-b)(b-a).$

证明:$\begin{vmatrix} a^2 & (a+1)^2 & (a+2)^2 \\ b^2 & (b+1)^2 & (b+2)^2 \\ c^2 & (c+1)^2 & (c+2)^2 \end{vmatrix} \xlongequal[c_2-c_1]{c_3-c_2} \begin{vmatrix} a^2 & 2a+1 & 2a+3 \\ b^2 & 2b+1 & 2b+3 \\ c^2 & 2c+1 & 2c+3 \end{vmatrix}$

$$\xlongequal{c_3-c_2} \begin{vmatrix} a^2 & 2a+1 & 2 \\ b^2 & 2b+1 & 2 \\ c^2 & 2c+1 & 2 \end{vmatrix} \xlongequal[r_2-r_3]{r_1-r_3} \begin{vmatrix} a^2-c^2 & 2(a-c) & 0 \\ b^2-c^2 & 2(b-c) & 0 \\ c^2 & 2c+1 & 2 \end{vmatrix}$$

$$=(a-c)(b-c)\begin{vmatrix} a+c & 2 & 0 \\ b+c & 2 & 0 \\ c^2 & 2c+1 & 2 \end{vmatrix} \xlongequal{r_1-r_2} (a-c)(b-c)\begin{vmatrix} a-b & 0 & 0 \\ b+c & 2 & 0 \\ c^2 & 2c+1 & 2 \end{vmatrix}$$

$$=4(a-c)(c-b)(b-a),$$

等式得证.

注:例 4～例 6 都用到把几个运算写在一起的省略写法,这里要注意,后一次运算是作用在前一次运算的基础之上的,故各个运算的次序一般不能颠倒.

例 8　计算行列式 $D=\begin{vmatrix} 1 & 6 & 7 & 0 & 8 \\ 0 & 2 & 0 & 0 & 9 \\ 0 & 10 & 3 & 0 & 11 \\ 12 & 13 & 14 & 4 & 15 \\ 0 & 0 & 0 & 0 & 5 \end{vmatrix}.$

解:注意到该行列式的第五行和第四列只有一个非零元素,可将行列式按第五行或第四列展开.

$$D=5\cdot(-1)^{5+5}\begin{vmatrix} 1 & 6 & 7 & 0 \\ 0 & 2 & 0 & 0 \\ 0 & 10 & 3 & 0 \\ 12 & 13 & 14 & 4 \end{vmatrix} = 5\cdot 4\cdot(-1)^{4+4}\begin{vmatrix} 1 & 6 & 7 \\ 0 & 2 & 0 \\ 0 & 10 & 3 \end{vmatrix}$$

$$=5\cdot 4\cdot 2\cdot(-1)^{2+2}\begin{vmatrix} 1 & 7 \\ 0 & 3 \end{vmatrix} = 120.$$

注:当行列式的某一行(或列)中非零元素较少时,可将行列式按该行(或列)展开.

例 9 计算行列式 $D=\begin{vmatrix}1&2&0&1\\1&3&5&0\\0&1&5&6\\1&3&3&4\end{vmatrix}$.

解:$D=\begin{vmatrix}1&2&0&1\\1&3&5&0\\0&1&5&6\\1&3&3&4\end{vmatrix}\xlongequal[r_4-r_1]{r_2-r_1}\begin{vmatrix}1&2&0&1\\0&1&5&-1\\0&1&5&6\\0&1&3&3\end{vmatrix}\xlongequal[r_4-r_2]{r_3-r_2}\begin{vmatrix}1&2&0&1\\0&1&5&-1\\0&0&0&7\\0&0&-2&4\end{vmatrix}$

$\xlongequal{r_3\leftrightarrow r_4}-\begin{vmatrix}1&2&0&1\\0&1&5&-1\\0&0&-2&4\\0&0&0&7\end{vmatrix}=1\times1\times(-2)\times7=-14.$

注:将行列式化为三角形行列式是行列式计算中比较常用的一种方法.

例 10 计算行列式 $D=\begin{vmatrix}3&1&-1&2\\-5&1&3&-4\\2&0&1&-1\\1&-5&3&-3\end{vmatrix}$.

解:$D=\begin{vmatrix}3&1&-1&2\\-5&1&3&-4\\2&0&1&-1\\1&-5&3&-3\end{vmatrix}\xlongequal[c_4+c_3]{c_1-2c_3}\begin{vmatrix}5&1&-1&1\\-11&1&3&-1\\0&0&1&0\\-5&-5&3&0\end{vmatrix}$

$=1\cdot(-1)^{3+3}\begin{vmatrix}5&1&1\\-11&1&-1\\-5&-5&0\end{vmatrix}\xlongequal{r_2+r_1}\begin{vmatrix}5&1&1\\-6&2&0\\-5&-5&0\end{vmatrix}$

$=1\cdot(-1)^{1+3}\begin{vmatrix}-6&2\\-5&-5\end{vmatrix}=40.$

注:对于一般的数字行列式,通常综合利用行列式的性质——先在行列式的某行(或列)(一般选择有数字 1 且 0 较多的行或列)选定一个非零元素(通常选数字 1,然后利用性质将该行(或列)的其他元素均化为零,再按次行(或列)展开.这是计算数字行列式最常用的方法.

同步练习 4.1

(一)填空题

1. $\begin{vmatrix}\sin\alpha&-\cos\alpha\\\cos\alpha&\sin\alpha\end{vmatrix}=$__________.

2. $\begin{vmatrix}2&5\\1&3\end{vmatrix}=$__________.

3. $\begin{vmatrix} \cos 75° & \sin 75° \\ \sin 75° & \cos 75° \end{vmatrix}=$__________.

4. $\begin{vmatrix} 1 & \lg e \\ \ln 10 & 1 \end{vmatrix}=$__________.

5. $\begin{vmatrix} \cot^2\alpha & 1 \\ -1 & \cot^2\alpha \end{vmatrix}=$__________.

6. $\begin{vmatrix} 2-x & 1 \\ 1-3x & 2 \end{vmatrix}=$__________.

7. $\begin{vmatrix} 1 & 1 & 1 \\ 3 & 5 & 1 \\ -2 & 2 & 1 \end{vmatrix}=$__________.

8. $\begin{vmatrix} 0 & a & 0 \\ b & 0 & c \\ 0 & d & 0 \end{vmatrix}=$__________.

9. $\begin{vmatrix} 2 & -3 & 3 \\ 1 & 2 & 7 \\ 4 & 0 & -5 \end{vmatrix}=$__________.

(二)选择题

1. $\begin{vmatrix} x+1 & x^2 \\ x & x^2-x+1 \end{vmatrix}=$(　　).

A. $2x^3+1$　　B. 1　　C. -1　　D. $2x^3-1$

2. 方程$\begin{vmatrix} 1 & 3-y \\ 2 & 2-y \end{vmatrix}=0$的解为(　　).

A. 2　　B. 3　　C. 4　　D. 5

3. 在$\begin{vmatrix} a & b & c \\ d & e & f \\ g & h & k \end{vmatrix}$的展开式中,$bfg$、$bdk$前面的符号分别为(　　).

A. $+,-$　　B. $+,+$　　C. $-,+$　　D. $-,-$

4. 四阶行列式$\begin{vmatrix} a & 0 & 0 & 0 \\ 0 & b & 0 & 0 \\ 0 & 0 & c & 0 \\ 0 & 0 & 0 & d \end{vmatrix}$的所有元素的代数余子式之和为(　　).

A. $abcd$　　B. $4abcd$

C. $bcd+acd+abd+abc$　　D. $bcd-acd+abd-abc$

(三)计算题

1. 计算行列式$D=\begin{vmatrix} 2 & 1 & 1 & 1 \\ 1 & 2 & 1 & 1 \\ 1 & 1 & 2 & 1 \\ 1 & 1 & 1 & 2 \end{vmatrix}$.

2. 计算行列式 $D=\begin{vmatrix}1&2&3&4\\2&3&4&1\\3&4&1&2\\4&1&2&3\end{vmatrix}$.

3. 计算行列式 $D=\begin{vmatrix}a_1-b_1&a_1-b_2&\cdots&a_1-b_n\\a_2-b_1&a_2-b_2&\cdots&a_2-b_n\\\vdots&\vdots&&\vdots\\a_n-b_1&a_n-b_2&\cdots&a_n-b_n\end{vmatrix}$.

4. 计算行列式 $D=\begin{vmatrix}-ab&ac&ae\\bd&-cd&de\\bf&cf&-ef\end{vmatrix}$.

5. 计算行列式 $D=\begin{vmatrix}3&1&1&1\\1&3&1&1\\1&1&3&1\\1&1&1&3\end{vmatrix}$.

6. 计算行列式 $D=\begin{vmatrix}1&4&4&4\\4&2&4&4\\4&4&3&4\\4&4&4&4\end{vmatrix}$.

7. 计算行列式 $D=\begin{vmatrix}2&8&-5&1\\1&9&0&-6\\0&-5&-1&2\\1&0&-7&6\end{vmatrix}$.

8. 计算行列式 $D=\begin{vmatrix}4&1&2&4\\1&2&0&2\\10&5&2&0\\0&1&1&7\end{vmatrix}$.

9. 计算行列式 $D=\begin{vmatrix}2&1&4&1\\3&-1&2&1\\1&2&3&2\\5&0&6&2\end{vmatrix}$.

10. 计算 n 阶行列式：$D=\begin{vmatrix}0&1&1&\cdots&1\\1&0&1&\cdots&1\\1&1&0&\cdots&1\\\vdots&\vdots&\vdots&&\vdots\\1&1&1&\cdots&0\end{vmatrix}$.

11. 计算行列式 $D=\begin{vmatrix} a_0 & 1 & 1 & 1 \\ 1 & a_1 & 0 & 0 \\ 1 & 0 & a_2 & 0 \\ 1 & 0 & 0 & a_3 \end{vmatrix}$，其中 a_1,a_2,a_3 均不为零.

4.2　克莱姆法则

一、基本内容

1. n 元线性方程组

$$\begin{cases} a_{11}x_1+a_{12}x_2+\cdots+a_{1n}x_n=b_1 \\ a_{21}x_1+a_{22}x_2+\cdots+a_{2n}x_n=b_2 \\ \cdots\cdots \\ a_{n1}x_1+a_{n2}x_2+\cdots+a_{nn}x_n=b_n \end{cases}, \tag{1}$$

其右端的常数项 $b_1,b_2,\cdots,b_n$ 不全为零时，线性方程组(1)称为**非齐次线性方程组**；

当 $b_1,b_2,\cdots,b_n$ 全为零时，线性方程组(1)称为**齐次线性方程组**，即

$$\begin{cases} a_{11}x_1+a_{12}x_2+\cdots+a_{1n}x_n=0 \\ a_{21}x_1+a_{22}x_2+\cdots+a_{2n}x_n=0 \\ \cdots\cdots \\ a_{n1}x_1+a_{n2}x_2+\cdots+a_{nn}x_n=0 \end{cases}. \tag{2}$$

2. 克莱姆法则

克莱姆法则：设含 n 个未知数 n 个方程的线性方程组为

$$\begin{cases} a_{11}x_1+a_{12}x_2+\cdots+a_{1n}x_n=b_1 \\ a_{21}x_1+a_{22}x_2+\cdots+a_{2n}x_n=b_2 \\ \cdots\cdots \\ a_{n1}x_1+a_{n2}x_2+\cdots+a_{nn}x_n=b_n \end{cases}.$$

其系数行列式为 $D=\begin{vmatrix} a_{11} & a_{12} & \cdots & a_{1n} \\ a_{21} & a_{22} & \cdots & a_{2n} \\ \vdots & \vdots & & \vdots \\ a_{n1} & a_{n2} & \cdots & a_{nn} \end{vmatrix}$，若 $D\neq0$，则方程组有唯一解：

$$x_1=\frac{D_1}{D},\quad x_2=\frac{D_2}{D},\quad \cdots,\quad x_n=\frac{D_n}{D}.$$

其中，$D_j(j=1,2,3,\cdots,n)$是把 D 中第 j 列元素 $a_{1j},a_{2j},\cdots,a_{nj}$ 依次换成常数列 $b_1,b_2,\cdots,b_n$ 后得到的行列式.

3. 克莱姆法则的应用

定理 1　如果线性方程组(1)的系数行列式 $D\neq0$，则(1)一定有解，且解是唯一的.

推论：如果线性方程组(1)无解或解不是唯一的，则它的系数行列式必为零.

定理 2　如果齐次线性方程组(2)的系数行列式 $D\neq0$，则其只有零解；反之，如果齐次线

性方程组(2)有非零解,则它的系数行列式 $D=0$.

二、学习要求

1. 理解 n 元线性方程组的概念.
2. 掌握用克莱姆法则解线性方程组的方法.

三、基本题型及解题方法

题型:应用克莱姆法则解线性方程组.

解题方法:根据克莱姆法则,应先判断方程组的系数行列式是否为零,当系数行列式不为零时,再计算 D_j(D_j 使用常数项代替系数行列式中的第 j 列得到的),最后可得方程组的解为 $x_j=\dfrac{D_j}{D}(j=1,2,\cdots,n)$.

例 1 用克莱姆法则解线性方程组:$\begin{cases}x+3y+2z=0\\2x-y+3z=0\\3x+2y-z=0\end{cases}$.

解:因为系数行列式 $D=\begin{vmatrix}1&3&2\\2&-1&3\\3&2&-1\end{vmatrix}=42\neq0$,而

$$D_x=\begin{vmatrix}0&3&3\\0&-1&2\\0&2&-1\end{vmatrix}=0,\quad D_y=\begin{vmatrix}1&0&3\\2&0&2\\3&0&-1\end{vmatrix}=0,\quad D_z=\begin{vmatrix}1&3&0\\2&-1&0\\3&2&0\end{vmatrix}=0,$$

从而,方程组的解为

$$x=\frac{D_x}{D}=0,\quad y=\frac{D_y}{D}=0,\quad z=\frac{D_z}{D}=0.$$

例 2 用克莱姆法则解线性方程组:$\begin{cases}x_1-x_2+2x_4=-5\\3x_1+2x_2-x_3-2x_4=6\\4x_1+3x_2-x_3-x_4=0\\2x_1-x_3=0\end{cases}$.

解:因为

$$D=\begin{vmatrix}1&-1&0&2\\3&2&-1&-2\\4&3&-1&-1\\2&0&-1&0\end{vmatrix}\xlongequal{c_1+2c_3}\begin{vmatrix}1&-1&0&2\\1&2&-1&-2\\2&3&-1&-1\\0&0&-1&0\end{vmatrix}=(-1)\cdot(-1)^{4+3}\begin{vmatrix}1&-1&2\\1&2&-2\\2&3&-1\end{vmatrix}$$

$$\xlongequal[r_3-2r_1]{r_2-r_1}\begin{vmatrix}1&-1&2\\0&3&-4\\0&5&-5\end{vmatrix}=\begin{vmatrix}3&-4\\5&-5\end{vmatrix}=5\neq0.$$

$$D_1=\begin{vmatrix}-5&-1&0&2\\6&2&-1&-2\\0&3&-1&-1\\0&0&-1&0\end{vmatrix}=(-1)\cdot(-1)^{4+3}\begin{vmatrix}-5&-1&2\\6&2&-2\\0&3&-1\end{vmatrix}\xlongequal{c_2+3c_3}\begin{vmatrix}-5&5&2\\6&-4&-2\\0&0&-1\end{vmatrix}$$

$$=-\begin{vmatrix}-5&5\\6&-4\end{vmatrix}=10.$$

经过同样的计算可得

$$D_2=\begin{vmatrix}1&-5&0&2\\3&6&-1&-2\\4&0&-1&-1\\2&0&-1&0\end{vmatrix}=-15;\quad D_3=\begin{vmatrix}1&-1&-5&2\\3&2&6&-2\\4&3&0&-1\\2&0&0&0\end{vmatrix}=20;$$

$$D_4=\begin{vmatrix}1&-1&0&-5\\3&2&-1&6\\4&3&-1&0\\2&0&-1&0\end{vmatrix}=-25.$$

所以方程组的解为

$$x_1=\frac{D_1}{D}=\frac{10}{5}=2;\quad x_2=\frac{D_2}{D}=\frac{-15}{5}=-3;$$

$$x_3=\frac{D_3}{D}=\frac{20}{5}=4;\quad x_4=\frac{D_4}{D}=\frac{-25}{5}=-5.$$

例 3　用克莱姆法则解线性方程组：$\begin{cases}ax_1+ax_2+ax_3+ax_4+bx_5=a_5\\ax_1+ax_2+ax_3+bx_4+ax_5=a_4\\ax_1+ax_2+bx_3+ax_4+ax_5=a_3\\ax_1+bx_2+ax_3+ax_4+ax_5=a_2\\bx_1+ax_2+ax_3+ax_4+ax_5=a_1\end{cases}$，这里 $a\neq b, 4a+b\neq 0$.

解：因为

$$D=\begin{vmatrix}a&a&a&a&b\\a&a&a&b&a\\a&a&b&a&a\\a&b&a&a&a\\b&a&a&a&a\end{vmatrix}\xlongequal{r_1+r_2+r_3+r_4+r_5}\begin{vmatrix}4a+b&4a+b&4a+b&4a+b&4a+b\\a&a&a&b&a\\a&a&b&a&a\\a&b&a&a&a\\b&a&a&a&a\end{vmatrix}$$

$$=(4a+b)\begin{vmatrix}1&1&1&1&1\\a&a&a&b&a\\a&a&b&a&a\\a&b&a&a&a\\b&a&a&a&a\end{vmatrix}\xlongequal[r_4-ar_1 \\ r_5-ar_1]{r_2-ar_1 \\ r_3-ar_1}(4a+b)\begin{vmatrix}1&1&1&1&1\\0&0&0&b-a&0\\0&0&b-a&0&0\\0&b-a&0&0&0\\b-a&0&0&0&0\end{vmatrix}$$

$$=(-1)^{1+5}(4a+b)\begin{vmatrix}0&0&0&b-a\\0&0&b-a&0\\0&b-a&0&0\\b-a&0&0&0\end{vmatrix}=(4a+b)(b-a)^4\neq 0,$$

而
$$D_1=\begin{vmatrix} a_5 & a & a & a & b \\ a_4 & a & a & b & a \\ a_3 & a & b & a & a \\ a_2 & b & a & a & a \\ a_1 & a & a & a & a \end{vmatrix}=\begin{vmatrix} \sum_{t=1}^{5}a_t & 4a+b & 4a+b & 4a+b & 4a+b \\ a_4 & a & a & b & a \\ a_3 & a & b & a & a \\ a_2 & b & a & a & a \\ a_1 & a & a & a & a \end{vmatrix}.$$

把上式按第一列展开，由于

$$A_{11}=\begin{vmatrix} a & a & b & a \\ a & b & a & a \\ b & a & a & a \\ a & a & a & a \end{vmatrix}=a\begin{vmatrix} a & a & b & a \\ a & b & a & a \\ b & a & a & a \\ 1 & 1 & 1 & 1 \end{vmatrix}\xlongequal[r_3-ar_4]{\substack{r_1-ar_4\\ r_2-ar_4}}a\begin{vmatrix} 0 & 0 & b-a & 0 \\ 0 & b-a & 0 & 0 \\ b-a & 0 & 0 & 0 \\ 1 & 1 & 1 & 1 \end{vmatrix}=-a(b-a)^3;$$

$$A_{21}=-\begin{vmatrix} 4a+b & 4a+b & 4a+b & 4a+b \\ a & b & a & a \\ b & a & a & a \\ a & a & a & a \end{vmatrix}=0,\text{同样有 } A_{31}=0, A_{41}=0,$$

$$A_{51}=\begin{vmatrix} 4a+b & 4a+b & 4a+b & 4a+b \\ a & a & b & a \\ a & b & a & a \\ b & a & a & a \end{vmatrix}=(4a+b)(b-a)^3,$$

所以
$$D_1=a_1(4a+b)(b-a)^3-a(b-a)^3\sum_{t=1}^{5}a_t.$$

同样可求得：$D_2=a_2(4a+b)(b-a)^3-a(b-a)^3\sum_{t=1}^{5}a_t$；

$$D_3=a_3(4a+b)(b-a)^3-a(b-a)^3\sum_{t=1}^{5}a_t;$$

$$D_4=a_4(4a+b)(b-a)^3-a(b-a)^3\sum_{t=1}^{5}a_t;$$

$$D_5=a_5(4a+b)(b-a)^3-a(b-a)^3\sum_{t=1}^{5}a_t.$$

于是所求解为

$$x_i=\frac{1}{(4a+b)(b-a)}\left[a_i(4a+b)-a\sum_{t=1}^{5}a_t\right]\quad (i=1,2,3,4,5).$$

同步练习 4.2

1. 用克莱姆法则解线性方程组：

(1) $\begin{cases} \frac{3}{2}x_1-\frac{2}{3}x_2=5 \\ \frac{3}{5}x_1+2x_2=-2 \end{cases}$.　　(2) $\begin{cases} 2x+3y-9=0 \\ x+7y+4=0 \end{cases}$.

(3)$\begin{cases}2x+3y-z=-4\\x-y+z=5\\7x-6y-4z=1\end{cases}$.　　(4)$\begin{cases}x-2y+z=1\\2x+y-z=1\\x-3y-4z=-10\end{cases}$.

2. 用克莱姆法则解线性方程组：$\begin{cases}x_1+x_2+5x_3+7x_4=14\\3x_1+5x_2+7x_3+x_4=0\\5x_1+7x_2+x_3+3x_4=4\\7x_1+x_2+3x_3+5x_4=16\end{cases}$.

3. 用克莱姆法则解线性方程组：$\begin{cases}x+y+z=a+b+c\\ax+by+cz=a^2+b^2+c^2\\bcx+cay+abz=3abc\end{cases}$ （a,b,c 互不相等）.

4. 用克莱姆法则解线性方程组：$\begin{cases}x_1-x_2+x_3-2x_4=2\\2x_1-x_3+x_4=4\\3x_1+2x_2+x_3=-1\\-x_1+2x_2-x_3+2x_4=-4\end{cases}$.

4.3　矩阵的概念与运算

一、基本内容

1. 矩阵的有关概念

(1)矩阵：由 $m\times n$ 个数 a_{ij}（$i=1,2,\cdots,m;j=1,2,\cdots,n$）排成的 m 行 n 列的数表 $\begin{pmatrix}a_{11}&a_{12}&\cdots&a_{1n}\\a_{21}&a_{22}&\cdots&a_{2n}\\\vdots&\vdots&&\vdots\\a_{m1}&a_{m2}&\cdots&a_{mn}\end{pmatrix}$ 称为 **m 行 n 列矩阵**，其中 a_{ij} 称为该矩阵的**第 i 行第 j 列元素**.

(2)实矩阵、复矩阵：元素是实数的矩阵称为**实矩阵**，元素是复数的矩阵称为**复矩阵**.

(3)零矩阵：所有元素均为零的矩阵称为**零矩阵**，记作 $\boldsymbol{O}$.

(4)n 阶方阵：当 $m=n$ 时，矩阵 $\boldsymbol{A}=(a_{ij})_{n\times n}=\begin{pmatrix}a_{11}&a_{12}&\cdots&a_{1n}\\a_{21}&a_{22}&\cdots&a_{2n}\\\vdots&\vdots&&\vdots\\a_{n1}&a_{n2}&\cdots&a_{nn}\end{pmatrix}$，记为 $\boldsymbol{A}_n$.

(5)行矩阵：只有一行的矩阵 $\boldsymbol{A}=(a_1,a_2,\cdots,a_n)$ 称为**行矩阵**.

(6)列矩阵：只有一列的矩阵 $\boldsymbol{B}=\begin{pmatrix}b_1\\b_2\\\vdots\\b_m\end{pmatrix}$ 称为**列矩阵**.

(7)同型矩阵：两个矩阵具有相同的行数与列数.

(8)单位矩阵：主对角元均为 1 的对角方阵，记为 $\boldsymbol{E}$ 或 $\boldsymbol{I}$.

(9)三角矩阵:

上三角矩阵:形如$\boldsymbol{A}=\begin{pmatrix} a_{11} & a_{12} & \cdots & a_{1n} \\ 0 & a_{22} & \cdots & a_{2n} \\ \vdots & \vdots & & \vdots \\ 0 & 0 & \cdots & a_{nn} \end{pmatrix}$的矩阵称为**上三角矩阵**.

下三角矩阵:形如$\boldsymbol{B}=\begin{pmatrix} b_{11} & 0 & \cdots & 0 \\ b_{21} & b_{22} & \cdots & 0 \\ \vdots & \vdots & & \vdots \\ b_{n1} & b_{n2} & \cdots & b_{nn} \end{pmatrix}$的矩阵称为**下三角矩阵**.

(10)矩阵相等:两个m行n列的矩阵$\boldsymbol{A}=(a_{ij})_{m\times n}$和$\boldsymbol{B}=(b_{ij})_{m\times n}$的对应元素都分别相等,即$a_{ij}=b_{ij}(i=1,2,\cdots,m,j=1,2,\cdots,n)$时,称两个矩阵**相等**,记作$\boldsymbol{A}=\boldsymbol{B}$.

(11)转置矩阵:把矩阵$\boldsymbol{A}_{m\times n}$的行与列依次互换得到的矩阵$\boldsymbol{A}_{n\times m}^{\mathrm{T}}$(或$\boldsymbol{A}'_{n\times m}$),称为矩阵$\boldsymbol{A}_{m\times n}$的**转置矩阵**.

(12)方阵的幂:设方阵$\boldsymbol{A}=(a_{ij})_{n\times n}$,$k$为正整数,则$k$个$\boldsymbol{A}$连乘,称为**方阵$\boldsymbol{A}$的$k$次幂**.

(13)n阶方阵的行列式:由n阶方阵$\boldsymbol{A}$的元素按其在矩阵中的位置构成的n阶行列式称为方阵$\boldsymbol{A}$的**行列式**,记作$|\boldsymbol{A}|$或$\det\boldsymbol{A}$.

2. 矩阵的线性运算

(1)矩阵的加法与减法:$(a_{ij})_{m\times n}\pm(b_{ij})_{m\times n}=(a_{ij}\pm b_{ij})_{m\times n}$,

$$\boldsymbol{A}+(-\boldsymbol{A})=\boldsymbol{O},\quad \boldsymbol{A}-\boldsymbol{B}=\boldsymbol{A}+(-\boldsymbol{B}).$$

(2)数乘:$k(a_{ij})_{m\times n}=(ka_{ij})_{m\times n}$,其中$k$为常数.

(3)乘积:$(a_{ij})_{m\times l}(b_{ij})_{l\times n}=(c_{ij})_{m\times n}$,其中$c_{ij}=\sum\limits_{t=1}^{l}a_{it}b_{tj}$.

3. 矩阵的运算律

(1)交换律:$\boldsymbol{A}+\boldsymbol{B}=\boldsymbol{B}+\boldsymbol{A},\boldsymbol{A}k=k\boldsymbol{A}$($k$为任意常数),$\boldsymbol{AB}\neq\boldsymbol{BA},\boldsymbol{EA}=\boldsymbol{AE}=\boldsymbol{A}$.

(2)结合律:$(\boldsymbol{A}+\boldsymbol{B})+\boldsymbol{C}=\boldsymbol{A}+(\boldsymbol{B}+\boldsymbol{C})$, $(\boldsymbol{AB})\boldsymbol{C}=\boldsymbol{A}(\boldsymbol{BC})$,

$k_1(k_2\boldsymbol{A})=(k_1k_2)\boldsymbol{A}$($k_1$、$k_2$为任意常数),

$k(\boldsymbol{AB})=(k\boldsymbol{A})\boldsymbol{B}=\boldsymbol{A}(k\boldsymbol{B})$($k$为任意常数).

(3)分配律:$(k_1+k_2)\boldsymbol{A}=k_1\boldsymbol{A}+k_2\boldsymbol{A}$($k_1$、$k_2$为任意常数),

$k(\boldsymbol{A}+B)=k\boldsymbol{A}+k\boldsymbol{B}$ (k为任意常数),$\boldsymbol{A}(\boldsymbol{B}+\boldsymbol{C})=\boldsymbol{AB}+\boldsymbol{AC}$.

4. 矩阵的转置的运算律

(1)$(\boldsymbol{A}^{\mathrm{T}})^{\mathrm{T}}=\boldsymbol{A}$;

(2)$(\boldsymbol{A}+\boldsymbol{B})^{\mathrm{T}}=\boldsymbol{A}^{\mathrm{T}}+\boldsymbol{B}^{\mathrm{T}}$;

(3)$(k\boldsymbol{A})^{\mathrm{T}}=k\boldsymbol{A}^{\mathrm{T}}$ (k为常数);

(4)$(\boldsymbol{AB})^{\mathrm{T}}=\boldsymbol{B}^{\mathrm{T}}\boldsymbol{A}^{\mathrm{T}}$.

5. 方阵的幂以及方阵的行列式运算规律

(1)$\boldsymbol{A}^m\boldsymbol{A}^n=\boldsymbol{A}^{m+n}$;

(2)$(\boldsymbol{A}^m)^n=\boldsymbol{A}^{mn}$;

(3)$|\boldsymbol{A}^{\mathrm{T}}|=|\boldsymbol{A}|$;

(4)$|k\boldsymbol{A}|=k^n|\boldsymbol{A}|$;

(5) $|AB|=|A||B|$.

*6. 用矩阵表示线性方程组

线性方程组 $\begin{cases} a_{11}x_1+a_{12}x_2+\cdots+a_{1n}x_n=b_1 \\ a_{21}x_1+a_{22}x_2+\cdots+a_{2n}x_n=b_2 \\ \cdots\cdots \\ a_{m1}x_1+a_{m2}x_2+\cdots+a_{mn}x_n=b_m \end{cases}$ 可用矩阵表示为 $\boldsymbol{AX}=\boldsymbol{B}$，其中

$$\boldsymbol{A}=\begin{pmatrix} a_{11} & a_{12} & \cdots & a_{1n} \\ a_{21} & a_{22} & \cdots & a_{2n} \\ \vdots & \vdots & \vdots & \vdots \\ a_{m1} & a_{m2} & \cdots & a_{mn} \end{pmatrix}, \quad \boldsymbol{X}=\begin{pmatrix} x_1 \\ x_2 \\ \vdots \\ x_n \end{pmatrix}, \quad \boldsymbol{B}=\begin{pmatrix} b_1 \\ b_2 \\ \vdots \\ b_m \end{pmatrix}.$$

二、学习要求

1. 理解矩阵的有关概念；
2. 掌握矩阵的三种运算以及方阵的运算；
3. 了解矩阵表示线性方程组.

三、基本题型及解题方法

题型 1　矩阵各种运算的概念理解题.

解题方法：理解矩阵的加减、数乘及乘法运算的定义，根据定义可得以下结论.

(1)只有两个矩阵的行数和列数都分别相同(即为同型矩阵)时，才能进行加减运算；

(2)数乘矩阵是用数乘以矩阵的每一个元素，这一点与数乘行列式不同；

(3)只有左矩阵的列数与右矩阵的行数相同时，两个矩阵才能相乘.

例 1　已知 $\boldsymbol{A}=\begin{pmatrix} 4 & 3 \\ 2 & 1 \end{pmatrix}$，$\boldsymbol{B}=\begin{pmatrix} 6 & 5 & 4 \\ 3 & 2 & 1 \end{pmatrix}$，则①$\boldsymbol{A}-\boldsymbol{B}$，②$\boldsymbol{BA}$ 分别是(　　).

A. ①有意义，②有意义　　B. ①有意义，②无意义

C. ①无意义，②有意义　　D. ①无意义，②无意义

解：①因为 $\boldsymbol{A}$ 为 2 行 2 列的矩阵，而 $\boldsymbol{B}$ 为 2 行 3 列的矩阵，故 $\boldsymbol{A}-\boldsymbol{B}$ 无意义；②因为 $\boldsymbol{B}$ 的列数是 3，而 $\boldsymbol{A}$ 行数是 2，故 $\boldsymbol{BA}$ 无意义.

因此应选择 D.

例 2　下列两个等式成立吗？(　　)

(1) $2\begin{vmatrix} 1 & 3 \\ 2 & 5 \end{vmatrix}=\begin{vmatrix} 2 & 6 \\ 2 & 5 \end{vmatrix}$，　　(2) $2\begin{pmatrix} 1 & 3 \\ 2 & 5 \end{pmatrix}=\begin{pmatrix} 2 & 6 \\ 2 & 5 \end{pmatrix}$.

A. (1)成立，(2)成立　　B. (1)成立，(2)不成立

C. (1)不成立，(2)成立　　D. (1)不成立，(2)不成立

解：根据数乘矩阵与数乘行列式的概念，知(1)成立，(2)不成立，故应选择 B.

题型 2　矩阵的各种运算题及各种运算的综合题.

解题方法：按各种运算的概念进行.

例 3 已知$\boldsymbol{A}=\begin{pmatrix}1&2&0\\-1&3&3\\2&0&4\end{pmatrix}$，$\boldsymbol{B}=\begin{pmatrix}5&6&2\\1&-1&-3\\0&2&2\end{pmatrix}$，且$\boldsymbol{A}+2\boldsymbol{X}=\boldsymbol{B}$，求未知矩阵$\boldsymbol{X}$.

解：由$\boldsymbol{A}+2\boldsymbol{X}=\boldsymbol{B}$可得

$$\boldsymbol{X}=\frac{1}{2}(\boldsymbol{B}-\boldsymbol{A})=\frac{1}{2}\left[\begin{pmatrix}5&6&2\\1&-1&-3\\0&2&2\end{pmatrix}-\begin{pmatrix}1&2&0\\-1&3&3\\2&0&4\end{pmatrix}\right]$$

$$=\frac{1}{2}\begin{pmatrix}4&4&2\\2&-4&-6\\-2&2&-2\end{pmatrix}=\begin{pmatrix}2&2&1\\1&-2&-3\\-1&1&-1\end{pmatrix}.$$

例 4 已知$\boldsymbol{A}=\begin{pmatrix}1&1&1\\1&1&-1\\1&-1&1\end{pmatrix}$，$\boldsymbol{B}=\begin{pmatrix}1&2&3\\-1&-2&4\\0&5&1\end{pmatrix}$，求(1)$3\boldsymbol{AB}-2\boldsymbol{A}$；(2)$\boldsymbol{A}'\boldsymbol{B}$.

解：(1)因为$\boldsymbol{AB}=\begin{pmatrix}1&1&1\\1&1&-1\\1&-1&1\end{pmatrix}\begin{pmatrix}1&2&3\\-1&-2&4\\0&5&1\end{pmatrix}=\begin{pmatrix}0&5&8\\0&-5&6\\2&9&0\end{pmatrix}$，所以

$$3\boldsymbol{AB}-2\boldsymbol{A}=3\begin{pmatrix}0&5&8\\0&-5&6\\2&9&0\end{pmatrix}-2\begin{pmatrix}1&1&1\\1&1&-1\\1&-1&1\end{pmatrix}=\begin{pmatrix}0&15&24\\0&-15&18\\6&27&0\end{pmatrix}-\begin{pmatrix}2&2&2\\2&2&-2\\2&-2&2\end{pmatrix}$$

$$=\begin{pmatrix}-2&13&22\\-2&-17&20\\4&29&-2\end{pmatrix}.$$

(2)因为$\boldsymbol{A}'=\begin{pmatrix}1&1&1\\1&1&-1\\1&-1&1\end{pmatrix}=\boldsymbol{A}$，所以$\boldsymbol{A}'\boldsymbol{B}=\boldsymbol{AB}=\begin{pmatrix}0&5&8\\0&-5&6\\2&9&0\end{pmatrix}$.

例 5 已知$\boldsymbol{A}=\begin{pmatrix}2&0&-1\\1&3&2\end{pmatrix}$，$\boldsymbol{B}=\begin{pmatrix}1&7&-1\\4&2&3\\2&0&1\end{pmatrix}$，求(1)$(\boldsymbol{AB})'$；(2)$\boldsymbol{B}'\boldsymbol{A}'$.

解：(1)因为$\boldsymbol{AB}=\begin{pmatrix}2&0&-1\\1&3&2\end{pmatrix}\begin{pmatrix}1&7&-1\\4&2&3\\2&0&1\end{pmatrix}=\begin{pmatrix}0&14&-3\\17&13&10\end{pmatrix}$，所以

$$(\boldsymbol{AB})'=\begin{pmatrix}0&17\\14&13\\-3&10\end{pmatrix};$$

(2)因为$\boldsymbol{A}'=\begin{pmatrix}2&1\\0&3\\-1&2\end{pmatrix}$，$\boldsymbol{B}'=\begin{pmatrix}1&4&2\\7&2&0\\-1&3&1\end{pmatrix}$，所以

$$\boldsymbol{B}'\boldsymbol{A}'=\begin{pmatrix}1&4&2\\7&2&0\\-1&3&1\end{pmatrix}\begin{pmatrix}2&1\\0&3\\-1&2\end{pmatrix}=\begin{pmatrix}0&17\\14&13\\-3&10\end{pmatrix}.$$

注:例 5 表明,$(\boldsymbol{AB})'=\boldsymbol{B}'\boldsymbol{A}'$.

例 6　已知 $\boldsymbol{A}=\begin{pmatrix}1&1&-1\\0&2&1\\0&0&5\end{pmatrix}$,$\boldsymbol{B}=\begin{pmatrix}3&0&0\\-1&1&0\\1&-1&2\end{pmatrix}$,求(1)$|\boldsymbol{A}|$,$|\boldsymbol{B}|$;(2)$|\boldsymbol{AB}|$,$|\boldsymbol{BA}|$.

解:(1)$|\boldsymbol{A}|=\begin{vmatrix}1&1&-1\\0&2&1\\0&0&5\end{vmatrix}=10$,$|\boldsymbol{B}|=\begin{vmatrix}3&0&0\\-1&1&0\\1&-1&2\end{vmatrix}=6$;

(2)因为 $\boldsymbol{AB}=\begin{pmatrix}1&1&-1\\0&2&1\\0&0&5\end{pmatrix}\begin{pmatrix}3&0&0\\-1&1&0\\1&-1&2\end{pmatrix}=\begin{pmatrix}1&2&-2\\-1&1&2\\5&-5&10\end{pmatrix}$,

$\boldsymbol{BA}=\begin{pmatrix}3&0&0\\-1&1&0\\1&-1&2\end{pmatrix}\begin{pmatrix}1&1&-1\\0&2&1\\0&0&5\end{pmatrix}=\begin{pmatrix}3&3&-3\\-1&1&2\\1&-1&8\end{pmatrix}$,所以

$$|\boldsymbol{AB}|=\begin{vmatrix}1&2&-2\\-1&1&2\\5&-5&10\end{vmatrix}=5\begin{vmatrix}1&2&-2\\-1&1&2\\1&-1&2\end{vmatrix}=10\begin{vmatrix}1&2&-1\\-1&1&1\\1&-1&1\end{vmatrix}=10\times6=60,$$

$$|\boldsymbol{BA}|=\begin{vmatrix}3&3&-3\\-1&1&2\\1&-1&8\end{vmatrix}=3\begin{vmatrix}1&1&-1\\-1&1&2\\1&-1&8\end{vmatrix}=3\times20=60.$$

注:例 6 表明,$|\boldsymbol{AB}|=|\boldsymbol{BA}|=|\boldsymbol{A}|\cdot|\boldsymbol{B}|$.一般来说乘积 $\boldsymbol{AB}$ 或 $\boldsymbol{BA}$ 的计算量较大,因此在计算$|\boldsymbol{AB}|$或$|\boldsymbol{BA}|$时,利用此结果可使计算大大简化.

同步练习 4.3

(一)填空题

1. 已知 $\boldsymbol{A}=\begin{pmatrix}1&2&-1\\3&4&0\\-1&2&3\end{pmatrix}$,$\boldsymbol{B}=\begin{pmatrix}1&2&-1\\0&1&0\\-1&3&4\end{pmatrix}$,则 $\boldsymbol{A}+\boldsymbol{B}'=$________.

2. 已知 $\boldsymbol{A}=\begin{pmatrix}2&1&0\\7&-4&-1\end{pmatrix}$,$\boldsymbol{B}=\begin{pmatrix}-2&5\\0&9\\-4&3\end{pmatrix}$,则 $\boldsymbol{A}'-\boldsymbol{B}=$________.

3. 已知 $\boldsymbol{A}=\begin{pmatrix}1&0&-1\\2&1&3\\-1&0&4\end{pmatrix}$,$\boldsymbol{B}=\begin{pmatrix}1&2&-1\\3&4&0\\1&2&3\end{pmatrix}$,且 $\boldsymbol{A}-\boldsymbol{X}=\boldsymbol{B}$,则 $\boldsymbol{X}=$________.

4. 已知 $\boldsymbol{A}=\begin{pmatrix}3&4&-6\\2&5&7\end{pmatrix}$,$\boldsymbol{B}=\begin{pmatrix}5&2&3\\1&-4&-2\end{pmatrix}$,则 $\frac{1}{2}(\boldsymbol{A}+\boldsymbol{B})=$________.

5. 已知 $\begin{pmatrix}1&0\\0&2\end{pmatrix}^k=\begin{pmatrix}1&0\\0&8\end{pmatrix}$,则 $k=$________.

6. 已知$\begin{pmatrix}0&2\\1&0\end{pmatrix}^k=\begin{pmatrix}2&0\\0&2\end{pmatrix}$，则 $k=$________.

(二)选择题

1. 已知$\boldsymbol{A}=\begin{pmatrix}5&4\\6&3\\-7&1\end{pmatrix}$，$\boldsymbol{B}=\begin{pmatrix}6&8&-4\\9&-1&3\end{pmatrix}$，则(　　)$=\begin{pmatrix}-1&-2&-3\\-5&4&-2\end{pmatrix}$.

A. $\boldsymbol{A}+\boldsymbol{B}$　　B. $\boldsymbol{AB}$　　C. $\boldsymbol{A}'-\boldsymbol{B}$　　D. $\boldsymbol{A}-\boldsymbol{B}'$

2. 已知$\boldsymbol{A}=\begin{pmatrix}1&2&3\\4&5&6\end{pmatrix}$，$\boldsymbol{B}=\begin{pmatrix}4&1\\5&2\\6&3\end{pmatrix}$，则①$\boldsymbol{AB}$，②$\boldsymbol{BA}$ 分别是(　　).

A. ①有意义，②有意义　　B. ①有意义，②无意义

C. ①无意义，②有意义　　D. ①无意义，②无意义

3. 已知$\boldsymbol{A}=\begin{pmatrix}1\\-1\\-1\end{pmatrix}$，$\boldsymbol{B}=\begin{pmatrix}2\\3\\-1\end{pmatrix}$，则(　　)$=\begin{pmatrix}2&3&-1\\-2&-3&1\\-2&-3&1\end{pmatrix}$

A. $\boldsymbol{AB}$　　B. $\boldsymbol{AB}'$　　C. $\boldsymbol{A}'\boldsymbol{B}$　　D. $\boldsymbol{A}'\boldsymbol{B}'$

4. 已知$\boldsymbol{A}=(1\quad 2\quad 3)$，$\boldsymbol{B}=(3\quad 2\quad 1)$，则(　　)$=(10)$.

A. $\boldsymbol{AB}$　　B. $\boldsymbol{AB}'$　　C. $\boldsymbol{A}'\boldsymbol{B}$　　D. $\boldsymbol{A}'\boldsymbol{B}'$

5. 已知$\boldsymbol{A}=(1\quad -1\quad 2\quad 3)$，$\boldsymbol{B}=\begin{pmatrix}3\\2\\-1\\0\end{pmatrix}$，则(　　)$=\begin{pmatrix}3&2&-1&0\\-3&-2&1&0\\6&4&-2&0\\9&6&-3&0\end{pmatrix}$.

A. $\boldsymbol{AB}$　　B. $\boldsymbol{AB}'$　　C. $\boldsymbol{A}'\boldsymbol{B}$　　D. $\boldsymbol{A}'\boldsymbol{B}'$

6. 已知$\boldsymbol{A}=\begin{pmatrix}1&4&0\\2&5&-1\\3&6&-2\end{pmatrix}$，$\boldsymbol{B}=(2\quad 1\quad 3)$，则(　　)$=\begin{pmatrix}13\\31\\-7\end{pmatrix}$.

A. $\boldsymbol{AB}$　　B. $\boldsymbol{AB}'$　　C. $\boldsymbol{A}'\boldsymbol{B}$　　D. $\boldsymbol{A}'\boldsymbol{B}'$

7. 已知$\boldsymbol{A}=\begin{pmatrix}1&0&3\\2&-1&1\end{pmatrix}$，$\boldsymbol{B}=\begin{pmatrix}-1&1&4\\3&-2&1\\0&0&2\end{pmatrix}$，则(　　)$=\begin{pmatrix}-1&1&10\\-5&4&9\end{pmatrix}$.

A. $\boldsymbol{AB}$　　B. $\boldsymbol{AB}'$　　C. $\boldsymbol{A}'\boldsymbol{B}$　　D. $\boldsymbol{A}'\boldsymbol{B}'$

8. 已知$\boldsymbol{A}=\begin{pmatrix}-1&1\\1&0\\10&7\end{pmatrix}$，$\boldsymbol{B}=\begin{pmatrix}2\\1\\0\end{pmatrix}$，则(　　)$=\begin{pmatrix}-1\\2\end{pmatrix}$.

A. $\boldsymbol{AB}$　　B. $\boldsymbol{AB}'$　　C. $\boldsymbol{A}'\boldsymbol{B}$　　D. $\boldsymbol{A}'\boldsymbol{B}'$

9. 已知$\boldsymbol{A}=\begin{pmatrix}-1&1&4\\3&-2&1\\0&0&2\end{pmatrix}$，$\boldsymbol{B}=(2\quad 1\quad 0)$，则(　　)$=\begin{pmatrix}-1\\4\\0\end{pmatrix}$.

A. $\boldsymbol{AB}$　　B. $\boldsymbol{AB}'$　　C. $\boldsymbol{A}'\boldsymbol{B}$　　D. $\boldsymbol{A}'\boldsymbol{B}'$

10. 已知 $\boldsymbol{A}=\begin{pmatrix}1 & 2\\ 0 & 1\\ 3 & -1\end{pmatrix}$，$\boldsymbol{B}=\begin{pmatrix}-1 & 3 & 0\\ 1 & -2 & 0\\ 4 & 1 & 2\end{pmatrix}$，则(　　)$=\begin{pmatrix}-1 & 1 & 10\\ 1 & 0 & 7\end{pmatrix}$.

A. $\boldsymbol{AB}$　　B. $\boldsymbol{AB}'$　　C. $\boldsymbol{A}'\boldsymbol{B}$　　D. $\boldsymbol{A}'\boldsymbol{B}'$

11. 已知 $\boldsymbol{A}=\begin{pmatrix}1 & 0\\ 0 & -1\end{pmatrix}$，$\boldsymbol{B}=\begin{pmatrix}0 & 1\\ -1 & 0\end{pmatrix}$，则(　　)$=\begin{pmatrix}-1 & 0\\ 0 & -1\end{pmatrix}$.

A. $\boldsymbol{AB}$　　B. $\boldsymbol{A}+\boldsymbol{B}$　　C. $\boldsymbol{A}^2$　　D. $\boldsymbol{B}^2$

(三)计算与解答题

1. 已知 $\boldsymbol{A}=\begin{pmatrix}1 & 2 & 3\\ 2 & 4 & 6\\ 3 & 6 & 9\end{pmatrix}$，求 $\boldsymbol{A}+\boldsymbol{A}'$ 及 $\boldsymbol{A}-\boldsymbol{A}'$.

2. 计算：$\begin{pmatrix}2 & 3\\ 4 & 5\end{pmatrix}\begin{pmatrix}1 & 0\\ 0 & 1\end{pmatrix}$.

3. 计算：$(1\quad 0)\begin{pmatrix}3 & -1 & 0 & 2\\ -2 & 0 & 1 & 4\end{pmatrix}$.

4. 计算：$\begin{pmatrix}1 & 2 & -1\\ 3 & 1 & 0\\ -1 & 0 & -2\\ -3 & 1 & 0\end{pmatrix}\begin{pmatrix}2\\ -1\\ 1\end{pmatrix}$.

5. 计算：$\begin{pmatrix}a_1\\ a_2\\ \vdots\\ a_n\end{pmatrix}(b_1\quad b_2\quad \cdots\quad b_n)$.

6. 计算：$\begin{pmatrix}\cos\theta & -\sin\theta\\ \sin\theta & \cos\theta\end{pmatrix}^2$.

7. 计算：$(x\quad y\quad z)\begin{pmatrix}a_{11} & a_{12} & b_1\\ a_{12} & a_{22} & b_2\\ b_1 & b_2 & c\end{pmatrix}\begin{pmatrix}x\\ y\\ z\end{pmatrix}$.

8. 已知 $\boldsymbol{A}=\begin{pmatrix}1 & 0 & 3\\ 2 & -1 & 0\end{pmatrix}$，$\boldsymbol{B}=\begin{pmatrix}3 & -1\\ -2 & 4\\ 0 & 1\end{pmatrix}$，$\boldsymbol{C}=\begin{pmatrix}1\\ 2\end{pmatrix}$，求 $\boldsymbol{ABC}$.

9. 对于下列各组矩阵 $\boldsymbol{A}$ 和 $\boldsymbol{B}$，验证 $\boldsymbol{AB}=\boldsymbol{BA}=\boldsymbol{I}$.

$$\boldsymbol{A}=\begin{pmatrix}1 & 2 & -3\\ 0 & 1 & 2\\ 0 & 0 & 1\end{pmatrix},\quad \boldsymbol{B}=\begin{pmatrix}1 & -2 & 7\\ 0 & 1 & -2\\ 0 & 0 & 1\end{pmatrix}.$$

10. 矩阵与行列式主要有哪些不同之处？

4.4 逆 矩 阵

一、基本内容

1. 逆矩阵的概念

若 n 阶方阵 $\boldsymbol{A}$，满足 $\boldsymbol{AB}=\boldsymbol{BA}=\boldsymbol{E}$，则 $\boldsymbol{A}$ 为**可逆矩阵**，$\boldsymbol{B}$ 为 $\boldsymbol{A}$ 的**逆矩阵**.

矩阵 $\boldsymbol{A}$ 的逆矩阵记作 $\boldsymbol{A}^{-1}$.

2. 伴随矩阵

矩阵 $\boldsymbol{A}=\begin{pmatrix} a_{11} & a_{12} & \cdots & a_{1n} \\ a_{21} & a_{22} & \cdots & a_{2n} \\ \vdots & \vdots & & \vdots \\ a_{n1} & a_{n2} & \cdots & a_{nn} \end{pmatrix}$ 的伴随矩阵为 $\boldsymbol{A}^*=\begin{pmatrix} A_{11} & A_{21} & \cdots & A_{n1} \\ A_{12} & A_{22} & \cdots & A_{n2} \\ \vdots & \vdots & & \vdots \\ A_{1n} & A_{2n} & \cdots & A_{nn} \end{pmatrix}$，其中 $\boldsymbol{A}_{ij}(i,j=1,2,\cdots,n)$ 是其行列式 $|\boldsymbol{A}|$ 的各个元素 a_{ij} 的代数余子式.

3. 矩阵可逆的充要条件及逆矩阵的求法

(1)矩阵 $\boldsymbol{A}$ 可逆的充要条件是 $|\boldsymbol{A}|\neq 0$；

(2)矩阵 $\boldsymbol{A}$ 的逆矩阵 $\boldsymbol{A}^{-1}=\dfrac{1}{|\boldsymbol{A}|}\boldsymbol{A}^*$.

4. 逆矩阵的运算性质

(1)若矩阵 $\boldsymbol{A}$ 可逆，则 $\boldsymbol{A}^{-1}$ 也可逆，且 $(\boldsymbol{A}^{-1})^{-1}=\boldsymbol{A}$；

(2)若矩阵 $\boldsymbol{A}$ 可逆，数 $k\neq 0$，则 $(k\boldsymbol{A})^{-1}=\dfrac{1}{k}\boldsymbol{A}^{-1}$；

(3)若 $\boldsymbol{A}$、$\boldsymbol{B}$ 为同阶可逆方阵，则 $\boldsymbol{AB}$ 也可逆，且 $(\boldsymbol{AB})^{-1}=\boldsymbol{B}^{-1}\boldsymbol{A}^{-1}$；

(4)若矩阵 $\boldsymbol{A}$ 可逆，则 $\boldsymbol{A}'$ 也可逆，且 $(\boldsymbol{A}')^{-1}=(\boldsymbol{A}^{-1})'$；

(5)若矩阵 $\boldsymbol{A}$ 可逆，则 $|\boldsymbol{A}^{-1}|=|\boldsymbol{A}|^{-1}$；

(6)若矩阵 $\boldsymbol{A}$ 是可逆的，则 $\boldsymbol{A}$ 的逆矩阵是唯一的.

5. 用初等变换求逆矩阵

(1)初等变换：初等行变换与初等列变换；

(2)初等行(列)变换：位置变换、倍乘变换、倍加变换；

(3)矩阵等价：若矩阵 $\boldsymbol{A}$ 经过有限次初等变换变成矩阵 $\boldsymbol{B}$，则称矩阵 $\boldsymbol{A}$ 与 $\boldsymbol{B}$ 等价，记为 $\boldsymbol{A}\rightarrow\boldsymbol{B}$ 或 $\boldsymbol{A}\sim\boldsymbol{B}$.

6. 用逆矩阵解线性方程组

方程组 $\boldsymbol{AX}=\boldsymbol{B}$，当 $|\boldsymbol{A}|\neq 0$ 时，其解为 $\boldsymbol{X}=\boldsymbol{A}^{-1}\boldsymbol{B}$.

二、学习要求

1. 理解逆矩阵的概念和运算性质；

2. 掌握逆矩阵的求法；

3. 会利用逆矩阵解线性方程组.

三、基本题型及解题方法

题型 1　求逆矩阵.

解题方法：利用公式 $A^{-1}=\frac{1}{|A|}A^*$ 求逆矩阵的方法如下所示. 先判断矩阵的行列式是否为零，若为零则矩阵不可逆，若不为零，则继续求出各个元素的代数余子式，按公式写出逆矩阵.

例 1　求下列矩阵的逆矩阵：

(1) $\begin{pmatrix}1&1&1&1\\1&1&-1&-1\\1&-1&1&-1\\1&-1&-1&1\end{pmatrix}$；　　(2) $A=\begin{pmatrix}2&1&0&0&0\\0&2&1&0&0\\0&0&2&1&0\\0&0&0&2&1\\0&0&0&0&2\end{pmatrix}$.

解：(1)因为

$$|A|=\begin{vmatrix}1&1&1&1\\1&1&-1&-1\\1&-1&1&-1\\1&-1&-1&1\end{vmatrix}=\begin{vmatrix}1&1&1&1\\0&0&-2&-2\\0&-2&0&-2\\0&-2&-2&0\end{vmatrix}=\begin{vmatrix}0&-2&-2\\-2&0&-2\\-2&-2&0\end{vmatrix}=-16\neq 0,$$

所以 A^{-1} 存在，而各个元素的代数余子式如下：

$$A_{11}=\begin{vmatrix}1&-1&-1\\-1&1&-1\\-1&-1&1\end{vmatrix}=-4,\ A_{21}=-\begin{vmatrix}1&1&1\\-1&1&-1\\-1&-1&1\end{vmatrix}=-4,\ A_{31}=\begin{vmatrix}1&1&1\\1&-1&-1\\-1&-1&1\end{vmatrix}=-4,$$

$$A_{41}=-\begin{vmatrix}1&1&1\\1&-1&-1\\-1&1&-1\end{vmatrix}=-4,\ A_{12}=-\begin{vmatrix}1&-1&-1\\1&1&-1\\1&-1&1\end{vmatrix}=-4,\ A_{22}=\begin{vmatrix}1&1&1\\1&1&-1\\1&-1&1\end{vmatrix}=-4,$$

$$A_{32}=-\begin{vmatrix}1&1&1\\1&-1&-1\\1&-1&1\end{vmatrix}=4,\ A_{42}=\begin{vmatrix}1&1&1\\1&-1&-1\\1&1&-1\end{vmatrix}=4,\ A_{13}=\begin{vmatrix}1&1&-1\\1&-1&-1\\1&-1&1\end{vmatrix}=-4,$$

$$A_{23}=-\begin{vmatrix}1&1&1\\1&-1&-1\\1&-1&1\end{vmatrix}=4,\ A_{33}=\begin{vmatrix}1&1&1\\1&1&-1\\1&-1&1\end{vmatrix}=-4,\ A_{34}=-\begin{vmatrix}1&1&1\\1&1&-1\\1&-1&-1\end{vmatrix}=4,$$

$$A_{41}=-\begin{vmatrix}1&1&-1\\1&-1&1\\1&-1&-1\end{vmatrix}=-4,\ A_{42}=\begin{vmatrix}1&1&1\\1&-1&1\\1&-1&-1\end{vmatrix}=4,\ A_{43}=-\begin{vmatrix}1&1&1\\1&1&-1\\1&-1&-1\end{vmatrix}=4,$$

$$A_{44}=\begin{vmatrix}1&1&1\\1&1&-1\\1&-1&1\end{vmatrix}=-4,$$

因此 $A^{-1}=-\frac{1}{16}\begin{pmatrix}-4&-4&-4&-4\\-4&-4&4&4\\-4&4&-4&4\\-4&4&4&-4\end{pmatrix}=\frac{1}{4}\begin{pmatrix}1&1&1&1\\1&1&-1&-1\\1&-1&1&-1\\1&-1&-1&1\end{pmatrix}$.

(2)因为 $|A|=\begin{vmatrix}2&1&0&0&0\\0&2&1&0&0\\0&0&2&1&0\\0&0&0&2&1\\0&0&0&0&2\end{vmatrix}=32\neq0$,所以 A^{-1} 存在,而各元素的代数余子式为

$$A_{11}=\begin{vmatrix}2&1&0&0\\0&2&1&0\\0&0&2&1\\0&0&0&2\end{vmatrix}=16,\quad A_{12}=-\begin{vmatrix}0&1&0&0\\0&2&1&0\\0&0&2&1\\0&0&0&2\end{vmatrix}=0,\quad A_{13}=0,\quad A_{14}=0,\quad A_{15}=0,$$

$$A_{21}=-\begin{vmatrix}1&0&0&0\\0&2&1&0\\0&0&2&1\\0&0&0&2\end{vmatrix}=-8,\quad A_{22}=\begin{vmatrix}2&0&0&0\\0&2&1&0\\0&0&2&1\\0&0&0&2\end{vmatrix}=16,\quad A_{23}=-\begin{vmatrix}2&1&0&0\\0&0&1&0\\0&0&2&1\\0&0&0&2\end{vmatrix}=0,$$

$$A_{24}=\begin{vmatrix}2&1&0&0\\0&0&2&0\\0&0&0&1\\0&0&0&2\end{vmatrix}=0,\quad A_{25}=-\begin{vmatrix}2&1&0&0\\0&0&2&1\\0&0&0&2\\0&0&0&0\end{vmatrix}=0,\quad A_{31}=\begin{vmatrix}1&0&0&0\\2&1&0&0\\0&0&2&1\\0&0&0&2\end{vmatrix}=4,$$

$$A_{32}=-\begin{vmatrix}2&0&0&0\\0&1&0&0\\0&0&2&1\\0&0&0&2\end{vmatrix}=-8,\quad A_{33}=\begin{vmatrix}2&1&0&0\\0&2&0&0\\0&0&2&1\\0&0&0&2\end{vmatrix}=16,\quad A_{34}=-\begin{vmatrix}2&1&0&0\\0&2&1&0\\0&0&0&1\\0&0&0&2\end{vmatrix}=0,$$

$$A_{35}=\begin{vmatrix}2&1&0&0\\0&2&1&0\\0&0&0&2\\0&0&0&0\end{vmatrix}=0,\quad A_{41}=-\begin{vmatrix}1&0&0&0\\2&1&0&0\\0&2&1&0\\0&0&0&2\end{vmatrix}=-2,\quad A_{42}=\begin{vmatrix}2&0&0&0\\0&1&0&0\\0&2&1&0\\0&0&0&2\end{vmatrix}=4,$$

$$A_{43}=-\begin{vmatrix}2&1&0&0\\0&2&0&0\\0&0&1&0\\0&0&0&2\end{vmatrix}=-8,\quad A_{44}=\begin{vmatrix}2&1&0&0\\0&2&1&0\\0&0&2&0\\0&0&0&2\end{vmatrix}=16,\quad A_{45}=-\begin{vmatrix}2&1&0&0\\0&2&1&0\\0&0&2&1\\0&0&0&0\end{vmatrix}=0,$$

$$A_{51}=\begin{vmatrix}1&0&0&0\\2&1&0&0\\0&2&1&0\\0&0&2&1\end{vmatrix}=1,\quad A_{52}=-\begin{vmatrix}2&0&0&0\\0&1&0&0\\0&2&1&0\\0&0&2&1\end{vmatrix}=-2,\quad A_{53}=\begin{vmatrix}2&1&0&0\\0&2&0&0\\0&0&1&0\\0&0&2&1\end{vmatrix}=4,$$

$$A_{54}=-\begin{vmatrix}2&1&0&0\\0&2&1&0\\0&0&2&0\\0&0&0&1\end{vmatrix}=-8,\quad A_{55}=\begin{vmatrix}2&1&0&0\\0&2&1&0\\0&0&2&1\\0&0&0&2\end{vmatrix}=16,$$

于是

$$A^{-1}=\frac{1}{32}\begin{pmatrix}16&-8&4&-2&1\\0&16&-8&4&-2\\0&0&16&-8&4\\0&0&0&16&-8\\0&0&0&0&16\end{pmatrix}.$$

题型 2　利用初等变换求逆矩阵.

解题方法：用初等变换求 n 阶矩阵 A 的逆矩阵 A^{-1} 的具体方法如下所示.

(1)在矩阵 A 的右侧附一个和它同阶的单位矩阵：$(A \vdots E)_{n\times 2n}$；

(2)对矩阵 $(A \vdots I)_{n\times 2n}$ 只作初等行变换，使左侧 A 变为 E，与此同时，右侧 E 就变成了 A 的逆矩阵 A^{-1}，即

$$(A \vdots E)\xrightarrow{\text{初等行变换}}(E \vdots A^{-1}).$$

例 2　利用初等变换求下列矩阵的逆矩阵：

(1) $\begin{pmatrix}1&1&1&1\\1&1&-1&-1\\1&-1&1&-1\\1&-1&-1&1\end{pmatrix}$；　　(2) $A=\begin{pmatrix}2&1&0&0&0\\0&2&1&0&0\\0&0&2&1&0\\0&0&0&2&1\\0&0&0&0&2\end{pmatrix}$.

解：(1) $(A \vdots E)=\left(\begin{array}{cccc:cccc}1&1&1&1&1&0&0&0\\1&1&-1&-1&0&1&0&0\\1&-1&1&-1&0&0&1&0\\1&-1&-1&1&0&0&0&1\end{array}\right)$

$$\xrightarrow[r_4-r_1]{\substack{r_2-r_1\\r_3-r_1}}\left(\begin{array}{cccc:cccc}1&1&1&1&1&0&0&0\\0&0&-2&-2&-1&1&0&0\\0&-2&0&-2&-1&0&1&0\\0&-2&-2&0&-1&0&0&1\end{array}\right)$$

$$\xrightarrow[-\frac{1}{2}r_4]{\substack{-\frac{1}{2}r_2\\-\frac{1}{2}r_3}}\left(\begin{array}{cccc:cccc}1&1&1&1&1&0&0&0\\0&0&1&1&\frac{1}{2}&-\frac{1}{2}&0&0\\0&1&0&1&\frac{1}{2}&0&-\frac{1}{2}&0\\0&1&1&0&\frac{1}{2}&0&0&-\frac{1}{2}\end{array}\right)$$

$$\xrightarrow{r_2 \leftrightarrow r_4}\left(\begin{array}{cccc:cccc}1&1&1&1&1&0&0&0\\0&1&1&0&\frac{1}{2}&0&0&-\frac{1}{2}\\0&1&0&1&\frac{1}{2}&0&-\frac{1}{2}&0\\0&0&1&1&\frac{1}{2}&-\frac{1}{2}&0&0\end{array}\right)$$

$$\xrightarrow[r_3-r_2]{r_1-r_2}\left(\begin{array}{cccc:cccc}1&0&0&1&\frac{1}{2}&0&0&\frac{1}{2}\\0&1&1&0&\frac{1}{2}&0&0&-\frac{1}{2}\\0&0&-1&1&0&0&-\frac{1}{2}&\frac{1}{2}\\0&0&1&1&\frac{1}{2}&-\frac{1}{2}&0&0\end{array}\right)$$

$$\xrightarrow[r_4+r_3]{r_2+r_3}\left(\begin{array}{cccc:cccc}1&0&0&1&\frac{1}{2}&0&0&\frac{1}{2}\\0&1&0&1&\frac{1}{2}&0&-\frac{1}{2}&0\\0&0&-1&1&0&0&-\frac{1}{2}&\frac{1}{2}\\0&0&0&2&\frac{1}{2}&-\frac{1}{2}&-\frac{1}{2}&\frac{1}{2}\end{array}\right)$$

$$\xrightarrow[\frac{1}{2}r_4]{-r_3}\left(\begin{array}{cccc:cccc}1&0&0&1&\frac{1}{2}&0&0&\frac{1}{2}\\0&1&0&1&\frac{1}{2}&0&-\frac{1}{2}&0\\0&0&1&-1&0&0&\frac{1}{2}&-\frac{1}{2}\\0&0&0&1&\frac{1}{4}&-\frac{1}{4}&-\frac{1}{4}&\frac{1}{4}\end{array}\right)$$

$$\xrightarrow[\substack{r_2-r_4\\r_1-r_4}]{r_3+r_4}\left(\begin{array}{cccc:cccc}1&0&0&0&\frac{1}{4}&\frac{1}{4}&\frac{1}{4}&\frac{1}{4}\\0&1&0&0&\frac{1}{4}&\frac{1}{4}&-\frac{1}{4}&-\frac{1}{4}\\0&0&1&0&\frac{1}{4}&-\frac{1}{4}&\frac{1}{4}&-\frac{1}{4}\\0&0&0&1&\frac{1}{4}&-\frac{1}{4}&-\frac{1}{4}&\frac{1}{4}\end{array}\right),$$

所以 $\boldsymbol{A}^{-1}=\frac{1}{4}\begin{pmatrix}1&1&1&1\\1&1&-1&-1\\1&-1&1&-1\\1&-1&-1&1\end{pmatrix}$.

$$
(2)(\boldsymbol{A} \vdots \boldsymbol{E})=\begin{pmatrix}
2 & 1 & 0 & 0 & 0 & \vdots & 1 & 0 & 0 & 0 & 0 \\
0 & 2 & 1 & 0 & 0 & \vdots & 0 & 1 & 0 & 0 & 0 \\
0 & 0 & 2 & 1 & 0 & \vdots & 0 & 0 & 1 & 0 & 0 \\
0 & 0 & 0 & 2 & 1 & \vdots & 0 & 0 & 0 & 1 & 0 \\
0 & 0 & 0 & 0 & 2 & \vdots & 0 & 0 & 0 & 0 & 1
\end{pmatrix}
$$

$$
\xrightarrow{\frac{1}{2}r_i(i=1,2,\cdots,5)}\begin{pmatrix}
1 & \frac{1}{2} & 0 & 0 & 0 & \vdots & \frac{1}{2} & 0 & 0 & 0 & 0 \\
0 & 1 & \frac{1}{2} & 0 & 0 & \vdots & 0 & \frac{1}{2} & 0 & 0 & 0 \\
0 & 0 & 1 & \frac{1}{2} & 0 & \vdots & 0 & 0 & \frac{1}{2} & 0 & 0 \\
0 & 0 & 0 & 1 & \frac{1}{2} & \vdots & 0 & 0 & 0 & \frac{1}{2} & 0 \\
0 & 0 & 0 & 0 & 1 & \vdots & 0 & 0 & 0 & 0 & \frac{1}{2}
\end{pmatrix}
$$

$$
\xrightarrow{r_4-\frac{1}{2}r_5}\begin{pmatrix}
1 & \frac{1}{2} & 0 & 0 & 0 & \vdots & \frac{1}{2} & 0 & 0 & 0 & 0 \\
0 & 1 & \frac{1}{2} & 0 & 0 & \vdots & 0 & \frac{1}{2} & 0 & 0 & 0 \\
0 & 0 & 1 & \frac{1}{2} & 0 & \vdots & 0 & 0 & \frac{1}{2} & 0 & 0 \\
0 & 0 & 0 & 1 & 0 & \vdots & 0 & 0 & 0 & \frac{1}{2} & -\frac{1}{4} \\
0 & 0 & 0 & 0 & 1 & \vdots & 0 & 0 & 0 & 0 & \frac{1}{2}
\end{pmatrix}
$$

$$
\xrightarrow{r_3-\frac{1}{2}r_4}\begin{pmatrix}
1 & \frac{1}{2} & 0 & 0 & 0 & \vdots & \frac{1}{2} & 0 & 0 & 0 & 0 \\
0 & 1 & \frac{1}{2} & 0 & 0 & \vdots & 0 & \frac{1}{2} & 0 & 0 & 0 \\
0 & 0 & 1 & 0 & 0 & \vdots & 0 & 0 & \frac{1}{2} & -\frac{1}{4} & \frac{1}{8} \\
0 & 0 & 0 & 1 & 0 & \vdots & 0 & 0 & 0 & \frac{1}{2} & -\frac{1}{4} \\
0 & 0 & 0 & 0 & 1 & \vdots & 0 & 0 & 0 & 0 & \frac{1}{2}
\end{pmatrix}
$$

$$
\xrightarrow{r_2-\frac{1}{2}r_3}\begin{pmatrix}
1 & \frac{1}{2} & 0 & 0 & 0 & \vdots & \frac{1}{2} & 0 & 0 & 0 & 0 \\
0 & 1 & 0 & 0 & 0 & \vdots & 0 & \frac{1}{2} & -\frac{1}{4} & \frac{1}{8} & -\frac{1}{16} \\
0 & 0 & 1 & 0 & 0 & \vdots & 0 & 0 & \frac{1}{2} & -\frac{1}{4} & \frac{1}{8} \\
0 & 0 & 0 & 1 & 0 & \vdots & 0 & 0 & 0 & \frac{1}{2} & -\frac{1}{4} \\
0 & 0 & 0 & 0 & 1 & \vdots & 0 & 0 & 0 & 0 & \frac{1}{2}
\end{pmatrix}
$$

$$\xrightarrow{r_1-\frac{1}{2}r_2}\left(\begin{array}{ccccc|ccccc}1&0&0&0&0&\frac{1}{2}&-\frac{1}{4}&\frac{1}{8}&-\frac{1}{16}&\frac{1}{32}\\0&1&0&0&0&0&\frac{1}{2}&-\frac{1}{4}&\frac{1}{8}&-\frac{1}{16}\\0&0&1&0&0&0&0&\frac{1}{2}&-\frac{1}{4}&\frac{1}{8}\\0&0&0&1&0&0&0&0&\frac{1}{2}&-\frac{1}{4}\\0&0&0&0&1&0&0&0&0&\frac{1}{2}\end{array}\right),$$

所以 $$A^{-1}=\begin{pmatrix}\frac{1}{2}&-\frac{1}{4}&\frac{1}{8}&-\frac{1}{16}&\frac{1}{32}\\0&\frac{1}{2}&-\frac{1}{4}&\frac{1}{8}&-\frac{1}{16}\\0&0&\frac{1}{2}&-\frac{1}{4}&\frac{1}{8}\\0&0&0&\frac{1}{2}&-\frac{1}{4}\\0&0&0&0&\frac{1}{2}\end{pmatrix}=\frac{1}{32}\begin{pmatrix}16&-8&4&-2&1\\0&16&-8&4&-2\\0&0&16&-8&4\\0&0&0&16&-8\\0&0&0&0&16\end{pmatrix}.$$

题型 3　用逆矩阵解线性方程组及一般的矩阵方程.

解题方法：

(1)将方程组写成矩阵方程的形式：$\boldsymbol{AX}=\boldsymbol{B}$；

(2)计算系数行列式$|\boldsymbol{A}|$，当$|\boldsymbol{A}|\neq 0$时，求$\boldsymbol{A}^{-1}$；

(3)$\boldsymbol{X}=\boldsymbol{A}^{-1}\boldsymbol{B}$.

例 3　用逆矩阵解线性方程组：$\begin{cases}2x_1+2x_2+3x_3=2\\x_1-x_2=2.\\-x_1+2x_2+x_3=4\end{cases}$

解：方程组的矩阵形式是$\begin{pmatrix}2&2&3\\1&-1&0\\-1&2&1\end{pmatrix}\begin{pmatrix}x_1\\x_2\\x_3\end{pmatrix}=\begin{pmatrix}2\\2\\4\end{pmatrix}$，由题型 1 例 1(4)知系数矩阵的逆矩阵存在，且$\boldsymbol{A}^{-1}=\begin{pmatrix}1&-4&-3\\1&-5&-3\\-1&6&4\end{pmatrix}$，因而有

$$\begin{pmatrix}x_1\\x_2\\x_3\end{pmatrix}=\begin{pmatrix}2&2&3\\1&-1&0\\-1&2&1\end{pmatrix}^{-1}\begin{pmatrix}2\\2\\4\end{pmatrix}=\begin{pmatrix}1&-4&-3\\1&-5&-3\\-1&6&4\end{pmatrix}\begin{pmatrix}2\\2\\4\end{pmatrix}=\begin{pmatrix}-18\\-20\\26\end{pmatrix}.$$

根据矩阵相等的定义，得方程组的解为

$$x_1=-18,\quad x_2=-20,\quad x_3=26.$$

例 4　解矩阵方程：

设 $\boldsymbol{A}=\begin{pmatrix}1&2&3\\2&2&1\\3&4&3\end{pmatrix}$，$\boldsymbol{B}=\begin{pmatrix}2&1\\5&3\end{pmatrix}$，$\boldsymbol{C}=\begin{pmatrix}1&3\\2&0\\3&1\end{pmatrix}$，且 $\boldsymbol{AXB}=\boldsymbol{C}$，求 $\boldsymbol{X}$.

解：因为 $|\boldsymbol{A}|=\begin{vmatrix}1&2&3\\2&2&1\\3&4&3\end{vmatrix}=2\neq0$，所以 $\boldsymbol{A}$ 可逆，且 $\boldsymbol{A}^{-1}=\frac{1}{2}\begin{pmatrix}2&6&-4\\-3&-6&5\\2&2&-2\end{pmatrix}$，又因为 $|\boldsymbol{B}|=\begin{vmatrix}2&1\\5&3\end{vmatrix}=1\neq0$，所以 $\boldsymbol{B}$ 可逆，且 $\boldsymbol{B}^{-1}=\begin{pmatrix}3&-1\\-5&2\end{pmatrix}$.

以 $\boldsymbol{A}^{-1}$ 同时左乘方程 $\boldsymbol{AXB}=\boldsymbol{C}$ 的两边，以 $\boldsymbol{B}^{-1}$ 同时右乘方程 $\boldsymbol{AXB}=\boldsymbol{C}$ 的两边，得

$$\boldsymbol{X}=\boldsymbol{A}^{-1}\boldsymbol{AXBB}^{-1}=\boldsymbol{A}^{-1}\boldsymbol{CB}^{-1}=\frac{1}{2}\begin{pmatrix}2&6&-4\\-3&-6&5\\2&2&-2\end{pmatrix}\begin{pmatrix}1&3\\2&0\\3&1\end{pmatrix}\begin{pmatrix}3&-1\\-5&2\end{pmatrix}$$

$$=\frac{1}{2}\begin{pmatrix}2&6&-4\\-3&-6&5\\2&2&-2\end{pmatrix}\begin{pmatrix}-12&5\\6&-2\\4&-1\end{pmatrix}=\begin{pmatrix}-2&1\\10&-4\\-10&4\end{pmatrix}.$$

同步练习 4.4

（一）填空题

1. 设 $\boldsymbol{A}=\begin{pmatrix}1&5&2\\0&3&10\\1&2&1\end{pmatrix}$，则 $\boldsymbol{A}^{-1}=$________.

2. 设 $\boldsymbol{A}=\begin{pmatrix}1&2&-3\\0&1&2\\0&0&1\end{pmatrix}$，则 $\boldsymbol{A}^{-1}=$________.

3. 设 $\boldsymbol{A}=\begin{pmatrix}1&0&0\\0&2&0\\0&0&3\end{pmatrix}$，则 $\boldsymbol{A}^{-1}=$________.

（二）选择题

1. 设 $\boldsymbol{A}=\begin{pmatrix}1&2&0\\1&3&1\\-1&0&2\end{pmatrix}$，则 $\boldsymbol{A}^{-1}=$（　　）.

A. $\begin{pmatrix}6&-3&-3\\-4&2&-2\\2&-1&1\end{pmatrix}$　　B. $\begin{pmatrix}6&-4&2\\-3&2&-1\\-3&-2&1\end{pmatrix}$

C. $\begin{pmatrix}6&-3&-2\\-4&2&-3\\2&1&1\end{pmatrix}$　　D. 不存在

2. 设 $\boldsymbol{A}=\begin{pmatrix}1&3&-5&7\\0&1&2&-3\\0&0&1&2\\0&0&0&1\end{pmatrix}$,则 $\boldsymbol{A}^{-1}=$(　　).

A. $\begin{pmatrix}1&-3&11&-38\\0&1&-2&7\\0&0&1&-2\\0&0&0&1\end{pmatrix}$　　B. $\begin{pmatrix}1&-3&11&-36\\0&1&-2&-9\\0&0&1&-2\\0&0&0&1\end{pmatrix}$

C. $\begin{pmatrix}1&0&0&0\\-3&1&0&0\\11&-2&1&0\\-36&-9&-2&1\end{pmatrix}$　　D. 不存在

(三)解答题

1. 设 $\boldsymbol{A}=\begin{pmatrix}2\cos\alpha&2\sin\alpha\\-\sin\alpha&\cos\alpha\end{pmatrix}$,求 $\boldsymbol{A}^{-1}$.

2. 设 $\boldsymbol{A}=\begin{pmatrix}4&3&2\\3&2&1\\2&1&1\end{pmatrix}$,求 $\boldsymbol{A}^{-1}$.

3. 设 $\boldsymbol{A}=\begin{pmatrix}1&2&3\\2&-1&2\\1&3&0\end{pmatrix}$,求 $\boldsymbol{A}^{-1}$.

4. 设 $\begin{pmatrix}2&2&3\\1&-1&0\\-1&2&1\end{pmatrix}$,求 $\boldsymbol{A}^{-1}$.

5. 设 $\boldsymbol{A}=\begin{pmatrix}1&2&3\\2&2&1\\3&4&3\end{pmatrix}$,求 $\boldsymbol{A}^{-1}$.

6. 用逆矩阵解线性方程组:$\begin{cases}2x_1+2x_2+x_3=5\\3x_1+x_2+5x_3=0\\3x_1+2x_2+3x_3=0\end{cases}$.

7. 用逆矩阵解线性方程组:$\begin{cases}\frac{5}{8}x_1-\frac{1}{2}x_2+\frac{1}{8}x_3=0\\-\frac{1}{2}x_1+x_2-\frac{1}{2}x_3=0\\\frac{1}{8}x_1-\frac{1}{2}x_2+\frac{5}{8}x_3=1\end{cases}$.

8. 用逆矩阵解线性方程组:$\begin{cases}x+y+z=6\\3x-2y-z=13\\2x-y+3z=26\end{cases}$.

9. 求矩阵方程 $X\begin{pmatrix}1 & 1 & -1\\2 & 1 & 0\\1 & -1 & 1\end{pmatrix}=\begin{pmatrix}1 & -1 & 3\\4 & 3 & 2\\1 & -2 & 5\end{pmatrix}$ 中的未知矩阵 X.

10. 已知 $A=\begin{pmatrix}\cos t & \sin t & 0 & 0\\-\sin t & \cos t & 0 & 0\\0 & 0 & \cos\beta & \sin\beta\\0 & 0 & -\sin\beta & \cos\beta\end{pmatrix}$，验证 $A^{-1}=A'$.

4.5 矩阵的秩

一、基本内容

1. 行阶梯形矩阵

一般地，满足下列条件的矩阵为行阶梯形矩阵：

(1)若矩阵有零行(元素全为零的行)，零行位于矩阵的最下方；

(2)首非零元(各非零行的第一个非零元素)的列标随着行标的递增而严格增大.

2. 行简化阶梯形矩阵

一般地，满足下列条件的矩阵为行简化阶梯形矩阵：

(1)各非零行的首非零元都是 1；

(2)所有首非零元所在列的其余元素都是 0.

3. 矩阵 A 的 k 阶子式

在矩阵 A 中，任取 k 行 k 列($1\leqslant k\leqslant m, 1\leqslant k\leqslant n$)，位于这些行列交叉处的 k^2 个元素，不改变它们在 A 中所处的位置次序而得到的 k 阶行列式.

4. 矩阵的秩

矩阵 A 中不为零的子式的最高阶数称为这个矩阵的秩，记作 $r(A)$.

5. 矩阵的初等变换

(1)互换两行(或两列)；

(2)某一行(或列)的每个元素都乘以非零常数 k；

(3)某一行(或列)的每个元素都乘以数 k 后加到另一行(或列)上.

6. 利用初等变换求矩阵的秩

由于初等变换不改变矩阵的秩，因此可将一个矩阵 A 经过初等变换化为一个容易求出秩的矩阵 B，从而由 $r(B)$ 得到 $r(A)$.

二、学习要求

1. 理解行阶梯形矩阵. 行简化阶梯形矩阵以及矩阵的秩的定义；

2. 掌握矩阵的初等变换，并会利用矩阵的初等变换求矩阵的秩和逆矩阵.

三、基本题型及解题方法

题型　求矩阵的秩.

解题方法:(1)利用矩阵的秩的概念求矩阵的秩.利用概念求一个矩阵的秩时,对一个非零矩阵,一般可以从二阶子式开始逐一计算,若找到一个不为零的二阶子式,就去继续计算它的三阶子式,若找到一个不为零的三阶子式,就去继续计算它的四阶子式,直到它的所有 $r+1$ 阶子式全部为零,而至少有一个 r 阶子式不为零,则这个矩阵的秩为 r.

(2)利用初等变换求矩阵的秩.其具体做法是:

利用初等变换将矩阵 $\boldsymbol{A}=\begin{pmatrix} a_{11} & a_{12} & \cdots & a_{1n} \\ a_{21} & a_{22} & \cdots & a_{2n} \\ \vdots & \vdots & & \vdots \\ a_{m1} & a_{m2} & \cdots & a_{mn} \end{pmatrix}$ 化为阶梯型矩阵(三角矩阵是阶梯型矩阵的特殊情况).阶梯型矩阵有如下特征:

①若有零行,则零行位于矩阵下方;

②非零行的第一个非零元素的左边零的个数随行标递增.

如矩阵

$$\begin{pmatrix} 1 & 4 & -3 \\ 0 & 3 & 1 \\ 0 & 0 & 2 \end{pmatrix},\quad \begin{pmatrix} 1 & 7 & 3 & 2 & 0 \\ 0 & 2 & -1 & 6 & 1 \\ 0 & 0 & 2 & 1 & 1 \\ 0 & 0 & 0 & 0 & 0 \end{pmatrix},\quad \begin{pmatrix} 1 & 2 & 0 & -1 \\ 0 & 0 & 2 & 1 \\ 0 & 0 & 0 & 3 \\ 0 & 0 & 0 & 0 \end{pmatrix}$$

等均为阶梯型矩阵.

从阶梯型矩阵的特征容易看出,阶梯型矩阵的秩是其非零行行数.

例　求下列矩阵的秩:

(1)$\boldsymbol{A}=\begin{pmatrix} 1 & 2 & 2 & 11 \\ 2 & 2 & -3 & -14 \\ 3 & 1 & 1 & 3 \\ 2 & 5 & 5 & 28 \end{pmatrix}$;　(2)$\boldsymbol{A}=\begin{pmatrix} 2 & 0 & 2 & 2 \\ 0 & 1 & 0 & 0 \\ 2 & 1 & 0 & 1 \\ 0 & 1 & 0 & 0 \end{pmatrix}$.

解:(1)利用初等变换求秩,因为

$$\boldsymbol{A}\xrightarrow[r_4-2r_1]{\substack{r_2-2r_1\\ r_3-3r_1}}\begin{pmatrix} 1 & 2 & 2 & 11 \\ 0 & -2 & -7 & -36 \\ 0 & -5 & -5 & -30 \\ 0 & 1 & 1 & 6 \end{pmatrix}\xrightarrow{r_2\leftrightarrow r_4}\begin{pmatrix} 1 & 2 & 2 & 11 \\ 0 & 1 & 1 & 6 \\ 0 & -5 & -5 & -30 \\ 0 & -2 & -7 & -36 \end{pmatrix}$$

$$\xrightarrow[r_4+2r_2]{r_3+5r_2}\begin{pmatrix} 1 & 2 & 2 & 11 \\ 0 & 1 & 1 & 6 \\ 0 & 0 & 0 & 0 \\ 0 & 0 & -5 & -24 \end{pmatrix}\xrightarrow{r_3\leftrightarrow r_4}\begin{pmatrix} 1 & 2 & 2 & 11 \\ 0 & 1 & 1 & 6 \\ 0 & 0 & -5 & -24 \\ 0 & 0 & 0 & 0 \end{pmatrix}.$$

故 $R(\boldsymbol{A})=3$.

(2)利用矩阵的秩的概念求秩，

显然，矩阵 $\mathbf{A}$ 的一个三阶子式 $\begin{vmatrix} 2 & 0 & 2 \\ 0 & 1 & 0 \\ 2 & 1 & 0 \end{vmatrix}=-4\neq 0$，而 $|\mathbf{A}|=\begin{vmatrix} 2 & 0 & 2 & 2 \\ 0 & 1 & 0 & 0 \\ 2 & 1 & 0 & 1 \\ 0 & 1 & 0 & 0 \end{vmatrix}=0$，故 $r(\mathbf{A})=3$.

同步练习 4.5

(一)填空题

1. 设 $\mathbf{A}=(1 \quad -3 \quad 2 \quad -1)$，则 $r(\mathbf{A})=$________.

2. 设 $\mathbf{A}=\begin{pmatrix} 1 \\ 6 \\ 8 \\ 4 \end{pmatrix}$，则 $r(\mathbf{A})=$________.

3. 设 $\mathbf{A}=\begin{pmatrix} 1 & 4 & 2 & 3 & 1 \\ \frac{16}{5} & \frac{64}{5} & \frac{32}{5} & \frac{48}{5} & \frac{16}{5} \\ \frac{3}{2} & 6 & 3 & \frac{9}{2} & \frac{3}{2} \\ 3 & 12 & 6 & 9 & 3 \\ 5 & 20 & 10 & 15 & 5 \end{pmatrix}$，则 $r(\mathbf{A})=$________.

4. 设 $\mathbf{A}=\begin{pmatrix} 3 & 0 & 7 & 5 & 1 \\ 0 & 2 & -4 & 3 & 6 \\ 0 & 0 & 8 & 0 & 7 \\ 0 & 0 & 0 & 4 & 9 \\ 0 & 0 & 0 & 0 & 0 \end{pmatrix}$，则 $r(\mathbf{A})=$________.

5. 设 $\mathbf{A}=\begin{pmatrix} 1 & 0 & 1 & 0 & 0 \\ 1 & 1 & 0 & 0 & 0 \\ 0 & 1 & 1 & 0 & 0 \\ 0 & 0 & 1 & 1 & 0 \\ 0 & 1 & 0 & 1 & 1 \end{pmatrix}$，则 $r(\mathbf{A})=$________.

(二)选择题

1. 设 $\mathbf{A}=\begin{pmatrix} 1 & -2 & 0 & 1 \\ 1 & -2 & 0 & -1 \\ 1 & -2 & 0 & -5 \end{pmatrix}$，则 $r(\mathbf{A})=$(　　).

A. 0　　B. 1　　C. 2　　D. 3.

2. 设 $\mathbf{A}=\begin{pmatrix} 1 & -1 & 1 & 1 \\ 1 & 1 & -1 & 1 \\ 1 & 1 & 1 & 2 \\ 1 & -1 & -1 & 3 \end{pmatrix}$，则 $r(\mathbf{A})=$(　　).

A. 1　　B. 2　　C. 3　　D. 4

3. 设 $A=\begin{pmatrix}1&1&2&5&7\\1&2&3&7&10\\1&3&4&9&13\\1&4&5&11&16\end{pmatrix}$，则 $r(A)=($　　$)$.

A. 1　　B. 2　　C. 3　　D. 4

4. 设 $A=\begin{pmatrix}2&0&2&0&2\\0&1&0&1&0\\2&1&0&2&1\\0&1&0&1&0\end{pmatrix}$，则 $r(A)=($　　$)$.

A. 1　　B. 2　　C. 3　　D. 4

5. 设 $A=\begin{pmatrix}1&2&2&11\\1&2&-3&14\\3&1&1&3\\2&5&5&28\end{pmatrix}$，则 $r(A)=($　　$)$.

A. 1　　B. 2　　C. 3　　D. 4

6. 设 $A=\begin{pmatrix}1&1&2&2&1\\0&2&1&5&-1\\2&0&3&-1&3\\1&1&0&4&-1\end{pmatrix}$，则 $r(A)=($　　$)$.

A. 1　　B. 2　　C. 3　　D. 4

7. 设 $A=\begin{pmatrix}0&0&0&0&9&6&4\\0&0&2&1&0&2&-1\\0&4&3&5&7&6&4\\7&8&-4&0&8&0&-3\end{pmatrix}$，则 $r(A)=($　　$)$.

A. 1　　B. 2　　C. 3　　D. 4

8. 设 $A=\begin{pmatrix}1&1&1&1\\-2&-2&-2&-2\\3&3&3&3\\1&1&2&2\end{pmatrix}$，则 $r(A)=($　　$)$.

A. 1　　B. 2　　C. 3　　D. 4

9. 设 $A=\begin{pmatrix}1&1&1&0&5\\2&1&-1&1&1\\1&2&-1&1&2\\0&1&2&3&3\end{pmatrix}$，则 $r(A)=($　　$)$.

A. 1　　B. 2　　C. 3　　D. 4

(三)计算题

1. 设$\boldsymbol{A}=\begin{pmatrix}3 & 2 & 0 & 5 & 0\\3 & -2 & 3 & 6 & -1\\2 & 0 & 1 & 5 & -3\\1 & 6 & -4 & -1 & 4\end{pmatrix}$,求$r(\boldsymbol{A})$.

2. 设$\boldsymbol{A}=\begin{pmatrix}1 & 0 & 0 & 1\\1 & 2 & 0 & -1\\3 & -1 & 0 & 4\\1 & 4 & 5 & 1\end{pmatrix}$,求$r(\boldsymbol{A})$.

3. 设$\boldsymbol{A}=\begin{pmatrix}1 & -2 & 2 & -1\\2 & -4 & 8 & 0\\-2 & 4 & -2 & 3\\3 & -6 & 0 & -6\end{pmatrix}$,$\boldsymbol{b}=\begin{pmatrix}1\\2\\3\\4\end{pmatrix}$,$\boldsymbol{B}=(\boldsymbol{A},\boldsymbol{b})$求$r(\boldsymbol{A})$及$r(\boldsymbol{B})$.

4.6　线性方程组的解

一、基本内容

1. 线性方程组的增广矩阵

线性方程组由系数矩阵$\boldsymbol{A}$和常数矩阵$\boldsymbol{b}$唯一确定,把系数矩阵$\boldsymbol{A}$和常数矩阵$\boldsymbol{b}$拼接成矩阵$(\boldsymbol{A}\,\vdots\,\boldsymbol{b})$,记为$\widetilde{\boldsymbol{A}}$.

2. 高斯消元法

经初等变换把方程组逐步化简以求其解的方法.

对方程组实施初等变换就是对其增广矩阵实施初等行变换,因此通常通过对线性方程组的增广矩阵实施初等行变换来求解线性方程组.

3. 一般(非齐次)线性方程组解的讨论

(n元)线性方程组$\begin{cases}a_{11}x_1+a_{12}x_2+\cdots+a_{1n}x_n=b_1\\a_{21}x_1+a_{22}x_2+\cdots+a_{2n}x_n=b_2\\\cdots\cdots\\a_{m1}x_1+a_{m2}x_2+\cdots+a_{mn}x_n=b_m\end{cases}$的解的情况:

①若$r(\boldsymbol{A})=r(\widetilde{\boldsymbol{A}})=n$,则方程组有唯一解;

②若$r(\boldsymbol{A})=r(\widetilde{\boldsymbol{A}})<n$,则方程组有无穷多个解;

③若$r(\boldsymbol{A})<r(\widetilde{\boldsymbol{A}})$,则方程组无解.

4. 齐次线性方程组解的讨论

齐次线性方程组$\begin{cases}a_{11}x_1+a_{12}x_2+\cdots+a_{1n}x_n=0\\a_{21}x_1+a_{22}x_2+\cdots+a_{2n}x_n=0\\\cdots\cdots\\a_{m1}x_1+a_{m2}x_2+\cdots+a_{mn}x_n=0\end{cases}$的解的情况:

(1)齐次线性方程组一定有解,且①当 $r(\mathbf{A})=n$ 时,方程组只有零解;②当 $r(\mathbf{A})<n$ 时,方程组有无穷多(非零)解.

(2)非零解的情况:①当 $m<n$ 时,齐次线性方程组必有非零解;②当 $m=n$ 时,有非零解的充要条件是它的系数行列式 $|\mathbf{A}|=0$.

二、学习要求

1. 掌握一般线性方程组解的情况;
2. 掌握齐次线性方程组解的情况;
3. 会用高斯消元法求线性方程组的解.

三、基本题型及解题方法

题型 1　求解线性方程组.

解题方法:

(1)用克莱姆法则求解(当系数行列式 $|\mathbf{A}|\neq 0$ 时);

(2)用逆矩阵求解(当系数行列式 $|\mathbf{A}|\neq 0$ 时);

(3)用高斯消元法. 直接对线性方程组的增广矩阵进行初等行变换,将其化为左上角是单位矩阵的情形,即可求得方程组的解.

例 1　解下列线性方程组:

(1) $\begin{cases} 2x_1-3x_2+x_3-x_4=3 \\ 3x_1+x_2+x_3+x_4=0 \\ 4x_1-x_2-x_3-x_4=7 \\ -2x_1-x_2+x_3+x_4=-5 \end{cases}$;　　(2) $\begin{cases} 2x_1-x_2-2x_3+x_4=1 \\ -x_1+x_2+x_3+2x_4=0 \\ x_1-x_2+2x_3-2x_4=-6 \end{cases}$;

(3) $\begin{cases} x_1-2x_2+3x_3+2x_4=2 \\ 3x_1-x_2+5x_3-x_4=6 \\ 2x_1+x_2+2x_3-3x_4=8 \end{cases}$.

解:(1)对方程组的增广矩阵进行初等行变换

$$\tilde{\mathbf{A}}=\begin{pmatrix} 2 & -3 & 1 & -1 & 3 \\ 3 & 1 & 1 & 1 & 0 \\ 4 & -1 & -1 & -1 & 7 \\ -2 & -1 & 1 & 1 & -5 \end{pmatrix} \xrightarrow[r_4+r_2]{\substack{r_1+3r_2 \\ r_3+r_2}} \begin{pmatrix} 11 & 0 & 4 & 2 & 3 \\ 3 & 1 & 1 & 1 & 0 \\ 7 & 0 & 0 & 0 & 7 \\ 1 & 0 & 2 & 2 & -5 \end{pmatrix}$$

$$\xrightarrow{\frac{1}{7}r_3} \begin{pmatrix} 11 & 0 & 4 & 2 & 3 \\ 3 & 1 & 1 & 1 & 0 \\ 1 & 0 & 0 & 0 & 1 \\ 1 & 0 & 2 & 2 & -5 \end{pmatrix} \xrightarrow[r_4-r_3]{\substack{r_1-11r_3 \\ r_2-3r_3}} \begin{pmatrix} 0 & 0 & 4 & 2 & -8 \\ 0 & 1 & 1 & 1 & -3 \\ 1 & 0 & 0 & 0 & 1 \\ 0 & 0 & 2 & 2 & -6 \end{pmatrix}$$

$$\xrightarrow[\frac{1}{2}r_4]{r_1\leftrightarrow r_3} \begin{pmatrix} 1 & 0 & 0 & 0 & 1 \\ 0 & 1 & 1 & 1 & -3 \\ 0 & 0 & 4 & 2 & -8 \\ 0 & 0 & 1 & 1 & -3 \end{pmatrix} \xrightarrow[r_2-r_4]{r_3-4r_4} \begin{pmatrix} 1 & 0 & 0 & 0 & 1 \\ 0 & 1 & 0 & 0 & 0 \\ 0 & 0 & 0 & -2 & 4 \\ 0 & 0 & 1 & 1 & -3 \end{pmatrix}$$

$$\xrightarrow{r_3\leftrightarrow r_4}\begin{pmatrix}1&0&0&0&1\\0&1&0&0&0\\0&0&1&1&-3\\0&0&0&-2&4\end{pmatrix}\xrightarrow{-\frac{1}{2}r_4}\begin{pmatrix}1&0&0&0&1\\0&1&0&0&0\\0&0&1&1&-3\\0&0&0&1&-2\end{pmatrix}$$

$$\xrightarrow{r_3-r_4}\begin{pmatrix}1&0&0&0&1\\0&1&0&0&0\\0&0&1&0&-1\\0&0&0&1&-2\end{pmatrix}.$$

因此方程组的解为

$$x_1=1,\quad x_2=0,\quad x_3=-1,\quad x_4=-2.$$

注:本题还可用克莱姆法则和逆矩阵求解该线性方程组,有兴趣的读者不妨一试.

(2)对方程组的增广矩阵进行初等行变换

$$\widetilde{\mathbf{A}}=\begin{pmatrix}2&-1&-2&1&1\\-1&1&1&2&0\\1&-1&2&-2&-6\end{pmatrix}\xrightarrow[r_3+r_2]{r_1+r_2}\begin{pmatrix}1&0&-1&3&1\\-1&1&1&2&0\\0&0&3&0&-6\end{pmatrix}$$

$$\xrightarrow[\frac{1}{3}r_3]{r_2+r_1}\begin{pmatrix}1&0&-1&3&1\\0&1&0&5&1\\0&0&1&0&-2\end{pmatrix}\xrightarrow{r_1+r_3}\begin{pmatrix}1&0&0&3&-1\\0&1&0&5&1\\0&0&1&0&-2\end{pmatrix}.$$

最后一个矩阵对应的方程组为

$$\begin{cases}x_1+3x_4=-1\\x_2+5x_4=1\\x_3=-2\end{cases},即\begin{cases}x_1=-1-3x_4\\x_2=1-5x_4\\x_3=-2\end{cases}.$$

取 $x_4=c$,可得方程组的解为$\begin{cases}x_1=-1-3c\\x_2=1-5c\\x_3=-2\\x_4=c\end{cases}$,其中 c 为任意常数.

(3)对方程组的增广矩阵进行初等行变换

$$\widetilde{\mathbf{A}}=\begin{pmatrix}1&-2&3&2&2\\3&-1&5&-1&6\\2&1&2&-3&8\end{pmatrix}\xrightarrow[r_3-2r_1]{r_2-3r_1}\begin{pmatrix}1&-2&3&2&2\\0&5&-4&-7&0\\0&5&-4&-7&4\end{pmatrix}$$

$$\xrightarrow[r_1+\frac{2}{5}r_2]{r_3-r_2}\begin{pmatrix}1&0&\frac{7}{5}&-\frac{4}{5}&2\\0&5&-4&-7&0\\0&0&0&0&4\end{pmatrix}\xrightarrow{\frac{1}{5}r_2}\begin{pmatrix}1&0&\frac{7}{5}&-\frac{4}{5}&2\\0&1&-\frac{4}{5}&-\frac{7}{5}&0\\0&0&0&0&4\end{pmatrix}.$$

由于 $R(\mathbf{A})=2<R(\widetilde{\mathbf{A}})=3$,故原方程组无解.

题型 2　判断线性方程组解的情况或者根据方程组解的情况求方程组中的待定常数.

解题方法：非齐次线性方程组及齐次线性方程组解的情况如下：

$r(\mathbf{A})$与$r(\widetilde{\mathbf{A}})$的关系	非齐次线性方程组	齐次线性方程组
$r(\mathbf{A})\neq r(\widetilde{\mathbf{A}})$	无解	
$r(\mathbf{A})=r(\widetilde{\mathbf{A}})=n$	有唯一解	只有零解
$r(\mathbf{A})=r(\widetilde{\mathbf{A}})<n$	有无穷多解，解中含有$n-r(\mathbf{A})$个常数	有无穷多解，解中含有$n-r(\mathbf{A})$个常数

上表中$r(\mathbf{A})$为方程组的系数矩阵的秩，$r(\widetilde{\mathbf{A}})$为方程组的增广矩阵的秩，$n$为方程组中未知量的个数.

根据上表可知，判断方程组解的情况，最终归结为求矩阵的秩，而求矩阵的秩可以利用初等变换，也可以根据矩阵的秩的概念.

例 2　判断下列方程组解的情况：

$$(1)\begin{cases}x_1+2x_2+3x_3+x_4=5\\2x_1+4x_2-x_4=-3\\-x_1-2x_2+3x_3+2x_4=8\\x_1+2x_2-9x_3-5x_4=-21\end{cases}.\qquad(2)\begin{cases}4x_1+2x_2-x_3=2\\3x_1-x_2+2x_3=3.\\11x_1+3x_2=-6\end{cases}$$

解：(1)对方程组的增广矩阵进行初等行变换，以求$r(\mathbf{A})$和$r(\widetilde{\mathbf{A}})$.

由 $$\widetilde{\mathbf{A}}=\begin{pmatrix}1&2&3&1&5\\2&4&0&-1&-3\\-1&-2&3&2&8\\1&2&-9&-5&-21\end{pmatrix}\xrightarrow[r_4-r_1]{\substack{r_2-2r_1\\r_3+r_1}}\begin{pmatrix}1&2&3&1&5\\0&0&-6&-3&-13\\0&0&6&3&13\\0&0&-12&-6&-26\end{pmatrix}\xrightarrow{\substack{r_4-2r_2\\r_3+r_2}}$$

$$\begin{pmatrix}1&2&3&1&5\\0&0&-6&-3&-13\\0&0&0&0&0\\0&0&0&0&0\end{pmatrix}$$，可得$r(\mathbf{A})=r(\widetilde{\mathbf{A}})=2<4$，故该方程组有无穷多解.

(2)该方程组的增广矩阵$\widetilde{\mathbf{A}}=\begin{pmatrix}4&2&-1&2\\3&-1&2&3\\11&3&0&-6\end{pmatrix}$，不方便进行初等行变换，可利用矩阵的秩的概念求$r(\mathbf{A})$和$r(\widetilde{\mathbf{A}})$.

因为系数矩阵$\mathbf{A}=\begin{pmatrix}4&2&-1\\3&-1&2\\11&3&0\end{pmatrix}$的行列式$|\mathbf{A}|=0$，而显然系数矩阵$\mathbf{A}$有一个二阶子式

$\begin{vmatrix} 4 & 2 \\ 3 & -1 \end{vmatrix}=-10\neq 0$，故 $R(\mathbf{A})=2$；又增广矩阵 $\widetilde{\mathbf{A}}=\begin{pmatrix} 4 & 2 & -1 & 2 \\ 3 & -1 & 2 & 3 \\ 11 & 3 & 0 & -6 \end{pmatrix}$ 的一个三阶子式

$\begin{vmatrix} 4 & 2 & 2 \\ 3 & -1 & 3 \\ 11 & 3 & -6 \end{vmatrix}=130\neq 0$，故 $R(\widetilde{\mathbf{A}})=3$，即 $R(\mathbf{A})\neq R(\widetilde{\mathbf{A}})$，因此该方程组无解.

例 3　讨论 p,q 为何值时，非齐次线性方程组

$$\begin{cases} x_1+2x_2+x_3=4 \\ x_1+3x_2+2x_3=5 \\ 2x_1+3x_2+px_3=q \end{cases}$$

(1)无解；(2)有唯一解；(3)有无穷多解.

解：对方程组的增广矩阵进行初等行变换，有

$$\widetilde{\mathbf{A}}=\begin{pmatrix} 1 & 2 & 1 & 4 \\ 1 & 3 & 2 & 5 \\ 2 & 3 & p & q \end{pmatrix}\xrightarrow[r_3-2r_1]{r_2-r_1}\begin{pmatrix} 1 & 2 & 1 & 4 \\ 0 & 1 & 1 & 1 \\ 0 & -1 & p-2 & q-8 \end{pmatrix}\xrightarrow{r_3+r_2}\begin{pmatrix} 1 & 2 & 1 & 4 \\ 0 & 1 & 1 & 1 \\ 0 & 0 & p-1 & q-7 \end{pmatrix}$$

故(1)当 $p=1$ 且 $q\neq 7$ 时，$r(\mathbf{A})=2, r(\widetilde{\mathbf{A}})=3$，即 $r(\mathbf{A})\neq r(\widetilde{\mathbf{A}})$，方程组无解；

(2)当 $p\neq 1$ 时，$r(\mathbf{A})=r(\widetilde{\mathbf{A}})=3=n$，方程组有唯一解；

(3)当 $p=1$ 且 $q=7$ 时，$r(\mathbf{A})=r(\widetilde{\mathbf{A}})=2<n$，方程组有无穷多解.

例 4　讨论 λ 为何值时，齐次线性方程组

$$\begin{cases} x_1-2x_2+x_3=0 \\ 2x_1-3x_2+2x_3=0 \\ x_1+2x_2+\lambda x_3=0 \end{cases}$$

(1)只有零解；(2)有非零解.

解：方程组的系数行列式

$$|\mathbf{A}|=\begin{vmatrix} 1 & -2 & 1 \\ 2 & -3 & 2 \\ 1 & 2 & \lambda \end{vmatrix}=-3\lambda-4+4+3-4+4\lambda=\lambda-1.$$

故(1)当 $\lambda\neq 1$ 时，$|\mathbf{A}|\neq 0$，方程组只有零解；(2)当 $\lambda=1$ 时，$|\mathbf{A}|=0$，方程组有非零解.

同步练习 4.6

(一)填空题

1. λ 取何值时，若方程组 $\begin{cases} 2x_1-x_2+2x_3=\lambda x_1 \\ 5x_1-3x_2+3x_3=\lambda x_2 \\ -x_1-2x_3=\lambda x_3 \end{cases}$ 有非零解，则 $\lambda=$__________.

2. 方程组 $\begin{cases} x_1+2x_2+5x_3=0 \\ x_1+3x_2-2x_3=0 \\ 3x_1+7x_2+8x_3=0 \end{cases}$ 的解为______________.

(二)计算与解答题

1. 用消元法解线性方程组$\begin{cases}x_1+2x_2+3x_3=-7\\2x_1-x_2+2x_3=-8\\x_1+3x_2=7\end{cases}$.

2. 用消元法解线性方程组$\begin{cases}2x_1-x_2+3x_3=1\\2x_1+x_2+x_3=5\\4x_1+x_2+2x_3=5\end{cases}$.

3. 用消元法解线性方程组$\begin{cases}x_1+2x_2-x_3=1\\2x_1-3x_2+x_3=0\\4x_1+x_2-x_3=-1\end{cases}$.

4. 用消元法解线性方程组$\begin{cases}x_1-2x_2+x_3+x_4=1\\x_1-2x_2+x_3-x_4=-1\\x_1-2x_2+x_3+5x_4=5\end{cases}$.

5. 用消元法解线性方程组$\begin{cases}x_1-2x_2+3x_3-4x_4=4\\x_2-x_3+x_4=-3\\x_1+3x_2-3x_4=1\\-7x_2+3x_3+x_4=-3\end{cases}$.

6. 用消元法解线性方程组$\begin{cases}x_1-x_2+3x_3-x_4=1\\2x_1-x_2-x_3+4x_4=2\\3x_1-2x_2+2x_3+3x_4=3\\x_1-4x_3+5x_4=-1\end{cases}$.

7. 用消元法解线性方程组$\begin{cases}x_1+x_2-3x_3=-1\\2x_1+x_2-2x_3=1\\x_1+x_2+x_3=3\\x_1+2x_3-3x_3=1\end{cases}$.

8. 用消元法解线性方程组$\begin{cases}x_1+3x_2+x_3-x_4-2=0\\2x_1-2x_2+x_4+3=0\\2x_1+3x_2+x_3-3x_4+6=0\\3x_1+4x_2-x_3+2x_4=0\end{cases}$.

9. 用消元法解线性方程组$\begin{cases}x_1+x_2-3x_4-x_5=0\\x_1-x_2+2x_3-x_4=0\\4x_1-2x_2+6x_3+3x_4-4x_5=0\\2x_1+4x_3-2x_3+4x_4-7x_5=0\end{cases}$.

10. 用消元法解线性方程组$\begin{cases}x_1-x_2+2x_3=1\\x_1-2x_2-x_3=2\\3x_1-x_2+5x_3=3\\-2x_1+2x_2+3x_3=-4\end{cases}$.

11. 用消元法解线性方程组$\begin{cases}5x_1-x_2+2x_3+x_4=7\\2x_1+x_2+4x_3-2x_4=1\\x_1-3x_2-6x_3+5x_4=0\end{cases}$.

12. 用消元法解线性方程组$\begin{cases}x_1+x_2+x_3+x_4+x_5=0\\3x_1+2x_2+x_3+x_4-3x_5=0\\x_2+2x_3+2x_4+6x_5=4\\5x_1+4x_2+3x_3+3x_4-x_5=0\end{cases}$.

13. λ取何值时，方程组$\begin{cases}5x_1-x_2+2x_3+x_4=7\\2x_1+x_2+4x_3-2x_4=1\\x_1-3x_2-6x_3+5x_4=0\end{cases}$ (1)无解;(2)有解，并求出它的解.

14. λ取何值时，方程组$\begin{cases}2x_1-x_2+3x_3=0\\x_1-3x_2+4x_3=0\\-x_1+2x_2+\lambda x_3=0\end{cases}$ 有非零解.

15. λ取何值时，方程组$\begin{cases}x_1+2x_2+3x_3=\lambda x_1\\2x_1+x_2+3x_3=\lambda x_2\\3x_1+3x_2+6x_3=\lambda x_3\end{cases}$ 有非零解.

16. λ取何值时，方程组$\begin{cases}\lambda x_1+x_2+x_3=1\\x_1+\lambda x_2+x_3=\lambda\\x_1+x_2+\lambda x_3=\lambda^2\end{cases}$ (1)无解;(2)有唯一解;(3)有无穷多解.

17. 讨论a,b为何值时，方程组$\begin{cases}ax_1+x_2+x_3=0\\x_1+bx_2+x_3=0\\x_1+2bx_2+x_3=0\end{cases}$ 有非零解，并求解.

18. 讨论a,b为何值时，方程组$\begin{cases}ax_1+x_2+x_3=4\\x_1+bx_2+x_3=3\\x_1+2bx_2+x_3=4\end{cases}$ (1)无解;(2)有解.

自测题四

一、填空题

1. 行列式的展开式等于它的任一行(列)的各元素与其对应的代数余子式的__________.

2. $\begin{vmatrix}0&0&0&0&a_{15}\\0&0&0&a_{24}&0\\0&0&a_{33}&0&0\\0&a_{42}&0&0&0\\a_{51}&0&0&0&0\end{vmatrix}=$__________.

3. $\begin{vmatrix} 1 & 1 & 1 & 1 & 1 \\ 2 & 2 & 2 & 2 & 2 \\ a & a & a & a & a \\ b & b & b & b & b \\ c & c & c & c & c \end{vmatrix}=$__________.

4. $\begin{vmatrix} ka_1+b & a_1 \\ ka_2+b & a_2 \end{vmatrix}=$__________.

5. $\begin{vmatrix} ka_{11} & ka_{12} & ka_{13} \\ ka_{21} & ka_{22} & ka_{23} \\ ka_{31} & ka_{32} & ka_{33} \end{vmatrix}=$__________$\begin{vmatrix} a_{11} & a_{12} & a_{13} \\ a_{21} & a_{22} & a_{23} \\ a_{31} & a_{32} & a_{33} \end{vmatrix}$.

6. 齐次线性方程组有非零解的充要条件是______________.

7. 非齐次线性方程组有解的充要条件是______________.

8. 矩阵 $\boldsymbol{A}$ 的秩是指矩阵 $\boldsymbol{A}$ 中______________.

9. 已知：$\boldsymbol{A}=\begin{pmatrix} 1 & -1 & 2 \\ 3 & 2 & 1 \\ 0 & 1 & 4 \end{pmatrix}$，则 $\boldsymbol{A}^{-1}=$______________.

10. 若 $\boldsymbol{A}=\begin{pmatrix} -2 & 4 \\ 1 & -2 \end{pmatrix}$，$\boldsymbol{B}=\begin{pmatrix} 2 & 4 \\ -3 & -6 \end{pmatrix}$，则 $\boldsymbol{BA}=$__________.

11. 方程组$\begin{cases} 7x+3y=68 \\ x-3y=12 \end{cases}$的解是__________.

二、选择题

1. 计算行列式时，下列变换中不改变行列式的值的变换是（　　）.

A. 第 i 行与第 j 行互换　　B. 第 i 行的 k 倍与第 j 行相加，写入第 i 行

C. 第 i 行加上第 j 行的 k 倍写入第 i 行　　D. 第 i 行的每一个元素同乘以一个数

2. 在解下列问题中，只能使用初等行变换的是（　　）.

①求矩阵的秩；②求逆矩阵；　③解线性方程组；④计算行列式.

A. ①②③　　B. ③④　　C. ②④　　D. ②③

3. 在一秩为 r 的矩阵中，任一 r 阶子式（　　）.

A. 必等于零　　B. 必不等于零

C. 可以等于零，也可以不等于零　　D. 不会都不等于零

4. 四阶行列式中，含有 $a_{11}a_{44}$ 的项是（　　）.

A. $a_{11}a_{23}a_{33}a_{34}$　　B. $a_{11}a_{22}a_{33}a_{44}$

C. $a_{11}a_{22}a_{33}a_{34}$　　D. $a_{11}a_{23}a_{33}a_{34}$

5. 设矩阵 $\boldsymbol{A}$ 是 4×5 矩阵，B 是 5×4 矩阵，则 $\boldsymbol{AB}$ 是（　　）矩阵.

A. 5×4　　B. 4×5　　C. 4×4　　D. 5×5

6. 线性方程组$\begin{cases} x_1-2x_2+x_3+x_4=1 \\ x_1-2x_2+x_3-x_4=-1 \\ x_1-2x_2+x_3-5x_4=5 \end{cases}$的解的情况为（　　）.

A. 唯一的解　　B. 无解　　C. 无穷多组解　　D. 不能确定

7. 用矩阵的初等变换解线性方程组时,所做的初等变换只能是(　　　).

A. 对增广矩阵作初等行变换　　B. 对增广矩阵作初等列变换

C. 对增广矩阵既作初等行变换又可作初等列变换　　D. 对系数矩阵作初等行变换

8. 求矩阵的秩时可能作的初等变换是(　　　).

A. 只对行作初等变换　　B. 只对列作初等变换

C. 既可对行又可对列作初等变换　　D. 以上都不正确

三、计算题

1. 计算下列行列式的值:

(1) $\begin{vmatrix} 2 & 0 & 2\cos\alpha \\ 0 & 2 & 0 \\ 2\cos\alpha & 0 & 2 \end{vmatrix}$.　　(2) $\begin{vmatrix} 1 & 4 & 9 & 16 \\ 4 & 9 & 16 & 25 \\ 9 & 16 & 25 & 36 \\ 16 & 25 & 36 & 49 \end{vmatrix}$.

(3) $\begin{vmatrix} 1 & 2 & 3 & 4 & 5 \\ -1 & 0 & 3 & 4 & 5 \\ -1 & -2 & 0 & 4 & 5 \\ -1 & -2 & -3 & 0 & 5 \\ -1 & -2 & -3 & -4 & 0 \end{vmatrix}$.　　(4) $\begin{vmatrix} 1 & 1 & 1 & 1 \\ a & a & b & b \\ b & b & a & c \\ c & c & c & a \end{vmatrix}$.

2. 求下列矩阵的逆矩阵:

(1) $\begin{pmatrix} 1 & 1 & -1 \\ 0 & 2 & 2 \\ 1 & -1 & 0 \end{pmatrix}$.　　(2) $\begin{pmatrix} 2 & 1 & 1 \\ 1 & 0 & 2 \\ 3 & 1 & 2 \end{pmatrix}$.

3. 解线性方程组:

(1) $\begin{cases} 3x_1+2x_2=1 \\ x_1+3x_2+2x_3=0 \\ x_2+3x_3+2x_4=0 \\ x_3+3x_4=-2 \end{cases}$.　　(2) $\begin{cases} x_1-x_2+5x_3-x_4=0 \\ x_1+x_2-2x_3+3x_4=0 \\ 3x_1-x_2+8x_3+x_4=0 \\ x_1+3x_2-9x_3+7x_4=0 \end{cases}$.　　(3) $\begin{cases} 2x_1+3x_2-x_3=-3 \\ x_1-x_2+2x_3=1 \\ 3x_1+2x_2-5x_3=1 \\ 6x_1+4x_2-4x_3=-1 \end{cases}$.

第五章　概率统计初步

本章知识结构：

- 概率与统计
  - 随机试验与随机事件
    - 随机试验
    - 随机事件
    - 随机事件的关系与运算
  - 概率的定义及性质
    - 古典概率定义
    - 几何概率定义
    - 统计概率定义
    - 概率的公理化定义
  - 条件概率
    - 条件概率与乘法公式
    - 事件的独立性
    - 全概率公式与贝叶斯公式
  - 随机变量及分布
    - 随机变量
    - 离散型随机变量及分布
    - 连续性随机变量及概率密度
  - 随机变量数字特征
    - 数学期望及性质
    - 方差及性质
  - 统计初步
    - 统计量
    - 参数估计
    - 线性回归

5.1　随机试验与随机事件

一、基本内容

1. 样本空间：试验 E 的所有可能结果构成的集合称为 E 的**样本空间**，记作 S.

2. 随机事件：随机试验的每一种可能的结果称为**随机事件**，简称**事件**.

3. 随机事件的关系与运算：

(1)四种关系：

①包含：事件 A 发生必然导致事件 B 发生，记作 $A\subset B$.

②相等：若 $A\subset B$ 且 $B\subset A$，记作 $A=B$.

③互逆(对立)：在 S 中，不属于 A 的样本点组成的集合，称为事件 A 的**对立事件**，记作 $\overline{A}=S-A$.

④互斥(互不相容)：若事件 A,B 不能同时发生，即 $AB=\varnothing$，则称事件 A 和 B **互不相容**.

(2)三种运算:

①事件的并(或和):事件 A 与事件 B 至少有一个发生,记作 $A\cup B$ 或 $A+B$.

②事件的交(或积):事件 A 与事件 B 同时发生,记作 $A\cap B$ 或 AB.

③事件的差:事件 A 发生而事件 B 不发生,记作 $A-B$ 或 $A\overline{B}$.

(3)事件的运算律:

①交换律:$A\cup B=B\cup A, A\cap B=B\cap A$.

②结合律:$A\cup(B\cup C)=(A\cup B)\cup C$,

$A\cap(B\cap C)=(A\cap B)\cap C$.

③分配律:$A\cup(B\cap C)=(A\cup B)\cap(A\cup C)$,

$A\cap(B\cup C)=(A\cap B)\cup(A\cap C)$.

④德·摩根定律:$\overline{A\cup B}=\overline{A}\cap\overline{B}$,

$\overline{A\cap B}=\overline{A}\cup\overline{B}$.

二、学习要求

1. 理解样本空间、随机事件的概念;
2. 了解随机事件之间的几种关系;
3. 掌握事件的几种运算规律.

三、基本题型及解题方法

题型 1　写出随机试验中样本空间.

解题方法:样本空间 S 即为试验中的所有可能结果构成的集合.

例 1　写出下列随机试验的样本空间:

(1)观察一粒种子的发芽情况;

(2)掷两枚硬币,观察正反面的情况;

(3)从 J、Q、K、A 四张扑克中随意抽取两张.

解:(1)$S=\{$发芽,不发芽$\}$;

(2)$S=\{$(正,正),(正,反),(反,正),(反,反)$\}$;

(3)$S=\{(J,Q),(J,K),(J,A),(Q,K),(Q,A),(K,A)\}$.

题型 2　随机事件的运算.

解题方法:要掌握随机事件的四种关系:包含,相等,对立和互斥;三种运算:和,积差;四种运算规律:交换,结合,分配以及德摩根.

例 2　设 A,B,C 为三个事件,用运算关系表示下列各事件:

(1)三个事件恰好有两个发生;

(2)三个事件至少发生一个;

(3)三个事件至少发生两个;

(4)A 与 B 发生,C 不发生;

(5)A,B,C 都不发生；

(6)A,B,C 至多发生一个.

解：(1)三个事件恰好有两个发生，另一个是不发生的，有三种情况，结果是三种情况的并. 即 $G_1=(AB\overline{C})\cup(A\overline{B}C)\cup(\overline{A}BC)$.

(2)三个事件至少发生一个，若必须 A 发生，则 B 和 C 可发生也可不发生，不用考虑. 即 $G_2=A\cup B\cup C$.

(3)三个事件至少发生两个，另一个可发生也可不发生，不用考虑. 即 $G_3=AB\cup AC\cup BC$.

(4)$G_4=AB\overline{C}$.

(5)$G_5=\overline{A}\,\overline{B}\,\overline{C}$或$G_5=\overline{A\cup B\cup C}$(德摩根律).

(6)$G_6=A\overline{B}\,\overline{C}\cup\overline{A}B\overline{C}\cup\overline{A}\,\overline{B}C\cup\overline{A}\,\overline{B}\,\overline{C}$.

同步练习 5.1

(一)填空题

1. 设 A,B,C 为 3 个随机事件，则 A,B,C 中不多于一个发生的事件可以表示为__________.

2. 设 A,B,C 为 3 个事件，则这三个事件中恰有两个事件发生可表示为__________.

3. 掷一颗骰子，观察出现的点数. 设 $A=$“出现奇数”，$B=$“出现的点数小于 5”，$C=$“出现小于 5 的偶数”. 则样本空间为__________，$A+B=$__________，$A-B=$__________，$A+\overline{C}=$__________，$\overline{A+B}=$__________，$AB=$__________.

(二)选择题

1. 两个事件互斥是两个事件对立的(　　).

A. 充分不必要条件　　B. 必要不充分条件

C. 充要条件　　D. 无关条件

2. 从装有 2 个白球和 2 个红球的口袋中任取 2 球，下列 4 组陈述中，两个事件互斥但不对立的是(　　).

A.“至少有 1 个白球”，“都是白球”　　B.“至少有 1 个白球”，“至少有 1 个红球”

C.“恰好有 1 个白球”，“都是白球”　　D.“至少有 1 个白球”，“都是红球”

(三)解答题

1. 从 15 本不同的书中任取 3 本，问有多少个基本事件？

2. 掷一枚骰子，观察朝上一面的点数，若以事件 A 表示“奇数点”，事件 B 表示“点数小于 5”，事件 C 表示“大于 3 的偶数点”. 试将下列事件用集合表示出来：

(1)$A\cup B$； (2)$A\cup B\cup C$； (3)$A-B$； (4)ABC.

3. 考察某养鸡场的 10 只小鸡在一年后能有几只产蛋. 设 $A=$“只有 5 只产蛋”，$B=$“至少有 5 只产蛋”，$C=$“最多有 4 只产蛋”. 试问：

(1)A 与 B，A 与 C，B 与 C 是否互不相容？

(2)A 与 B，A 与 C，B 与 C 是否互为对立事件？

4. 某人加工了 3 个零件，设事件 $A_i(i=1,2,3)$ 表示“加工的第 i 个零件是合格品”，用运算关系表示下列事件：

(1)只有一件合格品；(2)只有第一件合格；(3)至少有一件合格；(4)最多有一件合格；(5)三件全合格；(6)至少有一件不合格.

5.2　概率的定义及性质

一、基本内容

1. 古典概型：设样本空间 S 中有 n 个样本点，事件 A 中有 $m(m\leqslant n)$ 个样本点，$P(A)$ 为事件 A 发生的概率，则

$$P(A)=\frac{m}{n}=\frac{A\text{ 中包含基本事件的个数}}{S\text{ 中包含基本事件的个数}}.$$

2. 几何概型：设试验得基本事件有无穷多个，但是可用某种几何特征(如长度、面积、体积)来表示其总和. 设样本空间 S 是某一可度量区域，事件 $A\subset S$，$\mu(*)$表示 $*$ 的度量，则

$$P(A)=\frac{\mu(A)}{\mu(S)}=\frac{A\text{ 的度量}}{S\text{ 的度量}}.$$

3. 概率的公理化定义：设 E 是随机试验，S 是样本空间，对于 E 的每一个事件 A 赋予一个实数，记为 $P(A)$，称为事件 A 的**概率**，若满足以下假设：

(1)对于任何事件 A，$0\leqslant P(A)\leqslant 1$；

(2)对于必然事件 S，$P(S)=1$；

(3)若事件 $A_1,A_2,\cdots,A_n$ 两两互不相容，则有

$$P(A_1\cup A_2\cup\cdots\cup A_n)=P(A_1)+P(A_2)+\cdots+P(A_n).$$

二、学习要求

1. 掌握古典概型的计算；
2. 理解几何概型；
3. 理解概率的定义及性质.

三、基本题型及解题方法

题型 1　计算古典概率.

解题方法：古典概型是最简单的随机试验，理解它的有限性和等可能性.

$$P(A)=\frac{m}{n}=\frac{A\text{ 中包含基本事件的个数}}{S\text{ 中包含基本事件的个数}}.$$

例 1　将一枚均匀的硬币连续掷两次，计算：

(1)正面只出现一次的概率；

(2)正面至少出现一次的概率.

解：先求试验的样本空间 $S=\{(H,H),(H,T),(T,H),(T,T)\}$，有四个样本点.

(1)事件 A 表示“正面只出现一次”，$A=\{(H,T),(T,H)\}$，有两个样本点，则 $P(A)=\frac{2}{4}=\frac{1}{2}$.

(2)事件 B 表示“正面至少出现一次”，$B=\{(H,H),(H,T),(T,H)\}$，有三个样本点，则 $P(B)=\dfrac{3}{4}$.

例 2 一个罐中装有 4 个白球，3 个黑球，从罐中任取 3 个球，求

(1)取出的 3 个球全是白球的概率；

(2)取出的 3 个球中恰有 1 个是白球的概率.

解:从 7 个球中任取 3 个球，相应的样本空间中样本点总数为 C_7^3.

(1)设事件 $A=$“取出的 3 个球全是白球”，这 3 个球只能从 4 个白球中取出，因此样本点数为 C_4^3，所以 $P(A)=\dfrac{C_4^3}{C_7^3}=\dfrac{4}{35}$.

(2)设事件 $B=$“取出的 3 个球中恰有 1 个是白球”，意味着另外 2 个是黑球. 由乘法原理，得样本点数为 $C_4^1C_3^2$，所以 $P(B)=\dfrac{C_4^1C_3^2}{C_7^3}=\dfrac{12}{35}$.

题型 2 计算几何概率.

解题方法：$P(A)=\dfrac{\mu(A)}{\mu(S)}=\dfrac{A\text{ 的度量}}{S\text{ 的度量}}$.

例 3 假如公交车每 10 min 一班，某同学随机到达车站等车，问：

(1)该同学等车时间不超过 5 min 的概率是多少？(2)该同学等车时间介于 4～5 min 之间的概率是多少？(3)该同学等车时间恰好为 5 min 的概率是多少？

解:该同学随机到达公交车站，他等车的时间等可能地在区间(0,10)上，

设样本空间 S=(0,10)为“等车时间”.

(1)事件 $A=(0,5)$为“等车时间不超过 5 min”，则 $P(A)=\dfrac{5}{10}=\dfrac{1}{2}$.

(2)事件 $B=(4,5)$为“等车时间介于 4～5 min 之间”，则 $P(B)=\dfrac{1}{10}$.

(3)事件 C 为“等车事件恰好为 5 min”，则 $P(C)=\dfrac{0}{10}=0$.

我们都知道，不可能事件的概率为 0，但由此例题可知道，概率为 0 的事件不一定是不可能事件.

题型 3 利用概率的定义和性质来进行计算.

例 4 某工厂有两台机床，机床甲发生故障的概率为 0.1，机床乙发生故障的概率为 0.2，两台机床同时发生故障的概率为 0.05. 试求：

(1)机床甲和机床乙至少有一台发生故障的概率；

(2)机床甲和机床乙都不发生故障的概率；

(3)机床甲和机床乙不都发生故障的概率.

解:令 A 表示“机床甲发生故障”，B 表示“机床乙发生故障”，则

$$P(A)=0.1,\quad P(B)=0.2,\quad P(AB)=0.05.$$

(1)所求概率 $P(A\cup B)=P(A)+P(B)-P(AB)=0.1+0.2-0.05=0.25$.

(2)所求概率 $P(\overline{A}\,\overline{B})=P(\overline{A\cup B})=1-P(A\cup B)=1-0.25=0.75$.

(3)所求概率 $P(\overline{AB})=1-P(AB)=1-0.05=0.95$.

例5　设事件 A,B 的概率分别为$\frac{1}{3}$和$\frac{1}{2}$,求在以下三种情况下的 $P(B\overline{A})$值.

(1)A,B 互斥;(2)$A\subset B$;(3)$P(AB)=\frac{1}{8}$.

解:(1)由 A 与 B 互斥,则 $B\subset\overline{A}$,所以 $B\overline{A}=B$,记得 $P(B\overline{A})=P(B)=\frac{1}{2}$.

(2)当 $A\subset B$ 时,$P(B\overline{A})=P(B-A)=P(B)-P(A)=\frac{1}{2}-\frac{1}{3}=\frac{1}{6}$.

(3)因为 $A\cup B=A\cup B\overline{A}$,而 $P(A\cup B)=P(A)+P(B)-P(AB)$,

$P(A\cup B\overline{A})=P(A)+P(B\overline{A})$,即 $P(A)+P(B)-P(AB)=P(A)+P(B\overline{A})$,

所以　$P(B\overline{A})=P(B)-P(BA)=\frac{1}{2}-\frac{1}{8}=\frac{3}{8}$.

同步练习 5.2

(一)填空题

1. 口袋中有 4 个白球,2 个黑球,从中随机抽取 3 个球,则取得 2 个白球,1 个黑球的概率是__________.

2. $P(A)=0.4,P(B)=0.3,P(A\cup B)=0.6$,则 $P(AB)=$__________.

3. 若 A 与 B 互斥,$P(A)=0.5,P(B)=0.38$,则 $P(A\cup B)=$__________.

4. 设 $P(A)=0.1,P(A+B)=0.3$,且 A 与 B 互不相容,则 $P(B)=$__________.

5. 若 $P(A)=0.5,P(B)=0.6,P(A\cup B)=0.9$,则 $P(A\overline{B})=$__________.

6. $P(A)=\frac{1}{3},P(B)=\frac{1}{4},P(A\cup B)=\frac{1}{2}$,则 $P(\overline{A}\cup\overline{B})=$__________.

7. 已知 $P(A\cup B)=0.8,P(A)=0.5,P(B)=0.6$,则:(1)$P(AB)=$__________,(2)$(P(\overline{A}\,\overline{B}))=$__________,(3)$P(\overline{A}\cup\overline{B})=$__________.

8. 已知 $P(A)=0.7,P(AB)=0.3$,则 $P(A\overline{B})=$__________.

(二)选择题

1. 已知 $A\subset B$,则 $P(B-A)=$(　　).

A. $P(B)-P(A)$　　B. $P(A)-P(B)+P(\overline{A}B)$

C. $P(B)-P(AB)+P(A)$　　D. $P(A)+P(\overline{B})-P(AB)$

2. 设 $P(AB)=0$,则(　　).

A. A 和 B 不相容　　B. A 和 B 独立

C. $P(A)=0$ 或 $P(B)=0$　　D. $P(A-B)=P(A)$

(三)解答题

1. 邮筒内有10封信,其中有8封是外地的,两封是本地的.

(1)有放回地取两次,每次一封;

(2)无放回地取两次,每次一封;

(3)一次任取两封.

求分别取到两封均为外地信的概率.

2. 袋中有三个白球两个红球,从袋中任取两球,求以下事件的概率:

(1)A=“取得两个球都是白球”;

(2)B=“取得两个都是红球”;

(3)C=“取得一个白球一个红球”.

3. 已知 $P(A)=P(B)=P(C)=\frac{1}{4}$,$P(AB)=0$,$P(AC)=P(BC)=\frac{1}{6}$,求 A,B,C 全不发生的概率.

4. 某班进行了数学和英语考试,其中数学成绩优秀的比例为 20%,英语成绩优秀的比例为 18%,数学和英语全优的比例为 12%,问数学英语至少有一门优秀的占百分之几?

5.3 条件概率

一、基本内容

1. 条件概率与乘法公式:

(1)定义:设 A,B 是两个事件,且 $P(A)>0$,则称

$$P(B|A)=\frac{P(AB)}{P(A)}$$

为已知事件 A 发生的条件下事件 B 发生的条件概率.

(2)乘法公式:A,B 是随机事件,且 $P(A)>0$,则有

$$P(AB)=P(B|A)P(A).$$

2. 事件的独立性:设事件 A,B 是两个事件,且 $P(A)P(B)>0$. 如果

$$P(AB)=P(A)P(B),$$

则称事件 A 与事件 B 相互独立,简称 A,B 独立.

3. 全概率公式:对于样本空间 S 中事件 H 的概率

$$\begin{aligned}P(H)&=P(HS)=P(H(A\cup B\cup C))\\&=P(HA\cup HB\cup HC)=P(HA)+P(HB)+P(HC)\\&=P(H|A)P(A)+P(H|B)P(B)+P(H|C)P(C),\end{aligned}$$

其中 A,B,C 是样本空间 S 的一个划分.

4. 贝叶斯公式:如果 $P(A)>0$,$P(H)>0$,A,B,C 是样本空间 S 的一个划分,则

$$\begin{aligned}P(A|H)&=\frac{P(AH)}{P(H)}=\frac{P(A)P(H|A)}{P(H)}\\&=\frac{P(A)P(H|A)}{P(H|A)P(A)+P(H|B)P(B)+P(H|C)P(C)}.\end{aligned}$$

二、学习要求

1. 掌握条件概率定义、乘法公式定义、两事件相互独立的充要条件;

2. 理解全概率公式和贝叶斯公式.

三、基本题型及解题方法

题型 1　条件概率和乘法公式.

解题方法:事件 A 已经发生的情况下事件 B 发生的概率.

例 1　某工厂生产的 100 件产品中有 10 件次品,90 件正品,在 90 件正品中有 20 件优质品.

(1)任取一件,求它是优质品的概率及是正品的概率;

(2)从正品中任取一件,求它是优质品的概率.

解:设 A=“取到一件正品”,B=“取到一件优质品”.

(1)共有 100 件产品,任取一件,基本事件总数是 100,优质品有 20 件,正品有 90 件,则 $P(A)=\frac{90}{100}$,$P(B)=\frac{20}{100}$.

(2)从正品中任取一件,则“取到一件优质品”,这时基本事件总数不再是 100,而是正品数 90,因此所求概率为 $P(B|A)=\frac{20}{90}$.

例 2　设一只乌龟能存活 60 年的概率为 0.89,能存活 100 年的概率为 0.83,若现在这只乌龟已经 60 岁,则它能再活 40 年的概率是多少?

解:设 A=“乌龟活到 100 岁”,B=“乌龟活到 60 岁”,$A\subset B$,

则
$$P(AB)=P(A)=0.83,$$

故所求概率为
$$P(A|B)=\frac{P(AB)}{P(B)}=\frac{0.83}{0.89}=0.93.$$

例 3　一盒中有 12 只零件,其中有 3 只是次品,甲、乙、丙三人各从中取走一只,取后不放回,甲先取,乙其次,丙最后,求甲、乙都取到正品而丙取到次品的概率.

解:设 A、B、C 分别表示甲、乙、丙取到正品,所求的“甲、乙都取到正品而丙取到次品”可以用 $AB\overline{C}$ 表示,则

$$P(AB\overline{C})=P(A)P(B|A)P(\overline{C}|AB)=\frac{9}{12}\times\frac{8}{11}\times\frac{3}{10}=\frac{9}{55}.$$

例 4　袋中有 5 个黑球,3 个白球,先从袋中任取一球,取后不放回,再取一球,求第二次才取到白球的概率.

解:设 A_i=“第 i 次取到白球”,$i=1,2$;$\overline{A_i}$=“第 i 次取到黑球”,$i=1,2$.

“第二次才取到白球”的意思是“第一次取到黑球而第二次取到白球”,也就是事件 $\overline{A_1}A_2$,于是

$$P(\overline{A_1}A_2)=P(\overline{A_1})P(A_2|\overline{A_1})=\frac{5}{8}\times\frac{3}{7}=\frac{15}{56}.$$

题型 2　事件的独立性.

解题方法:$P(AB)=P(A)P(B)$ 可以用来计算两个独立事件的积事件概率.

例 5　甲、乙两人分别向同一目标射击,已知甲击中的概率为 0.6,乙击中的概率为 0.5,

求甲乙都击中目标的概率.

解:设 A="甲击中目标";B="乙击中目标".

"甲乙都击中目标"可表示为 AB,据题意可认为 A、B 相互独立,则

$$P(AB)=P(A)P(B)=0.6\times0.5=0.3.$$

例 6 设 20 件产品中有 5 件次品.

(1)无放回地取两次,每次一件;

(2)有放回地取两次,每次一件.

解:设 A="第一次取到次品",B="第二次取到次品".

两次均为次品可以用 AB 表示,则:

(1)无放回抽取,事件 A 和事件 B 不独立,第一次是否取得次品对第二次取得次品的概率必然有影响,事实上 $P(B|A)=\frac{4}{19}$,$P(B|\overline{A})=\frac{5}{19}$,$P(B|A)\neq P(B|\overline{A})$,$P(AB)=P(A)P(B|A)=\frac{5}{20}\times\frac{4}{19}=\frac{1}{19}$.

(2)有放回地抽取,无论第一次抽到的正品还是次品并不影响第二次抽到次品,即 A、B 相互独立

$$P(AB)=P(A)P(B)=\frac{5}{20}\times\frac{5}{20}=\frac{1}{16}.$$

题型 3 全概率公式和贝叶斯公式.

解题方法:利用定义计算.

例 7 设某工厂有甲、乙、丙三个车间生产同一种产品,产量依次占全厂的 45%、35%、20%,且各车间的次品率分别为 4%、2%和 5%,现在从一批产品中检查出一个次品,问该次品是由哪个车间生产的可能性最大?

解:设 A_1,A_2,A_3 分别表示"产品来自甲、乙、丙 3 个车间";B 表示"产品为次品"的事件.易知 A_1,A_2,A_3 是样本空间的一个有效划分,且有

$$P(A_1)=0.45;P(A_2)=0.35;P(A_3)=0.2;$$

$$P(B|A_1)=0.04;P(B|A_2)=0.02;P(B|A_3)=0.05.$$

由全概率公式得

$$P(B)=P(A_1)P(B|A_1)+P(A_2)P(B|A_2)+P(A_3)P(B|A_3)$$
$$=0.45\times0.04+0.35\times0.02+0.2\times0.05=0.035.$$

由贝叶斯公式得

$$P(A_1|B)=\frac{0.45\times0.04}{0.035}=0.514;$$

$$P(A_2|B)=\frac{0.35\times0.02}{0.035}=0.200;$$

$$P(A_3|B)=\frac{0.20\times0.05}{0.035}=0.286.$$

由此可见,该次品由甲车间生产得可能性最大.

同步练习 5.3

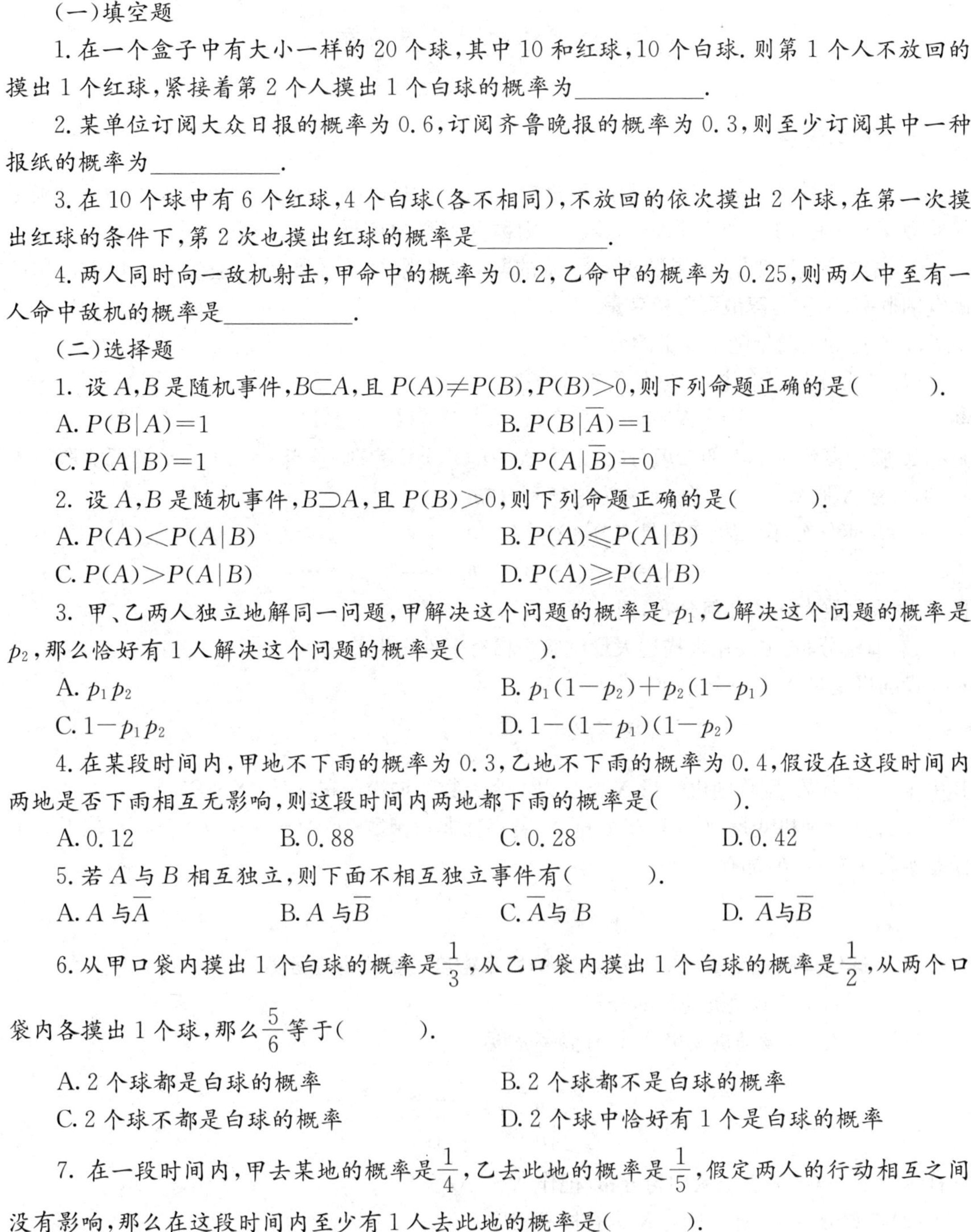

（一）填空题

1. 在一个盒子中有大小一样的 20 个球，其中 10 和红球，10 个白球. 则第 1 个人不放回的摸出 1 个红球，紧接着第 2 个人摸出 1 个白球的概率为__________.

2. 某单位订阅大众日报的概率为 0.6，订阅齐鲁晚报的概率为 0.3，则至少订阅其中一种报纸的概率为__________.

3. 在 10 个球中有 6 个红球，4 个白球（各不相同），不放回的依次摸出 2 个球，在第一次摸出红球的条件下，第 2 次也摸出红球的概率是__________.

4. 两人同时向一敌机射击，甲命中的概率为 0.2，乙命中的概率为 0.25，则两人中至有一人命中敌机的概率是__________.

（二）选择题

1. 设 A,B 是随机事件，$B\subset A$，且 $P(A)\neq P(B)$，$P(B)>0$，则下列命题正确的是（　　）.

A. $P(B|A)=1$　　B. $P(B|\overline{A})=1$

C. $P(A|B)=1$　　D. $P(A|\overline{B})=0$

2. 设 A,B 是随机事件，$B\supset A$，且 $P(B)>0$，则下列命题正确的是（　　）.

A. $P(A)<P(A|B)$　　B. $P(A)\leqslant P(A|B)$

C. $P(A)>P(A|B)$　　D. $P(A)\geqslant P(A|B)$

3. 甲、乙两人独立地解同一问题，甲解决这个问题的概率是 p_1，乙解决这个问题的概率是 p_2，那么恰好有 1 人解决这个问题的概率是（　　）.

A. p_1p_2　　B. $p_1(1-p_2)+p_2(1-p_1)$

C. $1-p_1p_2$　　D. $1-(1-p_1)(1-p_2)$

4. 在某段时间内，甲地不下雨的概率为 0.3，乙地不下雨的概率为 0.4，假设在这段时间内两地是否下雨相互无影响，则这段时间内两地都下雨的概率是（　　）.

A. 0.12　　B. 0.88　　C. 0.28　　D. 0.42

5. 若 A 与 B 相互独立，则下面不相互独立事件有（　　）.

A. A 与 $\overline{A}$　　B. A 与 $\overline{B}$　　C. $\overline{A}$ 与 B　　D. $\overline{A}$ 与 $\overline{B}$

6. 从甲口袋内摸出 1 个白球的概率是 $\frac{1}{3}$，从乙口袋内摸出 1 个白球的概率是 $\frac{1}{2}$，从两个口袋内各摸出 1 个球，那么 $\frac{5}{6}$ 等于（　　）.

A. 2 个球都是白球的概率　　B. 2 个球都不是白球的概率

C. 2 个球不都是白球的概率　　D. 2 个球中恰好有 1 个是白球的概率

7. 在一段时间内，甲去某地的概率是 $\frac{1}{4}$，乙去此地的概率是 $\frac{1}{5}$，假定两人的行动相互之间没有影响，那么在这段时间内至少有 1 人去此地的概率是（　　）.

A. $\frac{3}{20}$　　B. $\frac{1}{5}$　　C. $\frac{2}{5}$　　D. $\frac{9}{20}$

8. 将三颗骰子各掷一次，设事件 $A=$“三个点数都不相同”，$B=$“至少出现一个 6 点”，则

概率 $P(A|B)$等于(　　).

A. $\frac{60}{91}$　　B. $\frac{1}{2}$　　C. $\frac{5}{18}$　　D. $\frac{91}{216}$

5.4　随机变量及其分布

一、基本内容

1. 随机变量的定义:如果对于试验的样本空间 s 中得每个样本点 e,变量 X 都由一个确定的实数 x 与 e 相对应,即 $X=X(e)$,$e\in S$,则称 X 是**随机变量**.

2. 离散型随机变量:如果随机变量 X 的取值为有限个或可数个,且它每一个可能值均有确定的概率,则称为**离散型随机变量**.

3. 常见的离散型随机变量的分布:

(1)二项分布:设随机变量 X 具有分布律

$$P=\{X=k\}=C_n^k p^k (1-p)^{n-k} \quad (k=0,1,2\cdots,n),$$

则称 X 服从参数为 n,p 的**二项分布**,记为 $X\sim B(n,p)$. 特别地,当 $n=1$ 时,X 的可能取值为 $k=0,1$,称 X 服从 $0-1$ **分布**,或称为**伯努利分布**.

(2)几何分布:设随机变量具有分布律

$$P\{X=k\}=(1-p)^{k-1}p \quad (k=1,2,3,\cdots).$$

称 X 服从参数为 p 的**几何分布**,记作 $X\sim G(p)$.

(3)泊松分布:主要用来描述大量试验中稀有事件发生的概率.

设随机变量 X 具有分布律

$$p\{X=k\}=\frac{\lambda^k}{k!}e^{-\lambda} \quad (k=1,2,\cdots).$$

其中 $\lambda>0$ 时常数,则称随机变量 X 服从以 λ 为参数的**泊松分布**,记作 $X\sim P(\lambda)$.

4. 连续型随机变量:对于随机变量 X,若存在非负函数 $f(x)(-\infty<x<+\infty)$,使得对于任意实数 $a,b(a\leqslant b)$都有

$$P\{a\leqslant X\leqslant b\}=\int_a^b f(x)\mathrm{d}x,$$

则称 X 为**连续型随机变量**,称 $f(x)$为 X 的**概率密度函数**或**密度函数**.

5. 常见的连续型随机变量的分布:

(1)均匀分布:设随机变量 X 具有概率密度

$$f(x)=\begin{cases}\dfrac{1}{b-a} & \text{当 } a\leqslant x\leqslant b \\ 0 & \text{其他}\end{cases},$$

则称 X 在区间(a,b)上服从**均匀分布**,记作 $X\sim U(a,b)$.

(2)指数分布:设随机变量 X 具有概率密度

$$f(x)=\begin{cases}\dfrac{1}{\lambda}e^{-\frac{x}{\lambda}} & \text{当 } x\geqslant 0 \\ 0 & \text{当 } x<0\end{cases},$$

则称 X 是服从参数为 $\lambda>0$ 的**指数分布**，记作 $X\sim EP(\lambda)$.

(3)正态分布：设随机变量 X 具有概率密度

$$f(x)=\frac{1}{\sqrt{2\pi}\sigma}\mathrm{e}^{-\frac{(x-\mu)^2}{2\sigma^2}}\qquad(-\infty<x<+\infty),$$

其中 $\mu,\sigma>0$ 为常数，则称 X 服从参数为 μ,σ 的**正态分布**（**高斯分布**），记作 $X\sim N(\mu,\sigma^2)$. 特别地，当 $\mu=0,\sigma=1$ 时，$X\sim N(0,1)$，称为**标准正态分布**，其概率密度和分布函数分别用 $\varphi(x)$ 和 $\Phi(x)$ 表示，即

$$\varphi(x)=\frac{1}{\sqrt{2\pi}}\mathrm{e}^{-\frac{x^2}{2}},\quad \Phi(x)=\frac{1}{\sqrt{2\pi}}\int_{-\infty}^{x}\mathrm{e}^{-\frac{t^2}{2}}\mathrm{d}t.$$

二、学习要求

1. 理解随机变量的概念；
2. 掌握离散型随机变量和连续型随机变量的定义及其分布.

三、基本题型及解题方法

题型 1　会求随机变量 X 的分布律.

解题方法：利用定义计算.

例 1　设在 15 只同类型零件中有 2 只是次品，在其中取三次，每次任取一只，且不放回抽样，以 X 表示取出次品的只数，求 X 的分布律.

解：任取三只，其中新含次品个数 X 可能为 0,1,2 个.

$$p(X=0)=\frac{C_{13}^3}{C_{15}^3}=\frac{22}{35};$$

$$P(X=1)=\frac{C_2^1\times C_{13}^2}{C_{15}^3}=\frac{12}{35};$$

$$P(X=2)=\frac{C_2^2\times C_{13}^1}{C_{15}^3}=\frac{1}{35}.$$

再列为下表

X	0	1	2
p	$\frac{22}{35}$	$\frac{12}{35}$	$\frac{1}{35}$

$$P\{X>3\}=P\{X\geqslant 4\}=0.566\,530.$$

例 2　某射手有 5 发子弹，射击一次的命中率为 0.9，如果他命中目标就停止射击，不命中就一直到用完 5 发子弹，求所用子弹数 X 的分布律.

解：假设 X 表示所用子弹数，$X=1,2,3,4,5$.

$$P(X=i)=P(\text{前 }i-1\text{ 次不中，第 }i\text{ 次命中})=(0.1)^{i-1}\cdot 0.9\quad(i=1,2,3,4).$$

当 $i=5$ 时，只要前四次不中，无论第五次中与不中，都要结束射击（因为只有五发子弹）.

所以　$P(X=5)=(0.1)^5+(0.1)^4\cdot 0.9=(0.1)^4$. 于是分布律为

X	1	2	3	4	5
p	0.9	0.09	0.009	0.000 9	0.000 1

题型 2　利用连续型随机变量定义计算.

例 3　设随机变量 X 的概率密度为

$$f(x)=\begin{cases}c\sin x & 0<x<\pi \\ 0 & \text{其他}\end{cases},$$

求:(1)常数 C;(2)使 $P(X>a)=P(X<a)$ 成立的 a.

解:(1) $1=\int_{-\infty}^{+\infty}f(x)\mathrm{d}x=c\int_0^{\pi}\sin x\mathrm{d}x=-c\cos x|_0^{\pi}=2c, c=\dfrac{1}{2}$;

(2) $P(X>a)=\int_a^{\pi}\dfrac{1}{2}\sin x\mathrm{d}x=-\dfrac{1}{2}\cos x|_a^{\pi}=\dfrac{1}{2}+\dfrac{1}{2}\cos a$,

$P(X<a)=\int_0^{a}\dfrac{1}{2}\sin x\mathrm{d}x=-\dfrac{1}{2}\cos x|_0^{a}=\dfrac{1}{2}-\dfrac{1}{2}\cos a$,可见 $\cos a=0$,

所以　$a=\dfrac{\pi}{2}$.

题型 3　利用指数分布定义计算.

例 4　已知某种类型电子元件的寿命 X(单位:h)服从指数分布,它的概率密度为

$$f(x)=\begin{cases}\dfrac{1}{600}\mathrm{e}^{-\frac{x}{600}} & x>0 \\ 0 & x\leqslant 0\end{cases}.$$

某仪器装有 3 只此种类型的电子元件,假设 3 只电子元件损坏与否相互独立,试求在仪器使用的最初 200 h 内,至少有一只电子元件损坏的概率.

解:(1)先求每个电子元件 200 h 内损坏的概率

$$P\{X<200\}=\int_0^{200}\frac{1}{600}\mathrm{e}^{-\frac{x}{600}}\mathrm{d}x=\frac{1}{600}(-600)\mathrm{e}^{-\frac{x}{600}}\Big|_0^{200}=-\mathrm{e}^{-\frac{1}{3}}+\mathrm{e}^0=1-\mathrm{e}^{-\frac{1}{3}}.$$

(2)设 Y 为损坏的电子元件数量,则 $Y\sim B(3,1-e^{-\frac{1}{3}})$,

$$P\{Y\geqslant 1\}=1-P\{Y=0\}=1-C_3^0\,(1-\mathrm{e}^{-\frac{1}{3}})^0\,(\mathrm{e}^{-\frac{1}{3}})^2=\mathrm{e}^{-\frac{2}{3}}.$$

题型 4　利用正态分布分布定义计算.

例 5　设 $X\sim N(3.2^2)$,求 $P(2<X\leqslant 5)$,$P(-4)<X\leqslant 10)$,$P\{|X|>2\}$,$P(X>3)$.

解:若 $X\sim N(\mu,\sigma^2)$,则 $P(\alpha<X\leqslant\beta)=\phi\left(\dfrac{\beta-\mu}{\sigma}\right)-\phi\left(\dfrac{\alpha-\mu}{\sigma}\right)$,

所以
$$P(2<X\leqslant 5)=\phi\left(\frac{5-3}{2}\right)-\phi\left(\frac{2-3}{2}\right)=\phi(1)-\phi(-0.5)$$
$$=0.841\,3-0.308\,5=0.532\,8.$$
$$P(-4<X\leqslant 10)=\phi\left(\frac{10-3}{2}\right)-\phi\left(\frac{-4-3}{2}\right)=\phi(3.5)-\phi(-3.5)$$

$$=0.9998-0.0002=0.9996.$$

$$P(|X|>2)=1-P(|X|<2)=1-P(-2<P<2)$$
$$=1-\left[\phi\left(\frac{2-3}{2}\right)-\phi\left(\frac{-2-3}{2}\right)\right]$$
$$=1-\phi(-0.5)+\phi(-2.5)$$
$$=1-0.3085+0.0062=0.6977.$$

$$P(X>3)=1-P(X\leqslant 3)=1-\phi\left(\frac{3-3}{2}\right)=1-0.5=0.5.$$

同步练习 5.4

(一)填空题

1. 已知随机变量 X 只能取 $-1,0,1,2$ 四个数值，其相应的概率依次为$\frac{1}{2c},\frac{3}{4c},\frac{5}{8c},\frac{2}{16c}$，则 $c=$__________.

2. 设随机变量 X 服从泊松分布，且 $P(X=1)=P(X=2)$，则 $P(X=4)=$__________.

3. 设随机变量 X 的概率密度函数 $f(x)=\begin{cases}Ax & x\in[0,2]\\ 0 & \text{其他}\end{cases}$，则 $A=$__________.

4. 设随机变量 X 的概率密度为

$f(x)=\begin{cases}1/3 & \text{若 } x\in[0,1]\\ 2/9 & \text{若 } x\in[3,6]\\ 0 & \text{其他}\end{cases}$，若 k 使得 $P(X\geqslant k)=\frac{2}{3}$，则 k 的取值范围是__________.

5. 某公共汽车站有甲，乙，丙三人，分别等 1,2,3 路车，设每人等车的时间(min)都服从 $[0,5]$ 上的均匀分布，则三人中至少有两人等车时间不超过 2 min 的概率为__________.

6. 设随机变量 X 和 $X=Y^2$ 的概率分布分别为

X	-2	-1	0	1	2
P	0.1	p_1	0.2	0.3	p_2

Y	0	1	4
P	p_3	0.6	0.2

则 p_1,p_2,p_3 分别为__________.

(二)选择题

1. 如果 X 是一个离散型随机变量，则假命题是(　　).

A. X 取每一个可能值的概率都是非负数

B. X 取所有可能值的概率之和为 1

C. X 取某几个值的概率等于分别取其中每个值的概率之和

D. X 在某一范围内取值的概率大于它取这个范围内各个值的概率之和

2. 设随机变量 x 等可能取 $1,2,3,\cdots,n$ 值，如果 $p(X\leqslant 4)=0.4$，则 n 值为(　　).

A. 4　　　B. 6　　　C. 10　　　D. 无法确定

3. 设随机变量 ξ 的分布列为 $P(\xi=k)=\frac{k}{15}(k=1,2,3,4,5)$，则 $P\left(\frac{1}{2}<\xi<\frac{5}{2}\right)$ 等于(　　).

A. $\frac{1}{2}$　　B. $\frac{1}{9}$　　C. $\frac{1}{6}$　　D. $\frac{1}{5}$

4. 一工厂生产的 100 个产品中有 90 个一等品，10 个二等品，现从这批产品中抽取 4 个，则其中恰好有一个二等品的概率为（　　）.

A. $1-\frac{C_{90}^4}{C_{100}^4}$　　B. $\frac{C_{10}^0C_{90}^4+C_{10}^1C_{90}^3}{C_{100}^4}$　　C. $\frac{C_{10}^1}{C_{100}^4}$　　D. $\frac{C_{10}^1C_{90}^3}{C_{100}^4}$

5. 一袋中有 5 个白球，3 个红球，现从袋中往外取球，每次任取一个记下颜色后放回，直到红球出现 10 次时停止，设停止时共取了 ξ 次球，则 $P(\xi=12)=$（　　）

A. $C_{12}^{10}\left(\frac{3}{8}\right)^{10}\cdot\left(\frac{5}{8}\right)^2$　　B. $C_{11}^9\left(\frac{3}{8}\right)^9\left(\frac{5}{8}\right)^2\times\frac{3}{8}$

C. $C_{11}^9\left(\frac{5}{8}\right)^9\cdot\left(\frac{3}{8}\right)^2$　　D. $C_{11}^9\left(\frac{3}{8}\right)^9\cdot\left(\frac{5}{8}\right)^2$

6. 设函数 $f(x)=\begin{cases}\sin x & x\in[a,b]\\ 0 & \text{其他}\end{cases}$，$f(x)$ 可能是某个随机变量的概率密度函数，区间 $[a,b]$ 是（　　）.

A. $\left[0,\frac{\pi}{2}\right]$　　B. $\left[-\frac{\pi}{2},\frac{\pi}{2}\right]$　　C. $[0,\pi]$　　D. $(0,2\pi)$

7. 设随机变量 X 服从参数为 λ 的泊松分布，且 $P\{X=1\}=P\{X=2\}$，则 $P\{X>2\}$ 的值为（　　）.

A. e^{-2}　　B. $1-\frac{5}{e^2}$　　C. $1-\frac{4}{e^2}$　　D. $1-\frac{2}{e^2}$

8. 每张奖券中尾奖的概率为 $\frac{1}{10}$，某人购买了 20 张号码杂乱的奖券，设中尾奖的张数为 ξ，则 ξ 服从（　　）分布.

A. 二项　　B. 泊松　　C. 指数　　D. 正态

9. 连续型随机变量 X 的密度函数 $f(x)$ 必满足条件（　　）.

A. $0\leqslant f(x)\leqslant 1$　　B. $f(x)$ 为偶函数

C. $f(x)$ 单调递减　　D. $\int_{-\infty}^{+\infty}f(x)\mathrm{d}x=1$

10. 设 X 的密度函数为 $f(x)=\begin{cases}\frac{3}{2}\sqrt{x} & 0\leqslant x\leqslant 1\\ 0 & \text{其他}\end{cases}$，则 $P\left\{X>\frac{1}{4}\right\}$ 为（　　）.

A. $\frac{7}{8}$　　B. $\int_{\frac{1}{4}}^{+\infty}\frac{3}{2}\sqrt{x}\mathrm{d}x$　　C. $1-\int_{-\infty}^{\frac{1}{4}}\frac{3}{2}\sqrt{x}\mathrm{d}x$　　D. $\frac{2}{3}$

11. 设 X 服从 $[1,5]$ 上的均匀分布，则（　　）.

A. $P\{a\leqslant X\leqslant b\}=\frac{b-a}{4}$　　B. $P\{3<X<6\}=\frac{3}{4}$

C. $P\{0<X<4\}=1$　　D. $P\{-1<X\leqslant 3\}=\frac{1}{2}$

12. 设 X 服从参数为 $\frac{1}{9}$ 的指数分布，则 $P\{3<X<9\}=$（　　）.

A. $F\left(\frac{9}{9}\right)-F\left(\frac{3}{9}\right)$　　B. $\frac{1}{9}\left(\frac{1}{\sqrt[3]{e}}-\frac{1}{e}\right)$

C. $\frac{1}{\sqrt[3]{e}}-\frac{1}{e}$　　　　D. $\int_3^9 e^{-\frac{x}{9}}dx$

(三)解答题

1. 袋中有6个球，分别标有数字1,2,2,2,3,3，从中任取一个球，令X为取出的球的号码，试求X的分布律.

2. 设一批产品中有10件正品，3件次品，现一件一件地随机取出，每次取出的产品不放回. 求直到取得正品为止所需次数X的分布律.

3. 一实习生用一台机器接连生产了三个同种零件，第i个零件是不合格品的概率$p_i=\frac{1}{i+1}(i=1,2,3)$，以$X$表示三个零件中合格品的个数，求$X$的分布律.

4. 一名学生每天骑车上学，从他家到学校的途中有6个交通岗，假设他在各个交通岗遇到红灯的事件是相互独立的，并且概率都是$\frac{1}{3}$.

(1)设ξ为这名学生在途中遇到红灯的次数，求ξ的分布列；

(2)设η为这名学生在首次停车前经过的路口数，求η的分布列.

5. 随机变量X的密度为$\varphi(x)=\begin{cases}\frac{c}{\sqrt{1-x^2}} & |x|<1\\ 0 & \text{其他}\end{cases}$，求：(1)常数c；(2)$X$落在$\left(-\frac{1}{2},\frac{1}{2}\right)$内的概率.

6. 设顾客在某银行窗口等待服务的时间X(单位：min)服从参数为$\frac{1}{5}$的指数分布. 若等待时间超过10 min，他就离开. 设他一个月内要来银行5次，以Y表示一个月内他没有等到服务而离开窗口的次数，求Y的分布列及$P(Y\geqslant 1)$.

7. 一批元件的正品率为$\frac{3}{4}$，次品率为$\frac{1}{4}$，现对这批元件进行有放回的测试，设第X次首次测到正品，试求X的分布律.

8. 一电话交换台每分钟接到的呼叫次数服从参数为4的泊松分布，求：(1)每分钟恰有8次呼叫的概率；(2)每分钟的呼叫次数大于10的概率.

9. 设连续型随机变量X的密度函数为$f(x)=\begin{cases}4x^3 & 0<x<1,\\ 0 & \text{其他}\end{cases}$求常数$a$，使$P(X>a)=P(X<a)$.

10. 一工厂生产的电子管的寿命X(以小时计)服从参数为$\mu=160$，σ(未知)的正态分布，若要求$P(120<X\leqslant 200=0.80$，允许$\sigma$最大为多少？

5.5　随机变量的数字特征

一、基本内容

1. 离散型随机变量的数学期望：

设离散型随机变量X的分布律为$P=\{X=x_i\}=p_i(i=1,2,\cdots)$，若$x_1p_1+x_2p_2+\cdots+$

$x_i p_i + \cdots = \sum_{i=1}^{\infty} x_i p_i$ 的和存在(绝对收敛),则称这个和为随机变量 X 的**数学期望**,记作 $E(X)$,并简称**期望**或**均值**.

2. 连续型随机变量的数学期望:

设连续型随机变量 X 具有密度函数 $f(x)$. 若

$$\int_{-\infty}^{+\infty} x f(x) \mathrm{d}x$$

有意义,则

$$E(X) = \int_{-\infty}^{+\infty} x f(x) \mathrm{d}x$$

称为 X 的**数学期望**,简称**期望**或**均值**.

3. 数学期望的性质:设 X,Y 是随机变量,a,b 是常数,则有

(1)$E(b)=b$;

(2)$E(ax+b)=aE(X)+b$;

(3)$E(X+Y)=E(X)+E(Y)$.

4. 方差:设 X 是随机变量,若 $D(X)=E\{[X-E(X)]^2\}$ 存在,则称其为 X 的**方差**,记作 $D(X)$,即

$$D(X)=E\{[X-E(X)]^2\}.$$

方差的算数平方根 $\sqrt{D(X)}$ 称为 X 的**均方差**或**标准差**.

5. 方差的性质:设 X 是随机变量,a,b 是常数,则

(1)$D(a)=0$;

(2)$D(aX)=a^2D(X)$;

(3)$D(aX+b)=a^2D(X)$.

二、学习要求

1. 理解随机变量的数字特征;
2. 熟练掌握数学期望和方差的性质.

三、基本题型及解题方法

题型 1　利用离散型随机变量的定义直接求解.

解题方法:直接利用离散型随机变量的数学期望和方差公式求解.

例 1　设随机变量 X 的分布律为,

X	-2	0	2
P	0.4	0.3	0.3

求 $E(X)$ 和 $D(X)$.

解:$E(X)=-2\times0.4+0\times0.3+2\times0.3=-0.2$,

$E(X^2)=(-2)^2\times 0.4+2^2\times 0.3=2.8$,

$D(X)=E(X^2)-[E(X)]^2=2.8-(-0.2)^2=2.76$.

题型 2　利用连续型随机变量的定义直接求解.

解题方法：直接利用连续型随机变量的数学期望和方差公式求解.

例 2　设随机变量 X 的概率密度为 $f(x)=\begin{cases} x & \text{当 } 0<x\leqslant 1 \\ 2-x & \text{当 } 1<x<2, \\ 0 & \text{其他} \end{cases}$

求 $E(X)$ 和 $D(X)$.

解：由数学期望及方差的定义有

$$E(X)=\int_{-\infty}^{+\infty} xf(x)\mathrm{d}x=\int_0^1 x^2\mathrm{d}x+\int_1^2 x(2-x)\mathrm{d}x=\frac{1}{3}x^3\Big|_0^1+\left(x^2-\frac{1}{3}x^3\right)\Big|_1^2=\frac{1}{3}+\frac{2}{3}=1,$$

$$E(X^2)=\int_{-\infty}^{+\infty} x^2 f(x)\mathrm{d}x=\int_0^1 x^3\mathrm{d}x+\int_1^2 x^2(2-x)\mathrm{d}x=\frac{1}{4}x^4\Big|_0^1+\frac{2}{3}x^3\Big|_1^2-\frac{1}{4}x^4\Big|_1^2=\frac{7}{6}.$$

所以 $D(X)=E(X^2)-[E(X)]^2=\frac{7}{6}-1=\frac{1}{6}$.

题型 3　利用结论直接代入求解.

解题方法：随机变量 X 服从 (a,b) 上的均匀分布，可推得

$$E(X)=\frac{b-a}{2},\quad D(X)=\frac{(b-a)^2}{12}.$$

例 3　设随机变 $X\sim U(0,4)$ 上的均匀分布，求 $E(X)$ 和 $D(X)$.

解：随机变量 X 的密度函数

$$f(x)=\begin{cases} \frac{1}{4} & \text{当 } 0\leqslant x\leqslant 4 \\ 0 & \text{其他} \end{cases},$$

所以 X 的数学期望

$$E(X)=\frac{0+4}{2}=2,$$

$$D(X)=E(X^2)-[E(X)]^2=\frac{(4-0)^2}{12}=\frac{4}{3}.$$

题型 4　利用数学期望和方差的性质求解.

解题方法：掌握数学期望和方差的性质即可.

例 4　设随机变量 X 的数学期望 $E(X)=-2$，且 $E(X^2)=5$，求 $E(2-4X)$ 和 $D(-3X)$.

解：由数学期望的性质知

$$E(2-4X)=2-4E(X)=2+8=10,$$

$$D(-3X)=9D(X)=9\{E(X^2)-[E(X)]^2\}=9,$$

同步练习 5.5

(一)判断题

1. 随机变量的数学期望就是随机变量取值的算数平均数.

2. 随机变量的方差反映的是随机变量对期望的偏离程度.

3. 若 $X\sim P(\lambda)$,则 $E(X)=\lambda, D(\lambda)=\lambda^2$.

4. 若 $X\sim U(0,4)$,则 $D(X)=1$.

(二)填空题

1. 设连续型随机变量 X 的分布函数为 $F(x)=\begin{cases}0 & x\leqslant 0\\ \frac{x}{4} & <x\leqslant 4\\ 1 & x>4\end{cases}$,则 $E(X)=$__________.

2. 若 X 的密度函数 $f(x)=\begin{cases}x^2 & -1<x<1\\ 0 & 其他\end{cases}$,则 $E(X)=$__________,$D(X)=$__________.

3. 若 $E(X)=-1, E(X^2)=3$,则 $D(2X)=$__________.

(三)选择题

1. X,Y 都服从$[1,5]$上的均匀分布,则 $E(X+Y)=($　　$)$.

A. 8　　B. 10　　C. 4　　D. 6

2. 若 X 的密度函数为 $f(x)=\begin{cases}1-x & <x<1\\ 0 & 其他\end{cases}$,则(　　).

A. $E(X)=\frac{1}{6}$, $D(X)=\frac{1}{18}$　　B. $E(X)=\frac{1}{2}$, $D(X)=\frac{2}{9}$

C. $E(X)=\frac{1}{6}$, $D(X)=\frac{1}{12}$　　D. $E(X)=\frac{1}{3}$, $D(X)=\frac{1}{9}$

3. 两相互独立的随机变量 X 和 Y 的方差分别为 4 和 2,则 $3X+2Y$ 的方差是(　　).

A. 8　　B. 16　　C. 28　　D. 44

(四)解答题:

1. 已知 X 的分布律如下表

X	-2	-1	0	1
P	0.2	0.3	0.4	0.1

求 $E(X)$, $D(X)$, $E(3X+1)$, $E(2X^2-3)$.

2. 设随机变量 X 的密度函数为 $f(x)=\begin{cases}2(1-x) & 0<x<1\\ 0 & 其他\end{cases}$,求 $E(X)$.

5.6 统计初步

一、基本内容

1. 总体:研究对象的全体.

2.样本:从总体中随机抽取部分个体组成的集合.

3.样本容量:样本中包含个体的个体数.

4.统计量:不含未知参数的样本函数 $f(X_1,X_2,\cdots,X_n)$.

5.参数估计:根据总体的样本对总体分布中的未知参数做出估计.参数估计包括参数的点估计和区间估计.

二、学习要求

1.理解统计学中的基本概念;

2.掌握参数估计和假设检验的基本思想和方法.

三、基本题型及解题方法

题型 1　利用数字特征法来估计总体的内径均值和方差.

解题方法:以样本的数字特征作为总体数字特征的估计量.

例 1　设总体的一组观测值为

$$2.50,2.48,2.45,2.52,2.50,2.46,2.54,2.57.$$

试由样本数字特征法求出总体均值 μ 和方差 σ^2 的估计值.

解:根据已知的样本可得

$$\hat{\mu}=\overline{X}=\frac{1}{8}(2.50+2.48+2.45+2.52+2.50+2.46+2.54+2.57)=2.50,$$

$$\hat{\sigma}^2=S^2=\frac{1}{8-1}[(2.50-2.50)^2+\cdots+(2.57-2.50)^2]=0.0016.$$

即总体均值的估计值为 2.50,方差的估计值为 0.001 6.

题型 2　求置信区间.

解题方法:若标准差 σ^2 已知,μ 的置信水平为 $1-\alpha$ 置信区间为 $\left(\overline{X}-\frac{\sigma}{\sqrt{n}}u_{\frac{\alpha}{2}},\overline{X}+\frac{\sigma}{\sqrt{n}}u_{\frac{\alpha}{2}}\right)$;若标准差 σ^2 未知,μ 的置信水平为 $1-\alpha$ 置信区间为 $\left(\overline{X}-\frac{S}{\sqrt{n}}t_{\frac{\alpha}{2}}(n-1),\overline{X}+\frac{S}{\sqrt{n}}t_{\frac{\alpha}{2}}(n-1)\right)$.

例 2　已知幼儿身高服从正态分布,现从 5～6 岁的幼儿中随机抽查了 9 人,其高度分别为(单位:cm)

$$115,120,131,115,109,115,115,105,110.$$

假设标准差 $\sigma=7$,置信度为 95%,试求总体均值 μ 的置信区间.

解:已知 $\sigma=7,n=9,1-\alpha=0.95,\frac{\alpha}{2}=0.025$,查表得 $\mu_{\frac{\alpha}{2}}=\mu_{0.025}=1.96$,由样本值算得 $\overline{x}=\frac{1}{9}(115+120+\cdots+110)=115$,代入公式得总体均值 μ 的置信区间为

$$\left(115-\frac{7}{\sqrt{9}}1.96,115+\frac{7}{\sqrt{9}}1.96\right)=(110.43,119.57).$$

例 3　某高校男生服从 $N(\mu,\sigma^2)$,随机测量 16 人的身高得 $\overline{x}=173$ cm,$s^2=36$,σ^2 未知,求

μ 的置信度为 0.95 的置信区间.

解:$n=16$,$\bar{x}=173$ cm,$s^2=36$,$1-\alpha=0.95$,$\frac{\alpha}{2}=0.025$,$t_{0.025}(15)=2.1315$,μ 的置信度为 0.95 的置信区间

$$\left(\overline{X}-\frac{S}{\sqrt{n}}t_{\frac{\alpha}{2}}(n-1),\overline{X}+\frac{S}{\sqrt{n}}t_{\frac{\alpha}{2}}(n-1)\right)=\left(173+\frac{6}{\sqrt{16}}\times 2.1315,173-\frac{6}{\sqrt{16}}\times 2.1315\right)$$

$=(169.8,176.2)$

例 4 已知总体 X 服从 $N(\mu,\sigma^2)$,今从中抽出 $n=9$ 的一个样本,并由样本观察值计算出样本均值和样本方差分别为 $\bar{x}=51.22$,$s^2=9$,试求该总体均值 μ 的 95%的置信区间.

解:由于 σ^2 未知,$\bar{x}=51.22$,$s^2=9$,$\alpha=0.05$,自由度为 $n-1=9-1=8$,查 t 分布表得

$$t_{\frac{\alpha}{2}}(n-1)=t_{0.025}(8)=2.306,$$

$$t_{\frac{\alpha}{2}}(n-1)\sqrt{\frac{s^2}{n}}=2.306\times\sqrt{\frac{9}{9}}=2.306\approx 2.31.$$

所以 μ 的 95%的置信区间为$(51.22-2.31,51.22+2.31)=(48.91,53.53)$.

同步练习 5.6

解答题

1. 测量铝的比重 16 次,测得 $\bar{x}=2.705$,$s=0.029$,试求铝的比重的置信区间(设测量值服从正态分布,置信度为 0.95).

2. 某车间生产滚珠,已知其直径 $X\sim N(\mu,\sigma^2)$,现从某一天生产的产品中随机地抽出 6 个,测得直径如下(单位:mm):

$$14.6,15.1,14.9,14.8,15.2,15.1$$

试求滚珠直径 X 的均值 μ 的置信度为 0.95 的置信区间.

自测题(五)

一、填空题

1. $P(A)=0.6$,$P(B)=0.5$,$P(AB)=0.2$. 则 $P(A\cup B)=$__________,$P(A\overline{B})=$__________,$P(A-B)=$__________.

2. 设事件 A,B 互相独立,$P(A)=0.6$,$P(B)=0.5$,则 $P(AB)=$__________,$P(A\cup B)=$__________.

3. 设三次独立试验中,事件 A 每次发生的概率都为 $\frac{2}{3}$,则事件 A 至少发生一次的概率为__________.

4. 随机变量 X 具有分布律(其中 a 为常数):

X	-1	0	1
P	$\frac{1}{4}$	$\frac{2}{4}$	a

则 $a=$__________，$P\{|x|=1\}$__________.

5. 设随机变量 X 的分布律为：$P\{X=k\}=\frac{a}{N}$，$k=1,2,\cdots,N$，试求 $\sum_{k=1}^{N}\frac{a}{k}=$__________.

6. 一批产品共 100 个，其中有 10 个次品，从中放回取 5 次，每次取一个，以 X 表示任意取出的产品中的次品数，则 X 的分布为__________.

7. 某射手对一目标进行射击，直至击中为止，如果每次射击命中率都是 p，以 X 表示射击的次数，则 X 的分布律为__________.

8. 已知 $X\sim U(-2,2)$，$Y=2X^2+1$，则 $E(Y)=$__________，$D(Y)=$__________.

二、选择题

1. 设 A,B,C 为三个事件，则"A,B,C 中至少有一个不发生"这一事件可表示为(　　).

A. $AB\cup AC\cup BC$　　B. $A\cup B\cup C$　　C. $AB\overline{C}\cup A\overline{B}C\cup\overline{A}BC$　　D. $\overline{A}\cup\overline{B}\cup\overline{C}$

2. 设 A,B 为两个随机事件，下列正确的是(　　).

A. $(A\cup B)-B=A$　　B. $(A-B)\cup B=A$

C. $(A-B)\cup B=A\cup B$　　D. $A\cup AB=A\cup B$

3. 设 A,B 为两个随机事件，下列正确的是(　　).

A. $P(A-B)=P(A)-P(B)$　　B. $P(A\cup B)=P(A)+P(B)$

C. $P(AB)=P(A)P(B)$　　D. $P(\overline{A})=1-P(A)$

4. 如果 $P(AB)=0$，则(　　).

A. A 与 B 互不相容　　B. $\overline{A}$与$\overline{B}$互不相容

C. $P(A-B)=P(A)$　　D. $P(A-B)=P(A)-P(B)$

5. 两个事件 A 与 B 是对立事件的充要条件是(　　).

A. $P(AB)=P(A)P(B)$　　B. $P(AB)=0$ 且 $P(A\cup B)=1$

C. $AB=\varnothing$且 $A\cup B=\Omega$　　D. $AB=\varnothing$

6. 掷两颗骰子，出现点数和为 7 的概率为(　　).

A. $\frac{1}{36}$　　B. $\frac{1}{12}$　　C. $\frac{1}{2}$　　D. $\frac{1}{6}$

7. 设 A,B 为两个相互对立事件，且 $P(A)>0$，$P(B)>0$，则(　　).

A. $P(B|A)>0$　　B. $P(A|B)=P(A)$

C. $P(A|B)=0$　　D. $P(AB)=P(A)P(B)$

8. 一种零件的加工由两道工序组成，第一道工序的废品率为 p，第二道工序的废品率为 q，则该零件加工的成品率为(　　).

A. $1-p-q$　　B. $1-pq$

C. $1-p-q+pq$　　D. $(1-p)+(1-q)$

9. 设随机变量 X 与 Y 的期望和方差存在，且 $D(X-Y)=DX+DY$，则下列说法哪个是不正确的(　　).

A. $D(X+Y)=DX+DY$　　B. $E(XY)=EX\cdot EY$

C. X 与 Y 不相关　　D. X 与 Y 独立

10. 设 $X_1,X_2,\cdots,X_n$ 是取自总体 X 的一个简单随机样本，则 $E(X^2)$的矩估计是(　　).

A. $S_1^2=\frac{1}{n-1}\sum_{i=1}^{n}(X_i-\overline{X})^2$　　B. $S_2^2=\frac{1}{n}\sum_{i=1}^{n}(X_i-\overline{X})^2$

C. $S_1^2+\overline{X}^2$　　D. $S_2^2+\overline{X}^2$

三、计算题

1. 设 $P(A)=0.5$，$P(B)=0.4$，$P(A-B)=0.3$，求 $P(A\cup B)$，$P(\overline{A}\cup\overline{B})$.

2. 某班有男生 16 名，女生 14 名，从中选出 3 名班干部. 求：

(1)3 名班干部由两男一女组成的概率；

(2)3 名班干部中至少有一个女生的概率.

3. 某篮球运动员罚球两次，第一次罚中的概率为 0.7；若第一次罚中，则第二次也罚中的概率为 0.8；如第一次未罚中，则第二次罚中的概率为 0.6. 求

(1)两次都罚中的概率；

(2)两罚中只有一次罚中的概率；

(3)两罚都不中的概率.

4. 三个人独立破译一密码，他们能独立破译出的概率分别是 0.2，0.5，0.4，求此密码被译出的概率.

5. 某人有形状相似的三把钥匙，其中只有一把能将门锁打开，用 X 表示开门的次数(采取不放回处理)写出 X 的分布律.

6. 随机变量 X 具有分布律：

X	0	1	2	3	4
P	0.2	0.1	0.4	0.2	0.1

求数学期望 $E(X)$ 和方差 $D(X)$.

7. 设连续型随机变量 X 的密度函数

$$f(x)=\begin{cases}Ax & 0\leqslant x\leqslant 1\\ 0 & \text{其他}\end{cases},$$

求常数 A 的值，并求概率 $P\{X\geqslant 0.5\}$、数学期望 $E(X)$ 及方差 $D(X)$.

8. 16 次测量铅的比重，得 16 个测定值的平均值为 2.705，样本标准差为 0.029，假定测量结果 X 服从正态分布，求铅比重的置信度为 0.95 的置信区间.

同步练习与自测题参考答案

第 一 章

同步练习 1.1

(一)判断题

1. √. 2. ×. 3. √. 4. ×. 5. ×. 6. ×.

(二)填空题

1. $(-\infty,-2]\cup(2,+\infty)$. 2. $(-\infty,-3)\cup[-1,1]\cup(2,+\infty)$. 3. $1+\frac{\pi^2}{4}$. 4. $1-\frac{1}{x}$. 5. x^2+2.
6. $y=\log_8 x$ 7. -2. 8. 0. 9. 奇函数,偶函数,偶函数,奇函数. 10. 无界,有界.

(三)选择题

1. D. 2. A. 3. D. 4. B. 5. A. 6. D. 7. C. 8. D.

(四)解答题

1. 解:该函数的定义域为 **R**,关于原点对称,且

$$f(-x)=\frac{e^x-1}{e^x+1}=\frac{1-e^{-x}}{1+e^{-x}}=-f(x),$$

所以,函数 $f(x)=\frac{e^{-x}-1}{e^{-x}+1}$为奇函数.

2. 解:略.

同步练习 1.2

(一)判断题

1. ×. 2. ×.

(二)填空题

1. 2^{x^2}, 2^{2x}. 2. $y=\arcsin e^{\sqrt{x}}$. 3. $y=\sqrt{1+\sin^2(\log_2 x)}$. 4. 反三角函数. 5. $y=e^u$, $u=\sin v$, $v=1-x$.
6. $y=u^2$, $u=\arcsin v$, $v=\sqrt{w}$, $w=1-x^2$. 7. $y=u^2$, $u=\sec v$, $v=1-\frac{1}{x}$. 8. $y=2^u$, $u=\sqrt[3]{v}$, $v=x^3+1$.

(三)选择题

1. B. 2. A.

同步练习 1.3

(一)填空题

1. $\frac{11}{7}$,2. 2. A. 3. $-3,-4$. 4. $\frac{\pi}{2}$,0. 5. $\frac{\pi}{2}$,0. 6. 1. 7. 1,0. 8. -1. 9. -1,2. 10. 无穷大量. 11. 无穷小量. 12. 大,0.

(二)选择题

1. A. 2. D. 3. D. 4. A. 5. C. 6. A. 7. A. 8. B. 9. C. 10. C. 11. B.

同步练习 1.4

(一)填空题

1. 1. 2. 5. 3. $\frac{4}{3}$. 4. -4. 5. 0. 6. $\frac{1}{2}$. 7. 2. 8. 0. 9. 0. 10. $\frac{3}{5}$. 11. 任意. 12. 2.

13. e^{-2}　14. e^{-2}.　15. 等价.　16. 同阶.　17. 等价.　18. 同阶.　19. $3x,3x\ln a$.　20. 高阶.　21. 同阶.

(二)选择题

1. D.　2. B.　3. C.　4. A.　5. C.　6. A.　7. B.　8. D.　9. C.　10. D　11. C.　12. C
13. A

(三)计算题

1. 解:原式$=\lim\limits_{x\to-1}\dfrac{(x+1)(x-2)}{(x+1)(x+2)}=\lim\limits_{x\to-1}\dfrac{x-2}{x+2}=-3$.

2. 解:原式$=\lim\limits_{x\to\infty}\dfrac{\left(1-\dfrac{1}{x}\right)\left(1+\dfrac{1}{x^2}\right)}{2+\dfrac{4}{x^3}}=\dfrac{1}{2}$.

3. 解:原式$=\lim\limits_{x\to+\infty}\dfrac{\sqrt{\dfrac{1}{x^2}+1}+\dfrac{1}{x}}{1-\dfrac{1}{x}}=1$.

4. 解:原式$=\lim\limits_{n\to\infty}\dfrac{2}{\sqrt{n^2+1}+\sqrt{n^2-1}}=\lim\limits_{n\to\infty}\dfrac{\dfrac{2}{n}}{\sqrt{1+\dfrac{1}{n^2}}+\sqrt{1-\dfrac{1}{n^2}}}=0$.

5. 解:原式$=\lim\limits_{x\to+\infty}\dfrac{x+1}{\sqrt{x^2+x}+\sqrt{x^2-1}}=\lim\limits_{x\to+\infty}\dfrac{1+\dfrac{1}{x}}{\sqrt{1+\dfrac{1}{x}}+\sqrt{1-\dfrac{1}{x^2}}}=\dfrac{1}{2}$.

6. 解:因为$\lim\limits_{x\to\infty}\left(\dfrac{x^2+1}{x+1}-ax-b\right)=\lim\limits_{x\to\infty}\dfrac{x^2+1-ax^2-ax-bx-b}{x+1}$

$$=\lim_{x\to\infty}\frac{(1-a)x^2-(a+b)x+(1-b)}{x+1}=0,$$

所以 $1-a=0$,　$a+b=0$,即　$a=1,b=-1$.

7. 解:原式$=\lim\limits_{x\to\frac{4}{3}}\dfrac{\sin(9x^2-16)}{9x^2-16}\cdot(3x+4)=3\cdot\dfrac{4}{3}+4=8$.

8. 解:原式$=\lim\limits_{x\to0^-}\dfrac{2\cdot\dfrac{x}{2}}{-\sqrt{2}\sin\dfrac{x}{2}}=-\sqrt{2}$.

9. 解:原式$=\lim\limits_{x\to0}\dfrac{2\sin^2\dfrac{x}{2}}{\left(\dfrac{x}{2}\right)^2}\cdot\dfrac{x}{\sin x}\cdot\dfrac{1}{4}=\dfrac{1}{2}$.

10. 解:原式$=\lim\limits_{x\to\infty}\dfrac{1}{\left(1-\dfrac{1}{x}\right)^{2x}}=\dfrac{1}{e^{-2}}=e^2$.

11. 解:原式$=\lim\limits_{x\to\infty}\left(\dfrac{1-\dfrac{a}{x}}{1+\dfrac{a}{x}}\right)^{-x}=\lim\limits_{x\to\infty}\dfrac{\left(1-\dfrac{a}{x}\right)^{-\frac{x}{a}\cdot a}}{\left(1+\dfrac{a}{x}\right)^{\frac{x}{a}\cdot(-a)}}=\dfrac{e^a}{e^{-a}}=e^{2a}$.

12. 解:原式$=\lim\limits_{x\to\infty}\left(\dfrac{1+\dfrac{1}{2x}}{1-\dfrac{1}{2x}}\right)^x=\lim\limits_{x\to\infty}\dfrac{\left(1+\dfrac{1}{2x}\right)^{2x\cdot\frac{1}{2}}}{\left(1-\dfrac{1}{2x}\right)^{2x\cdot\frac{1}{2}}}=\dfrac{e^{\frac{1}{2}}}{e^{-\frac{1}{2}}}=e$.

13. 解:原式$=\lim\limits_{x\to0}\dfrac{(1-x)^{\frac{1}{x}}}{(1+x)^{\frac{1}{x}}}=\dfrac{e^{-1}}{e}=e^{-2}$.

14. 解:因为 当 $x\to 0$ 时,$1-\cos ax\sim\frac{1}{2}(ax)^2$,$\sin x\sim x$,

所以 原式$=\lim\limits_{x\to 0}\dfrac{\frac{1}{2}(ax)^2}{x^2}=\dfrac{a^2}{2}$.

15. 解:因为 当 $x\to 0$ 时,$1-\cos ax\sim\frac{1}{2}(ax)^2$,$\sqrt{1+x^2}-1\sim\frac{1}{2}x^2$,

所以 原式$=\lim\limits_{x\to 0}\dfrac{\cos 3x-1}{\sqrt{1+x^2}-1}+\lim\limits_{x\to 0}\dfrac{1-\cos 2x}{\sqrt{1+x^2}-1}$

$$=\lim_{x\to 0}\frac{-\frac{1}{2}(3x)^2}{\frac{1}{2}x^2}+\lim_{x\to 0}\frac{\frac{1}{2}(2x)^2}{\frac{1}{2}x^2}=-9+4=-5.$$

16. 解:因为 当 $x\to 0$ 时,$2^{2x}-1\sim 2x\ln 2$,$\ln(1+3x)\sim 3x$

所以 原式$=\lim\limits_{x\to 0}\dfrac{2x\ln 2}{3x}=\dfrac{2}{3}\ln 2$.

同步练习 1.5

(一)填空题

1. $f(x_0)$. 2. 2. 3. 2. 4. $\frac{1}{2}$. 5. 1. 6. 2. 7. 第二类(无穷),可去.

(二)选择题

1. C. 2. D. 3. C. 4. D. 5. B. 6. B. 7. C. 8. C.

(三)解答题

1. 解:由 $f(0-0)=\lim\limits_{x\to 0^-}f(x)=\lim\limits_{x\to 0^-}\left(\frac{1}{x}\sin x+a\right)=1+a$,

$$f(0+0)=\lim_{x\to 0^+}f(x)=\lim_{x\to 0^+}x\sin\frac{1}{x}=0,$$

$$f(0)=b,$$

又 $f(0-0)=f(0+0)=f(0)$,

得 $a=-1,b=0$,即当 $a=-1,b=0$ 时 $f(x)$ 在 $x=0$ 处连续.

2. 解:由 $f(0-0)=\lim\limits_{x\to 0^-}f(x)=\lim\limits_{x\to 0^-}2^{\frac{1}{x}}=0$,

$$f(0+0)=\lim_{x\to 0^+}f(x)=\lim_{x\to 0^+}\arctan\frac{1}{x}=\frac{\pi}{2}.$$

知极限 $\lim\limits_{x\to 0}f(x)$ 不存在,所以 $f(x)$ 在点 $x=0$ 处不连续,且因为

$$f(0-0)=0\neq\frac{\pi}{2}=f(0+0),$$

故 $x=0$ 为 $f(x)$ 的跳跃间断点.

3. 解:在 $(-\infty,0)$ 及 $(0,+\infty)$ 上,$f(x)$ 为初等函数,显然连续.

在 $x=0$ 处,由于

$$f(0-0)=\lim_{x\to 0^-}f(x)=\lim_{x\to 0^-}\frac{1}{bx}\ln(1-3x)=-\frac{3}{b},$$

$$f(0+0)=\lim_{x\to 0^+}f(x)=\lim_{x\to 0^+}\frac{\sin ax}{x}=a,$$

$$f(0)=2.$$

当 $f(0-0)=f(0+0)=f(0)$ 时,$a=2,b=-\frac{3}{2}$,

即当 $a=2,b=-\frac{3}{2}$ 时,$f(x)$ 在 $(-\infty,+\infty)$ 内处处连续.

4. 证明：设 $f(x)=x\ln x-1$，显然其在$[1,e]$上连续，
又 $f(e)=e-1>0$，$f(1)=-1<0$，即 $f(1)\cdot f(e)<0$.

由零点定理，知至少存在一点 $\xi\in(1,e)$使 $f(\xi)=0$，即方程 $x\ln x=1$ 至少有一个根介于 1 与 e 之间.

自 测 题 一

一、填空题

1. $y=\sqrt{1+\sin^2(\log_2 x)}$. 2. 反三角函数. 3. $y=e^u, u=\sin v, v=1-x$. 4. $[1,2]$. 5. -7. 6. (1)5； (2)1； (3)e^4； (4)$\frac{4}{3}$. 7. 2. 8. 2. 9. $0,\frac{5}{7}$.

二、选择题

1. B. 2. D. 3. D. 4. C. 5. D. 6. D. 7. D. 8. D.

三、计算与解答题

1. $\frac{1}{4}$. 2. $-\frac{1}{2}$. 3. $-\frac{1}{2}$. 4. $\frac{1}{2}$. 5. $\frac{2}{3}\ln 2$. 6. 右连续，左不连续，故在该点不连续. 7. 1. 8. $a=-1, b=0$. 9. 略.

第 二 章

同步练习 2.1

(一)填空题

1. $f'(x_0)$. 2. $f'(0)$. 3. 0,1. 4. $2f(0)$. 5. $\left(2,\frac{3}{2}\right)$和$\left(-2,-\frac{3}{2}\right)$. 6. $y=-2x+2, y=\frac{1}{2}x+2$. 7. $3x+y+14=0$. 8. $y=2x+1$. 9. 2.

(二)选择题

1. C. 2. D. 3. D. 4. C. 5. A. 6. B. 7. D. 8. B. 9. D. 10. C. 11. B.

同步练习 2.2

(一)填空题

1. $ex^{e-1}+e^x+\frac{1}{x}$. 2. $10^x\ln 10+10x^9+\frac{1}{x\ln 10}-\sin x$. 3. $-\frac{1}{x}$. 4. $\left(\frac{a}{b}\right)^x\ln\frac{a}{b}$. 5. $\frac{7}{6}x^{\frac{1}{6}}$. 6. $6x^2-\frac{5}{2}x^{\frac{3}{2}}+2x$. 7. $\frac{3}{4\sqrt[4]{x}}$. 8. 1. 9. $\frac{a}{a+b}$. 10. $\frac{1}{x\ln 2}-\ln x-1$. 11. $\cos x-x\sin x$ 12. $-\frac{ab}{x^2}\left(\frac{b}{x}\right)^{a-1}$. 13. $\frac{b}{a}\left(\frac{x}{a}\right)^{b-1}$. 14. $16x(x^2+3)^7$. 15. $-\tan x, -\frac{\sqrt{3}}{3}$. 16. $\frac{1}{x\ln x}$. 17. $\frac{1}{2\sqrt{x}(1+x)}$. 18. $-1,-2$. 19. $y=x, y=-x$. 20. $y=2x+1, y=-\frac{1}{2}x+1$. 21. 1. 22. 0. 23. $\ln^4 2$. 24. $a^n e^{ax}$. 25. $\frac{e^y-y}{x(1-e^y)}$. 26. $\left(\ln 3-\frac{2}{3}\right)\sqrt{3}$.

(二)选择题

1. C. 2. B. 3. B. 4. B. 5. A. 6. D. 7. B. 8. D. 9. B. 10. C. 11. A. 12. B. 13. C. 14. A. 15. D. 16. A. 17. C. 18. C. 19. A. 20. A. 21. B. 22. B.

(三)解答题

1. 解：因为 $y=-\sqrt{x}+\frac{1}{\sqrt{x}}$，

所以 $y'=-\frac{1}{2\sqrt{x}}-\frac{1}{2}x^{-\frac{3}{2}}=-\frac{1}{2\sqrt{x}}\left(1+\frac{1}{x}\right)$.

2. 解：因为 $y=x+\frac{2}{\sqrt{x}}-\frac{2}{x^2}=x+2x^{-\frac{1}{2}}-2x^{-2}$，

所以 $y'=1-x^{-\frac{3}{2}}+4x^{-3}=1-\dfrac{1}{x\sqrt{x}}+\dfrac{4}{x^3}$.

3. 解：$y'=(e^x)'\ln x+e^x(\ln x)'=e^x\ln x+e^x\dfrac{1}{x}=e^x\left(\ln x+\dfrac{1}{x}\right)$.

4. 解：$f'(x)=\dfrac{(\ln x)'(2-\ln x)-(2-\ln x)'\ln x}{(2-\ln x)^2}$

$$=\frac{\frac{1}{x}(2-\ln x)+\frac{1}{x}\ln x}{(2-\ln x)^2}=\frac{2}{x(2-\ln x)^2},$$

所以 $f'(1)=\dfrac{1}{2}$.

5. 解：$y'=2\arctan\sqrt{x^2-1}\cdot(\arctan\sqrt{x^2-1})'$

$$=2\arctan\sqrt{x^2-1}\cdot\frac{1}{1+(\sqrt{x^2-1})^2}\cdot(\sqrt{x^2-1})'$$

$$=\frac{2\arctan\sqrt{x^2-1}}{x^2}\cdot\frac{1}{2\sqrt{x^2-1}}\cdot(x^2-1)'$$

$$=\frac{2\arctan\sqrt{x^2-1}}{x^2}\cdot\frac{2x}{2\sqrt{x^2-1}}$$

$$=\frac{2\arctan\sqrt{x^2-1}}{x\sqrt{x^2-1}}.$$

6. 解：$y'=2\csc(3x-2)\cdot[\csc(3x-2)]'$

$$=2\csc(3x-2)\cdot[-\csc(3x-2)\cdot\cot(3x-2)]\cdot(3x-2)'$$

$$=-6\csc^2(3x-2)\cdot\cot(3x-2).$$

7. 解：$y'=\dfrac{1}{\sqrt{1-\left(\frac{1}{x}\right)^2}}\cdot\left(\dfrac{1}{x}\right)'=\dfrac{|x|}{\sqrt{x^2-1}}\cdot\left(-\dfrac{1}{x^2}\right)=-\dfrac{1}{|x|\sqrt{x^2-1}}$.

8. 解：$y'=e^{\sin x^2}\cdot(\sin x^2)'=e^{\sin x^2}\cdot\cos x^2\cdot(x^2)'=2xe^{\sin x^2}\cdot\cos x^2$.

9. 解：因为 $y=\dfrac{1-\cos x}{1+\cos x}=\dfrac{2\sin^2\frac{x}{2}}{2\cos^2\frac{x}{2}}=\tan^2\dfrac{x}{2}$,

所以 $y'=2\tan\dfrac{x}{2}\cdot\left(\tan\dfrac{x}{2}\right)'=2\tan\dfrac{x}{2}\cdot\sec^2\dfrac{x}{2}\cdot\left(\dfrac{x}{2}\right)'=\tan\dfrac{x}{2}\cdot\sec^2\dfrac{x}{2}$.

10. 解：$y'=\dfrac{1}{x-\sqrt{1+x^2}}\cdot(x-\sqrt{1+x^2})'$

$$=\frac{1}{x-\sqrt{1+x^2}}\cdot\left[1-\frac{1}{2\sqrt{1+x^2}}\cdot(1+x^2)'\right]$$

$$=\frac{1}{x-\sqrt{1+x^2}}\cdot\left(1-\frac{x}{\sqrt{1+x^2}}\right)$$

$$=\frac{1}{x-\sqrt{1+x^2}}\cdot\frac{\sqrt{1+x^2}-x}{\sqrt{1+x^2}}=-\frac{1}{\sqrt{1+x^2}}.$$

11. 解：$y'=x'\cdot e^{\frac{1}{x}}+(e^{\frac{1}{x}})'\cdot x=e^{\frac{1}{x}}+xe^{\frac{1}{x}}\cdot\left(\dfrac{1}{x}\right)'$

$$=e^{\frac{1}{x}}+xe^{\frac{1}{x}}\cdot\left(-\frac{1}{x^2}\right)=e^{\frac{1}{x}}\left(1-\frac{1}{x}\right).$$

12. 解：$y'=\dfrac{x'\cdot\sqrt{1-x^2}-(\sqrt{1-x^2})'\cdot x}{(\sqrt{1-x^2})^2}$

$$=\frac{\sqrt{1-x^2}-\frac{-x}{\sqrt{1-x^2}}\cdot x}{1-x^2}=\frac{1}{\sqrt{(1-x^2)^3}}.$$

13. 解：$y'=-\frac{1}{2}(3x^2+1)^{-\frac{3}{2}}\cdot(3x^2+1)'=-\frac{1}{2}(3x^2+1)^{-\frac{3}{2}}\cdot 6x$

$$=-\frac{3x}{\sqrt{(3x^2+1)^3}}.$$

14. 解：$y'=\mathrm{e}^{-x}-x\mathrm{e}^{-x}=(1-x)\mathrm{e}^{-x}$，

$y''=-\mathrm{e}^{-x}-(1-x)\mathrm{e}^{-x}=(x-2)\mathrm{e}^{-x}$.

15. 解：$y'=-\sin(\ln x)\cdot(\ln x)'=-\frac{\sin(\ln x)}{x}$，

$$y''=-\frac{x\cos(\ln x)\cdot\frac{1}{x}-\sin(\ln x)}{x^2}=\frac{1}{x^2}[\sin(\ln x)-\cos(\ln x)].$$

16. 解：$y'=-\csc^2\frac{x}{2}\cdot\left(\frac{x}{2}\right)'=-\frac{1}{2}\csc^2\frac{x}{2}$

$$y''=-\frac{1}{2}\cdot 2\csc\frac{x}{2}\cdot\left(\csc\frac{x}{2}\right)'$$

$$=-\csc\frac{x}{2}\cdot\left(-\csc\frac{x}{2}\cdot\cot\frac{x}{2}\right)\cdot\left(\frac{x}{2}\right)'$$

$$=\frac{1}{2}\csc^2\frac{x}{2}\cdot\cot\frac{x}{2}.$$

17. 解：$y'=-\frac{1}{(x-1)^2}\cdot(x-1)'=-(x-1)^{-2}$，

$$y''=2(x-1)^{-3}=\frac{2}{(x-1)^3}.$$

18. 解：$x^2+y^2=\mathrm{e}^y$，　$2x+2y'=\mathrm{e}^y y'$，　$2y'-\mathrm{e}^y y'=2x$，　$(2-\mathrm{e}^y)y'=2x$，

$$y'=\frac{2x}{2-\mathrm{e}^y}.$$

19. 解：$xy=\ln(x+y)$，

$$y+xy'=\frac{1}{x+y}(1+y'),$$

$$y+xy'=\frac{1}{x+y}+\frac{1}{x+y}y',$$

$$\left(x-\frac{1}{x+y}\right)y'=\frac{1}{x+y}-y,$$

$$y'=\frac{\frac{1}{x+y}-y}{x-\frac{1}{x+y}}=\frac{1-y(x+y)}{x(x+y)-1}.$$

同步练习 2.3

求下列函数的偏导数

1. $\frac{\partial z}{\partial x}=3x^2y+6xy^2-y^3$，

$\frac{\partial z}{\partial y}=x^3+6x^2y-3xy^2$.

2. $\frac{\partial z}{\partial x}=\frac{(\ln x+\ln y)'_x}{2\sqrt{\ln(xy)}}=\frac{1}{2x\sqrt{\ln(xy)}}$，

$\frac{\partial z}{\partial y}=\frac{(\ln x+\ln y)'_y}{2\sqrt{\ln(xy)}}=\frac{1}{2y\sqrt{\ln(xy)}}$.

同步练习 2.4

(一)填空题

1. $e^x(\cos x-\sin x)dx$.　2. $-\frac{1}{x^2}(\cos\frac{1}{x}-\sin\frac{1}{x})dx$.　3. x^2+C.　4. $2\sqrt{x}+C$.　5. $\frac{1}{3}\arctan\frac{x}{3}+C$.
6. $\frac{1}{2}e^{2x}-\frac{1}{3}\cos 3x+C$.　7. $\sin 2x,\cot 2x,2\cot 2x$.　8. $e^{\sqrt{x}}+C,\frac{1}{2\sqrt{x}}e^{\sqrt{x}}$.

(二)选择题

1. A.　2. D.

(三)解答题

1. 解:$dy=\cos(\ln x)d(\ln x)=\frac{\cos(\ln x)}{x}dx$.

2. 解:$dy=2\ln x d(\ln x)=\frac{2}{x}\ln x dx$.

同步练习 2.5

(一)填空题

1. 1.　2. 1.　3. $\log_3 2$.　4. 1.　5. $f(1)=-2$.　6. -4.　7. $y=f(x_0)$.　8. $\frac{3}{4}$.　9. $\ln 5,0$.

(二)选择题

1. B.　2. A.　3. A.　4. A.　5. C.　6. B.　7. C.　8. B.　9. D.　10. D.　11. A.　12. A.　13. C.
14. B.　15. A.　16. A.　17. C.

(三)解答题

1. 解:$\lim\limits_{x\to 0}\frac{x-\sin x}{x^3}=\lim\limits_{x\to 0}\frac{1-\cos x}{3x^2}=\lim\limits_{x\to 0}\frac{\sin x}{6x}=\frac{1}{6}$.

2. 解:原式$=\lim\limits_{x\to\frac{\pi}{2}}\frac{\cot 3x}{\cot x}=\lim\limits_{x\to\frac{\pi}{2}}\frac{-3\csc^2 3x}{-\csc^2 x}=3$.

或:原式$=\lim\limits_{x\to\frac{\pi}{2}}\frac{\sin x}{\sin 3x}\cdot\frac{\cos 3x}{\cos x}=-\lim\limits_{x\to\frac{\pi}{2}}\frac{\cos 3x}{\cos x}=-\lim\limits_{x\to\frac{\pi}{2}}\frac{-3\sin 3x}{-\sin x}=3$.

3. 解:原式$=\lim\limits_{x\to 0^+}\frac{\ln x}{\frac{1}{x}}=\lim\limits_{x\to 0^+}\frac{\frac{1}{x}}{-\frac{1}{x^2}}=\lim\limits_{x\to 0^+}(-x)=0$.

4. 解:原式$=\lim\limits_{x\to+\infty}\frac{\frac{\pi}{2}-\arctan x}{\frac{1}{x}}=\lim\limits_{x\to+\infty}\frac{-\frac{1}{1+x^2}}{-\frac{1}{x^2}}=\lim\limits_{x\to+\infty}\frac{x^2}{1+x^2}=1$.

5. 解:原式$=\lim\limits_{x\to 1}\frac{\ln(2-x)}{\cot\frac{\pi}{2}x}=\lim\limits_{x\to 1}\frac{\frac{-1}{2-x}}{-\frac{\pi}{2}\csc^2\frac{\pi}{2}x}=\frac{2}{\pi}$.

6. 证明:设 $f(x)=e^x-1-x$,则 $f(x)$在$[0,+\infty)$连续,

$$f'(x)=e^x-1>0\quad(x>0),$$

即 $f(x)$在$(0,+\infty)$上单调增加.

由 $f(x)$在$[0,+\infty)$的连续性,知$\forall x>0$,有 $f(x)>f(0)=0$,
即 $e^x>1+x\quad(x>0)$.

7. 证明:设 $f(x)=2\sqrt{x}-3+\frac{1}{x}$,则 $f(x)$在$[1,+\infty)$连续,

$$f'(x)=\frac{1}{\sqrt{x}}-\frac{1}{x^2}>0 \quad (x>1),$$

即 $f(x)$ 在 $(1,+\infty)$ 上单调增加.

由 $f(x)$ 在 $[1,+\infty)$ 的连续性,知 $\forall x>1$,有 $f(x)>f(1)=0$,

即 $2\sqrt{x}>3-\frac{1}{x} \quad (x>1)$.

8. 解:该函数的定义域为 $(-\infty,+\infty)$,

$$y'=1-x^{-\frac{1}{3}}=\frac{\sqrt[3]{x}-1}{\sqrt[3]{x}}.$$

令 $y'=0$ 得驻点 $x=1$,又 $x=0$ 为该函数的不可导点.

列表讨论函数 y 的极值:

x	$(-\infty,0)$	0	$(0,1)$	1	$(1,+\infty)$
y'	$+$	不存在	$-$	0	$+$
y	↗	极大值点	↘	极小值点	↗

综上,函数的极大值为 $y|_{x=0}=0$,极小值为 $y|_{x=1}=-\frac{1}{2}$.

9. 解:该函数的定义域为 $(-\infty,+\infty)$,$y'=6x^2-4x^3=2x^2(3-2x)$.

令 $y'=0$ 得驻点 $x=0$ 及 $x=\frac{3}{2}$,

列表讨论 y' 的符号及函数 y 的单调性和极值:

x	$(-\infty,0)$	0	$\left(0,\frac{3}{2}\right)$	$\frac{3}{2}$	$\left(\frac{3}{2},+\infty\right)$
y'	$+$	0	$+$	0	$-$
y	↗	非极值点	↗	极大值点	↘

综上,函数在 $\left(\frac{3}{2},+\infty\right)$ 上单调减少,在 $\left(-\infty,\frac{3}{2}\right)$ 上单调增加;极大值为 $y|_{x=\frac{3}{2}}=\frac{27}{16}$,无极小值.

10. 解:该函数的定义域为 $(-\infty,+\infty)$,

$$f'(x)=3(x-11)^2x^{\frac{2}{3}}+(x-11)^3\cdot\frac{2}{3}x^{-\frac{1}{3}}=\frac{11}{3}\cdot\frac{(x-11)^2(x-2)}{\sqrt[3]{x}}.$$

令 $f'(x)=0$ 得驻点 $x=2$ 及 $x=11$,又 $x=0$ 为其不可导点.

列表讨论 y' 的符号及函数 y 的单调性和极值:

x	$(-\infty,0)$	0	$(0,2)$	2	$(2,11)$	11	$(11,+\infty)$
y'	$+$	不存在	$-$	0	$+$	0	$+$
y	↗	极大值点	↘	极小值点	↗	非极值点	↗

综上,函数的单调增加区间是 $(-\infty,0)$ 及 $(2,+\infty)$,单调减少区间是 $(0,2)$,其极大值为 $f(0)=0$,极小值为 $f(2)=-9^3\cdot 2^{\frac{2}{3}}$.

11. 解:该函数的定义域为 $(-\infty,0)\cup(0,+\infty)$,

$$y'=1-\frac{4}{x^2}.$$

令 $y'=0$ 得驻点 $x=2$ 及 $x=-2$.

列表讨论的符号及函数 y 的单调性和极值：

x	$(-\infty,-2)$	-2	$(-2,0)$	0	$(0,2)$	2	$(2,+\infty)$
y'	$+$	0	$-$	不存在	$-$	0	$+$
y	↗	极大值点	↘	无定义	↘	极值小点	↗

综上，函数在 $(-\infty,-2)$ 及 $(2,+\infty)$ 上单调增加，在 $(-2,0)$ 及 $(0,2)$ 上单调减少，其极大值为 $y|_{x=-2}=-4$，极小值为 $y|_{x=2}=4$.

12. 证明：设 $f(x)=x^3-3x^2-9x+1$，由初等函数的连续性知该函数在 $[0,1]$ 上连续，又 $f(0)=1$，$f(1)=-10$，即 $f(0)\cdot f(1)<0$.

由闭区间上连续函数的零点定理可知，$f(x)$ 在 $(0,1)$ 内至少有一个零点.

又由 $f'(x)=3x^2-6x-9=3(x-3)(x+1)<0 \quad (0<x<1)$.

可知 $f(x)$ 在 $(0,1)$ 上为单调减少函数，因此，$f(x)$ 在 $(0,1)$ 内至多只有一个零点，故方程 $x^3-3x^2-9x+1=0$ 在 $(0,1)$ 内有唯一的实根.

13. 解：函数的定义域为 $(-\infty,+\infty)$，$y'=3x^2+6x$，$y''=6x+6=6(x+1)$，

令 $y''=0$ 得 $x=-1$.

列表讨论 y'' 的符号及曲线的凹凸和拐点：

x	$(-\infty,-1)$	-1	$(-1,+\infty)$
y''	$-$	0	$+$
y	$\cap$	拐点 $(-1,2)$	$\cup$

综上，曲线的凹区间为 $(-1,+\infty)$，凸区间为 $(-\infty,-1)$，拐点为 $(-1,2)$.

14. 解：函数的定义域为 $(-\infty,+\infty)$，$y'=(1-x)e^{-x}$，$y''=(x-2)e^{-x}$，

令 $y''=0$ 得 $x=2$，列表讨论 y'' 的符号及曲线的凹凸和拐点：

x	$(-\infty,2)$	2	$(2,+\infty)$
y''	$-$	0	$+$
y	$\cap$	拐点 $(2,2e^{-2})$	$\cup$

综上，曲线的凹区间为 $(2,+\infty)$，凸区间为 $(-\infty,2)$，拐点为 $(2,2e^{-2})$.

15. 解：函数的定义域为 $(-\infty,+\infty)$，$y'=3x^2-4x^3$，$y''=6x-12x^2=6x(1-2x)$.

令 $y''=0$ 得 $x=0$ 及 $x=\frac{1}{2}$.

列表讨论 y'' 的符号及曲线的凹凸和拐点：

x	$(-\infty,0)$	0	$\left(0,\frac{1}{2}\right)$	$\frac{1}{2}$	$\left(\frac{1}{2},+\infty\right)$
y''	$-$	0	$+$	0	$-$
y	$\cap$	拐点 $(0,0)$	$\cup$	拐点 $\left(\frac{1}{2},\frac{1}{16}\right)$	$\cap$

综上，曲线的凹区间为 $\left(0,\frac{1}{2}\right)$，凸区间为 $(-\infty,0)$ 及 $\left(\frac{1}{2},+\infty\right)$，拐点为 $(0,0)$ 和 $\left(\frac{1}{2},\frac{1}{16}\right)$.

16. 解：$y'=4x^3-4x=4x(x-1)(x+1)$.

令 $y'=0$ 得$(-2,2)$上的驻点 $x=-1,x=0$ 及 $x=1$.

计算：$y|_{x=-1}=y|_{x=1}=4,y|_{x=0}=5,y|_{x=-2}=y|_{x=2}=13$，
所以，函数在$[-2,2]$的最大值为 $y|_{x=-2}=y|_{x=2}=13$，
故最小值为 $y|_{x=-1}=y|_{x=1}=4$.

17. 解：由 $y'=1+\dfrac{1}{2\sqrt{x}}>0$，知该函数在$[0,4]$上单调增加，
所以，函数在$[0,4]$的最大值为 $y|_{x=4}=6$，最小值为 $y|_{x=0}=0$.

自测题二

一、填空题

1. $-2f'(x_0)$.　2. $\dfrac{1}{2},\dfrac{3}{2}$.　3. $-\dfrac{1}{x}$.　4. $f'(0)$.　5. 0，1.　6. $2f(0)$.　7. $3\cos 5$.　8. 1.　9. $y=f(x_0)$.　10. $(0,+\infty)$.

二、选择题

1. D.　2. A.　3. B.　4. B.　5. A.　6. D.　7. A.　8. B.　9. C.　10. B.

三、解答题

1. $y'=1-\dfrac{1}{x\sqrt{x}}+\dfrac{4}{x^3}$.

2. $y'=-2^{\cos x}\cdot\ln 2\cdot\sin x$.

3. 切线方程为 $x+ey-e=0$，法线方程为 $ex-y-1=0$.

4. $dy=\dfrac{1}{2\sqrt{x}}\cot\sqrt{x}\,dx$.

5. $\dfrac{dy}{dx}=\dfrac{e^{x+y}-y}{x-e^{x+y}}$.

6. $y'=x^{\sin x}\left(\dfrac{\sin x}{x}+\cos x\ln x\right)$.

7. 3.

8. 最大值为 13，最小值为 4.

9. 函数在$\left(\dfrac{3}{2},+\infty\right)$上单调减少，在$\left(-\infty,\dfrac{3}{2}\right)$上单调增加；极大值为 $y|_{x=\frac{3}{2}}=\dfrac{27}{16}$，无极小值.

10. 曲线的凹区间为$\left(0,\dfrac{1}{2}\right)$，凸区间为$(-\infty,0)$及$\left(\dfrac{1}{2},+\infty\right)$，拐点为$(0,0)$和$\left(\dfrac{1}{2},\dfrac{1}{16}\right)$.

第　三　章

同步练习 3.1

(一)填空题

1. $\sin 2x$.　2. $\ln(x-1)+C$.　3. $\dfrac{4}{7}x^{\frac{7}{4}}+4x^{-\frac{1}{4}}+C$.　4. $\dfrac{1}{\ln 2e}2^x e^x+C$.　5. $\dfrac{8}{15}x^{\frac{15}{8}}+C$.　6. $-\cot x-x+C$.
7. $\dfrac{1}{2}x^2-\dfrac{2}{3}x^{\frac{3}{2}}+x+C$.

(二)选择题

1. B.　2. B.　3. D.　4. A.

(三)计算下列不定积分

1. 解：原式$=\displaystyle\int(2x-1+2\sqrt{x}-\frac{1}{\sqrt{x}})dx=x^2-x+\frac{4}{3}x^{\frac{3}{2}}-2\sqrt{x}+C$.

2. 解:原式$=\int(\sec^2 x+\sec x\tan x)\mathrm{d}x=\tan x+\sec x+C.$

3. 解:原式$=\int\left[4\left(\frac{\mathrm{e}}{3}\right)^x+2\cdot 3^x\right]\mathrm{d}x=\frac{4}{1-\ln 3}\left(\frac{\mathrm{e}}{3}\right)^x+\frac{2}{\ln 3}\cdot 3^x+C.$

4. 解:原式$=\int\frac{(\mathrm{e}^x-1)(\mathrm{e}^x+1)}{\mathrm{e}^x+1}\mathrm{d}x=\int(\mathrm{e}^x-1)\mathrm{d}x=\mathrm{e}^x-x+C.$

5. 解:原式$=\int\frac{\sin^2 x}{2\cos^2 x}\mathrm{d}x=\frac{1}{2}\int\tan^2 x\mathrm{d}x=\frac{1}{2}\int(\sec^2 x-1)\mathrm{d}x=\frac{1}{2}(\tan x-x)+C.$

6. 解:原式$=\int\frac{1+\cos x}{2}\mathrm{d}x=\frac{1}{2}(x+\sin x)+C.$

同步练习 3.2

(一)填空题

1. $\frac{1}{2}\cos x^2+C$；
2. $\frac{1}{2}f^2(x)+C$；
3. $\frac{1}{k}f(kx)+C$；
4. $x-3\ln|x+3|+C$；
5. $\frac{2}{3}(x-3)^{\frac{3}{2}}+6\sqrt{x-3}+C$；
6. $-\frac{1}{x+1}+\frac{1}{2(x+1)^2}+C$；
7. $\mathrm{e}^{-\frac{1}{x}}+C$；
8. $-\frac{1}{2}\mathrm{e}^{-x^2}+C$；
9. $\ln(x^2+2x+2)+C$；
10. $2\sin\sqrt{x}+C$；
11. $\frac{2}{3}(\arcsin x)^{\frac{3}{2}}+C$；
12. $\mathrm{e}^{\mathrm{e}^x}+C$；
13. $\frac{1}{4}\sin^4 x+C$；
14. $\frac{1}{2}t+\frac{1}{4}\sin 2t+C.$
15. $\frac{1}{4}x^2(2\ln x-1)+C$；
16. $(x-1)\mathrm{e}^x+C.$

(二)选择题

1. C.　2. A.　3. A.　4. D.　5. B.

(三)解答题

1. 解: 原式$=\frac{1}{3}\int\frac{1}{(1+2x^3)^2}\mathrm{d}(x^3)=\frac{1}{6}\int\frac{1}{(1+2x^3)^2}\mathrm{d}(1+2x^3)$

$$=-\frac{1}{6(1+2x^3)}+C.$$

2. 解:原式$=-\frac{1}{2}\int\sqrt{25-x^2}\,\mathrm{d}(25-x^2)=-\frac{1}{3}(25-x^2)^{\frac{3}{2}}+C.$

3. 解:原式$=2\int\frac{1}{1+(\sqrt{x})^2}\mathrm{d}(\sqrt{x})=2\arctan\sqrt{x}+C.$

4. 解:原式$=\int\frac{1+\mathrm{e}^{2x}-\mathrm{e}^{2x}}{1+\mathrm{e}^{2x}}\mathrm{d}x=\int\left(1-\frac{\mathrm{e}^{2x}}{1+\mathrm{e}^{2x}}\right)\mathrm{d}x.$

$$=x-\frac{1}{2}\int\frac{1}{1+\mathrm{e}^{2x}}\mathrm{d}(\mathrm{e}^{2x}+1)=x-\frac{1}{2}\ln(\mathrm{e}^{2x}+1)+C.$$

5. 解:原式$=\int\frac{1}{\left(x+\frac{1}{2}\right)^2+\left(\frac{\sqrt{3}}{2}\right)^2}\mathrm{d}x=\frac{1}{\sqrt{3}/2}\arctan\frac{x+\frac{1}{2}}{\sqrt{3}/2}+C$

$$=\frac{2}{\sqrt{3}}\arctan\frac{2x+1}{\sqrt{3}}+C.$$

6. 解:原式$=\int\frac{\mathrm{d}x}{(x-3)(x+2)}=\frac{1}{5}\int\left(\frac{1}{x-3}-\frac{1}{x+2}\right)\mathrm{d}x=\frac{1}{5}\ln\left|\frac{x-3}{x+2}\right|+C.$

7. 解：原式 $=\int \dfrac{\mathrm{d}(x+1)}{\sqrt{2-(1+x)^2}}\arcsin\dfrac{x+1}{\sqrt{2}}+C.$

8. 解：原式 $=\int \dfrac{\mathrm{d}(\tan x)}{(\sqrt{2})^2+\tan^2 x}=\dfrac{1}{\sqrt{2}}\arctan\dfrac{\tan x}{\sqrt{2}}+C.$

9. 解：原式 $=\int \sin^2 x\cos^2 x\mathrm{d}(\sin x)=\int(\sin^2 x-\sin^4 x)\mathrm{d}(\sin x)$

$$=\frac{1}{3}\sin^3 x-\frac{1}{5}\sin^5 x+C.$$

10. 解：令 $\sqrt{x-1}=t$，则 $x=t^2+1,\mathrm{d}x=2t\mathrm{d}t$，

原式 $=\int\dfrac{t}{t^2+1}\cdot 2t\mathrm{d}t=2\int\dfrac{t^2}{1+t^2}\mathrm{d}t=2\int\left(1-\dfrac{1}{1+t^2}\right)\mathrm{d}t=2(t-\arctan t)+C.$

将 $t=\sqrt{x-1}$ 代入上式，得

$$\int\frac{\sqrt{x-1}}{x}\mathrm{d}x=2(\sqrt{x-1}-\arctan\sqrt{x-1})+C.$$

11. 解：令 $x=a\sin t,-\dfrac{\pi}{2}\leqslant x\leqslant\dfrac{\pi}{2}$，则 $\sqrt{a^2-x^2}=a\cos t,\mathrm{d}x=a\cos t\mathrm{d}t$，从而

原式 $=\int\dfrac{a^2\sin^2 t}{a\cos t}\cdot a\cos t\mathrm{d}t=a^2\int\sin^2 t\mathrm{d}t$

$$=\frac{a^2}{2}\int(1-\cos 2t)\mathrm{d}t$$

$$=\frac{a^2}{2}(t-\sin t\cos t)+C$$

$$=\frac{a^2}{2}\left(\arcsin\frac{x}{a}-\frac{x}{a^2}\sqrt{a^2-x^2}\right)+C.$$（见图 1）

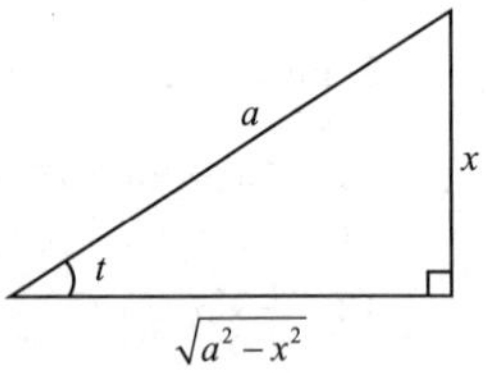

图 1

12. 解：令 $\sqrt{x^2-1}=t$，则 $x=\sqrt{t^2+1},\mathrm{d}x=\dfrac{t}{\sqrt{t^2+1}}\mathrm{d}t$，从而

原式 $=\int\dfrac{1}{\sqrt{t^2+1}\cdot t}\cdot\dfrac{t}{\sqrt{t^2+1}}\mathrm{d}t=\int\dfrac{1}{t^2+1}\mathrm{d}t=\arctan t+C.$

将 $t=\sqrt{x^2-1}$ 代入上式，得

原式 $=\arctan\sqrt{x^2-1}+C.$

13. 解：原式 $=-\int x^2\mathrm{d}(\cos x)=-x^2\cos x+\int\cos x\mathrm{d}(x^2)$

$$=-x^2\cos x+2\int x\cos x\mathrm{d}x=-x^2\cos x+2\int x\mathrm{d}(\sin x)$$

$$=-x^2\cos x+2x\sin x-2\int\sin x\mathrm{d}x$$

$$=-x^2\cos x+2x\sin x+2\cos x+C.$$

14. 解：原式 $=\dfrac{1}{2}\int x(1+\cos x)\mathrm{d}x=\dfrac{1}{4}x^2+\dfrac{1}{2}\int x\mathrm{d}(\sin x)$

$$=\frac{1}{4}x^2+\frac{1}{2}x\sin x-\frac{1}{2}\int\sin x\mathrm{d}x=\frac{1}{4}x^2+\frac{1}{2}x\sin x+\frac{1}{2}\cos x+C.$$

15. 解：原式 $=\int x(\sec^2 x-1)\mathrm{d}x=\int x\mathrm{d}(\tan x)-\dfrac{1}{2}x^2$

$$=x\tan x-\int\tan x\mathrm{d}x-\frac{1}{2}x^2=x\tan x+\ln|\cos x|-\frac{1}{2}x^2+C.$$

16. 解：原式 $=-\dfrac{1}{2}\int x^2\mathrm{d}(\mathrm{e}^{-2x})=-\dfrac{1}{2}x^2\mathrm{e}^{-2x}+\dfrac{1}{2}\int\mathrm{e}^{-2x}\mathrm{d}(x^2)$

$$=-\frac{1}{2}x^2e^{-2x}+\int xe^{-2x}dx=-\frac{1}{2}x^2e^{-2x}-\frac{1}{2}\int xd(e^{-2x})$$

$$=-\frac{1}{2}x^2e^{-2x}-\frac{1}{2}xe^{-2x}+\frac{1}{2}\int e^{-2x}dx$$

$$=-\frac{1}{2}x^2e^{-2x}-\frac{1}{2}xe^{-2x}-\frac{1}{4}e^{-2x}+C$$

$$=-\frac{1}{4}e^{-2x}(2x^2+2x+1)+C.$$

17. 解:原式$=\frac{1}{2}\int\ln(1+x^4)d(x^2)$

$$=\frac{1}{2}x^2\ln(1+x^4)-\frac{1}{2}\int x^2d[\ln(1+x^4)]$$

$$=\frac{1}{2}x^2\ln(1+x^4)-\frac{1}{2}\int\frac{x^2\cdot 4x^3}{1+x^4}dx$$

$$=\frac{1}{2}x^2\ln(1+x^4)-\int\frac{x^4}{1+x^4}d(x^2)$$

$$=\frac{1}{2}x^2\ln(1+x^4)-\int\left(1-\frac{1}{1+(x^2)^2}\right)d(x^2)$$

$$=\frac{1}{2}x^2\ln(1+x^4)-x^2+\arctan x^2+C.$$

18. 解:原式$=\frac{1}{3}\int\arccos x d(x^3)$

$$=\frac{1}{3}x^3\arccos x-\frac{1}{3}\int x^3\cdot\left(-\frac{1}{\sqrt{1-x^2}}\right)dx$$

$$=\frac{1}{3}x^3\arccos x-\frac{1}{6}\int\frac{-x^2}{\sqrt{1-x^2}}d(x^2)$$

$$=\frac{1}{3}x^3\arccos x+\frac{1}{6}\int\left(\sqrt{1-x^2}-\frac{1}{\sqrt{1-x^2}}\right)d((1-x^2)$$

$$=\frac{1}{3}x^3\arccos x+\frac{1}{9}(1-x^2)^{\frac{3}{2}}-\frac{1}{3}\sqrt{1-x^2}+C.$$

19. 解:原式$=2\int\sqrt{x}\cos\sqrt{x}d(\sqrt{x})=2\int\sqrt{x}d(\sin\sqrt{x})$

$$=2\sqrt{x}\sin\sqrt{x}-2\int\sin\sqrt{x}d(\sqrt{x})=2\sqrt{x}\sin\sqrt{x}+2\cos\sqrt{x}+C.$$

20. 解:令$\sqrt{x+1}=t$,则$x=t^2-1,dx=2tdt$,

原式$=2\int te^tdt=2\int td(e^t)=2te^t-2\int e^tdt=2te^t-2e^t+C=2e^t(t-1)+C.$

将$t=\sqrt{x+1}$代入上式,得　原式$=2e^{\sqrt{x+1}}(\sqrt{x+1}-1)+C.$

同步练习 3.3

(一)填空题

1. 0.　2. $\frac{\pi}{9},\frac{2}{3}\pi$.　3. $\frac{3}{5}$,1.　4. $\frac{\pi}{2},\frac{\pi}{2}e$.　5. $\frac{1}{b-a}\int_a^b f(x)dx$.

(二)选择题

1. D.　2. C.　3. D.　4. C.　5. D.　6. B.　7. B.

(三)计算下列定积分

1. 解:因为　$\ln\frac{x+\sqrt{1+x^2}}{2}=\ln(x+\sqrt{1+x^2})-\ln 2$,

其中$\ln(x+\sqrt{1+x^2})$为奇函数,　所以

$$\int_{-1}^{1}\sqrt{1-x^2}\ln\frac{x+\sqrt{1+x^2}}{2}dx=-\int_{-1}^{1}\sqrt{1-x^2}\cdot\ln2dx=-\ln2\cdot\frac{1}{2}\cdot\pi\cdot1^2=-\frac{\pi}{2}\ln2.$$

2. 解：$\int_{-1}^{1}(x+\sqrt{1-x^2})^2dx=\int_{-1}^{1}(2x\sqrt{1-x^2}+1)dx$

$$=\int_{-1}^{1}2x\sqrt{1-x^2}dx+\int_{-1}^{1}dx=0+2=2.$$

同步练习 3.4

(一)填空题

1. $1-\cos1$. 2. 1. 3. $\sin2x$. 4. 0. 5. $\cot t$. 6. $-\frac{\cos x}{e^y}$. 7. $\frac{1}{3}$. 8. 3. 9. 2. 10. 1. 11. $\frac{4}{3}$. 12. $\frac{1}{2}$. 13. $\frac{1}{3}$. 14. $\frac{\pi^2}{72}$.

(二)选择题

1. C. 2. C. 3. D. 4. C. 5. D. 6. C.

(三)计算与解答题

1. 解：因为 $F(x)=x\int_0^x\cos tdt-\int_0^x t\cos tdt$，

所以，$F'(x)=\int_0^x\cos tdt+x\cos x-x\cos x=\sin t\mid_0^x=\sin x$.

2. 解：$f'(x)=\ln x$，令 $f'(x)=0$，得驻点 $x=1$，而 $f''(x)=\frac{1}{x}$，$f''(1)=1>0$，所以 $x=1$ 是 $f(x)$ 的极小值点.

3. (1)解：原式 $=\int_0^1e^{1-x}dx+\int_1^2e^{x-1}dx=-e^{1-x}\mid_0^1+e^{x-1}\mid_1^2=2(e-1)$.

(2)解：原式 $=\int_0^8\frac{x(\sqrt{1+x}-1)}{x}dx=\int_0^8(\sqrt{1+x}-1)dx=\frac{2}{3}(1+x)^{\frac{3}{2}}\mid_0^8-x\mid_0^8=\frac{28}{3}$.

(3) 解：原式 $=\int_0^{1/2}\frac{2x}{\sqrt{1-x^2}}dx-\int_0^{1/2}\frac{1}{\sqrt{1-x^2}}dx$

$$=-\int_0^{1/2}\frac{1}{\sqrt{1-x^2}}d(1-x^2)-\arcsin x\mid_0^{1/2}$$

$$=-2\sqrt{1-x^2}\mid_0^{1/2}-\frac{\pi}{6}=-\sqrt{3}+2-\frac{\pi}{6}.$$

(4) 解：原式 $=-\int_{1/\pi}^{2/\pi}\sin\frac{1}{y}d\left(\frac{1}{y}\right)=\cos\frac{1}{y}\mid_{1/\pi}^{2/\pi}=1$.

(5) 解：原式 $=\int_1^e(1+\ln^2x)d(\ln x)=\left(\ln x+\frac{1}{3}\ln^3x\right)\mid_1^e=\frac{4}{3}$.

(6) 解：原式 $=\int_0^{\pi/2}e^{\sin x}d(\sin x)=e^{\sin x}\mid_0^{\pi/2}=e-1$.

(7) 解：原式 $=\int_0^1\frac{1}{\sqrt{1-\left(\frac{x}{2}\right)^2}}d\left(\frac{x}{2}\right)=\arcsin\frac{x}{2}\mid_0^1=\frac{\pi}{6}$.

同步练习 3.5

(一)填空题

1. -1. 2. $1-\frac{2}{e}$. 3. 2.

(二)选择题

1. A. 2. D.

（三）计算题

1. 解：令$\sqrt[3]{x}=t$，则 $x=t^3$，$\mathrm{d}x=3t^2\mathrm{d}t$，$\frac{x|0\to 8}{t|0\to 2}$，

从而，原式$=\int_0^2\frac{3t^2\mathrm{d}t}{1+t}=3\int_0^2\left(t-1+\frac{1}{1+t}\right)\mathrm{d}t=3\left[\frac{1}{2}t^2-t+\ln(1+t)\right]_0^2=3\ln 3.$

2. 解：令 $\sqrt{\mathrm{e}^x-1}=t$，则 $x=\ln(t^2+1)$，$\mathrm{d}x=\frac{2t}{t^2+1}\mathrm{d}t$，$\frac{x|0\to\ln 2}{t|0\to 1}$，

从而，原式$=\int_0^1 t\cdot\frac{2t\mathrm{d}t}{1+t^2}=2\int_0^1\left(1-\frac{1}{1+t^2}\right)\mathrm{d}t=2(t-\arctan t)\big|_0^1=2-\frac{\pi}{2}.$

3. 解：令 $\sqrt{\mathrm{e}^x+1}=t$，则 $x=\ln(t^2-1)$，$\mathrm{d}x=\frac{2t}{t^2-1}\mathrm{d}t$，$\frac{x|\ln 3\to\ln 8}{t|2\to 3}$，

从而，原式$=\int_2^3 t\cdot\frac{2t\mathrm{d}t}{t^2-1}=2\int_2^3\left(1+\frac{1}{t^2-1}\right)\mathrm{d}t=2\left(t+\frac{1}{2}\ln\left|\frac{t-1}{t+1}\right|\right)\Big|_2^3=2+\ln\frac{3}{2}.$

4. 解：令 $x=\sin t$，则 $\sqrt{1-x^2}=\cos t$，$\mathrm{d}x=\cos t\mathrm{d}t$，$\frac{x|0\to 1}{t|0\to\frac{\pi}{2}}$，

原式$=\int_0^{\frac{\pi}{2}}\sin^2 t\cdot\cos t\cdot\cos t\mathrm{d}t=\int_0^{\frac{\pi}{2}}(\sin^2 t-\sin^4 t)\mathrm{d}t$

$=\frac{1}{2}\cdot\frac{\pi}{2}-\frac{3}{4}\cdot\frac{1}{2}\cdot\frac{\pi}{2}=\frac{\pi}{16}.$

5. 解．令 $x=\tan t$，则 $1+x^2=\sec^2 t$，$\mathrm{d}x=\sec^2 t\mathrm{d}t$，$\frac{x|0\to 1}{t|0\to\frac{\pi}{4}}$，

原式$=\int_0^{\frac{\pi}{4}}\frac{\tan^2 t}{\sec^4 t}\cdot\sec^2 t\mathrm{d}t=\int_0^{\frac{\pi}{4}}\sin^2 t\mathrm{d}t$

$=\frac{1}{2}\int_0^{\frac{\pi}{4}}(1-\cos 2t)\mathrm{d}t=\left(\frac{1}{2}t-\frac{1}{4}\sin 2t\right)\Big|_0^{\frac{\pi}{4}}=\frac{\pi}{8}-\frac{1}{4}.$

6. 解：原式$=2\int_0^{\left(\frac{\pi}{2}\right)^2}\sqrt{x}\cos\sqrt{x}\mathrm{d}(\sqrt{x})=2\int_0^{\left(\frac{\pi}{2}\right)^2}\sqrt{x}\mathrm{d}(\sin\sqrt{x})$

$=2\sqrt{x}\sin\sqrt{x}\big|_0^{\left(\frac{\pi}{2}\right)^2}-2\int_0^{\left(\frac{\pi}{2}\right)^2}\sin\sqrt{x}\mathrm{d}(\sqrt{x})$

$=\pi+2\cos\sqrt{x}\big|_0^{\left(\frac{\pi}{2}\right)^2}=\pi-2.$

7. 解：原式$=\frac{1}{2}\int_0^1 x^2\mathrm{e}^{x^2}\mathrm{d}(x^2)=\frac{1}{2}\int_0^1 x^2\mathrm{d}(\mathrm{e}^{x^2})$

$=\frac{1}{2}x^2\mathrm{e}^{x^2}\big|_0^1-\frac{1}{2}\int_0^1\mathrm{e}^{x^2}\mathrm{d}(x^2)=\frac{\mathrm{e}}{2}-\frac{1}{2}\mathrm{e}^{x^2}\big|_0^1=\frac{1}{2}.$

8. 解：原式$=\frac{2}{3}\int_1^{\mathrm{e}}\ln x\mathrm{d}(x^{\frac{3}{2}})=\frac{2}{3}x^{\frac{3}{2}}\ln x\big|_1^{\mathrm{e}}-\frac{2}{3}\int_1^{\mathrm{e}}x^{\frac{3}{2}}\cdot\frac{1}{x}\mathrm{d}x$

$=\frac{2}{3}\mathrm{e}^{\frac{3}{2}}-\frac{2}{3}\int_1^{e}x^{\frac{1}{2}}\mathrm{d}x=\frac{2}{3}\mathrm{e}^{\frac{3}{2}}-\frac{4}{9}x^{\frac{3}{2}}\big|_1^{\mathrm{e}}=\frac{2}{9}\mathrm{e}^{\frac{3}{2}}+\frac{4}{9}.$

9. 解：令$\sqrt{x}=t$，则 $x=t^2$，$\mathrm{d}x=\mathrm{d}(t^2)$，$\frac{x|1\to 3}{t|1\to\sqrt{3}}$，

原式$=\int_1^{\sqrt{3}}\arctan t\mathrm{d}(t^2)=t^2\arctan t\big|_1^{\sqrt{3}}-\int_1^{\sqrt{3}}t^2\cdot\frac{1}{1+t^2}\mathrm{d}t$

$=\frac{3\pi}{4}-\int_1^{\sqrt{3}}\left(1-\frac{1}{1+t^2}\right)\mathrm{d}t=\frac{3\pi}{4}-(t-\arctan t)\big|_1^{\sqrt{3}}$

$=\frac{3\pi}{4}-\left(\sqrt{3}-1-\frac{\pi}{12}\right)=\frac{5\pi}{6}+1-\sqrt{3}.$

另解：原式$=x\arctan\sqrt{x}\big|_1^3-\int_1^3 x\cdot\frac{1}{1+x}\mathrm{d}(\sqrt{x})$

$$=\frac{3\pi}{4}-\int_1^3\left[1-\frac{1}{1+(\sqrt{x})^2}\right]d(\sqrt{x})=\frac{3\pi}{4}-(\sqrt{x}-\arctan\sqrt{x})\mid_1^3$$

$$=\frac{3\pi}{4}-\left(\sqrt{3}-1-\frac{\pi}{12}\right)=\frac{5\pi}{6}+1-\sqrt{3}.$$

10. 解：原式$=\int_0^{\frac{\pi}{2}}e^{-x}d(\sin x)=e^{-x}\sin x\mid_0^{\frac{\pi}{2}}-\int_0^{\frac{\pi}{2}}\sin x\cdot(-e^{-x})dx$

$$=e^{-\frac{\pi}{2}}-\int_0^{\frac{\pi}{2}}e^{-x}d(\cos x)$$

$$=e^{-\frac{\pi}{2}}-e^{-x}\cos x\mid_0^{\frac{\pi}{2}}+\int_0^{\frac{\pi}{2}}\cos x\cdot(-e^{-x})dx$$

$$=e^{-\frac{\pi}{2}}+1-\int_0^{\frac{\pi}{2}}e^{-x}\cos x dx,$$

移项整理，得　原式$=\frac{1}{2}(e^{-\frac{\pi}{2}}+1)$.

11. 解：原式$=x\ln(1+x^2)\mid_0^1-\int_0^1 x\cdot\frac{2x}{1+x^2}dx=\ln 2-2\int_0^1\left(1-\frac{1}{1+x^2}\right)dx$

$$=\ln 2-2(x-\arctan x)\mid_0^1=\ln 2-2+\frac{\pi}{2}.$$

12. 解：原式$=x\arccos x\mid_0^{\frac{1}{2}}-\int_0^{\frac{1}{2}}x\cdot\frac{-1}{\sqrt{1-x^2}}dx=\frac{\pi}{6}-\frac{1}{2}\int_0^{\frac{1}{2}}\frac{1}{\sqrt{1-x^2}}d(1-x^2)$

$$=\frac{\pi}{6}-\sqrt{1-x^2}\mid_0^{\frac{1}{2}}=\frac{\pi}{6}-\frac{\sqrt{3}}{2}+1.$$

13. 解：令$\sqrt{x}=t$，则$x=t^2$，$dx=2tdt$，$\frac{x\mid 0\to 1}{t\mid 0\to 1}$，

原式$=2\int_0^1 t^2e^t dt=2\int_0^1 t^2 d(e^t)=2t^2e^t\mid_0^1-4\int_0^1 te^t dt$

$$=2e-4\int_0^1 td(e^t)=2e-4te^t\mid_0^1+4\int_0^1 e^t dt$$

$$=2e-4e+4e^t\mid_0^1=2e-4.$$

14. 解：令$t=x-\pi$，则$dx=dt$，且$\frac{x\mid 0\to 2\pi}{t\mid -\pi\to\pi}$，于是

$$\int_0^{2\pi}f(x-\pi)dx=\int_{-\pi}^{\pi}f(t)dt=\int_{-\pi}^{0}f(t)dt+\int_0^{\pi}f(t)dt$$

$$=\int_{-\pi}^{0}(-1)dt+\int_0^{\pi}t\sin tdt=-t\mid_{-\pi}^{0}-\int_0^{\pi}td(\cos t)$$

$$=-\pi-t\cos t\mid_0^{\pi}+\int_0^{\pi}\cos tdt=-\pi+\pi+\sin t\mid_0^{\pi}=0.$$

15. 解：令$t=2x-1$，则$dt=2dx$，$\frac{t\mid 1\to 2e-1}{x\mid 1\to e}$，

$$\int_1^{2e-1}f(t)dt=2\int_1^{e}f(2x-1)dx=2\int_1^{e}\frac{\ln x}{x}dx=2\int_1^{e}\ln xd(\ln x)=\ln^2 x\mid_1^{e}=1.$$

同步练习 3.6

计算题

1. 解：$\int_1^{+\infty}\frac{dx}{x^3}=\lim_{b\to+\infty}\int_1^{b}x^{-3}dx=\lim_{b\to+\infty}-\frac{1}{2}\cdot\frac{1}{x^2}\mid_1^{b}=-\frac{1}{2}(0-1)=\frac{1}{2}$，

故题设广义积分收敛于$\frac{1}{2}$.

2. 解：$\int_1^{+\infty}\frac{dx}{\sqrt{x}}=2\sqrt{x}\mid_1^{+\infty}=+\infty$，故题设广义积分发散.

3. 解：$\int_0^{+\infty} e^{-ax} = -\frac{1}{a}e^{-ax}\Big|_0^{+\infty} = -\frac{1}{a}(0-1) = \frac{1}{a}$，

故题设广义积分收敛于$\frac{1}{a}$.

4. 解：$\int_{-\infty}^{+\infty}\frac{dx}{x^2+4x+5} = \int_{-\infty}^{+\infty}\frac{d(x+2)}{(x+2)^2+1} = \arctan(x+2)\Big|_{-\infty}^{+\infty} = \frac{\pi}{2}-\left(-\frac{\pi}{2}\right) = \pi$.

5. 解：因为 $\int_e^b \frac{\ln x}{x}dx = \frac{1}{2}(\ln^2 b-1)$，$\lim\limits_{b\to+\infty}(\ln^2 b-1) = +\infty$，

所以 $\int_e^{+\infty}\frac{\ln x}{x}dx$ 发散.

6. 解：$\int_1^{+\infty}\frac{dx}{x(x^2+1)} = \int_1^{+\infty}\left(\frac{1}{x}-\frac{x}{x^2+1}\right)dx = \ln\frac{x}{\sqrt{x^2+1}}\Big|_1^{+\infty} = -\ln\frac{1}{\sqrt{2}} = \frac{1}{2}\ln 2$，

故题设广义积分收敛于$\frac{1}{2}\ln 2$.

同步练习 3.7

(一)填空题

1. $\frac{4}{3}$. 2. $\frac{3}{2}-\ln 2$. 3. $4-\ln 3$. 4. $\frac{n}{n+1}$. 5. $\frac{3}{10}\pi$.

(二)解答题

1. 解：由 $y' = \frac{1}{2\sqrt{x-1}}$，$y'|_{x=2} = \frac{1}{2}$ 知 $y = \sqrt{x-1}$ 在(2,1)点的切线方程为

$y-1 = \frac{1}{2}(x-2)$，即 $y = \frac{1}{2}x$.

作出题设平面图形的草图(见图 2). 则所求面积为

$A = \int_0^2 \frac{1}{2}x dx - \int_1^2 \sqrt{x-1}dx = \frac{1}{4}x^2\Big|_0^2 - \frac{2}{3}(x-1)^{\frac{3}{2}}\Big|_1^2$

$= 1-\frac{2}{3} = \frac{1}{3}$.

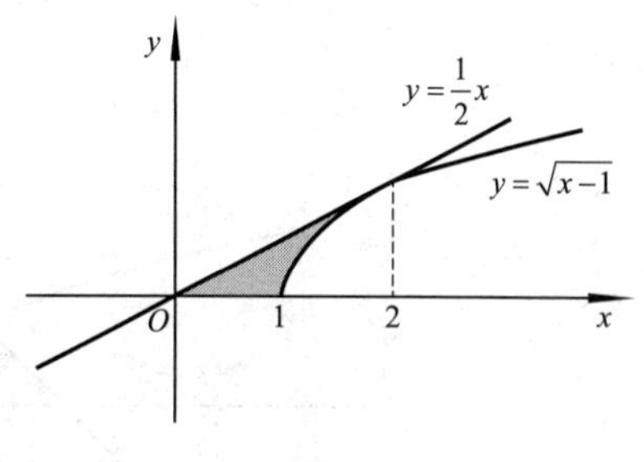

图 2

2. 解：设切点 A 的坐标为(a,a^2). 由 $y'=2x$，$y'|_{x=a}=2a$ 知 $y=x^2$ 在(a,a^2)点的切线方程为 $y-a^2=2a(x-a)$ 即 $y=2ax-a^2$，该切线的横截距为 $x=\frac{a}{2}$. 作出题设平面图形的草图(见图 3)，由题设有

$$\frac{1}{12} = \int_0^a x^2 dx - \int_{\frac{a}{2}}^a (2ax-a^2)dx$$

$$= \frac{1}{3}x^3\Big|_0^a - (ax^2-a^2x)\Big|_{\frac{a}{2}}^a$$

$$= \frac{1}{3}a^3 - \frac{1}{4}a^3 = \frac{1}{12}a^3,$$

解得 $a=1$，故所求的切线方程为 $y=2x-1$.

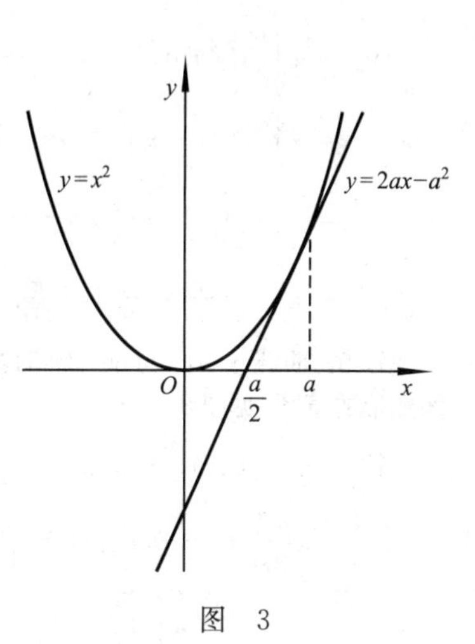

图 3

3. 解：曲线 $y=x^2$ 与 $y=x$ 的交点为(0,0)和(1,1)，曲线 $y=x^2$ 与 $y=3x$ 的交点为(0,0)和(3,9). 作出题设平面图形的草图(见图 4)，则所求面积为

$A = \int_0^1 (3x-x)dx + \int_1^3 (3x-x^2)dx = x^2\Big|_0^1 + \left(\frac{3}{2}x^2-\frac{1}{3}x^3\right)\Big|_1^3 = \frac{13}{3}$.

4. 解：作出题设平面图形的草图(见图 5)，由图形的对称性，则所求面积为

$A = 2\left[\int_0^{\frac{\pi}{6}}\sin x dx + \frac{1}{2}\left(\frac{\pi}{2}-\frac{\pi}{6}\right)\right] = -2\cos x\Big|_0^{\frac{\pi}{6}} + \frac{\pi}{3} = -\sqrt{3}+2+\frac{\pi}{3}$.

5. 解:由 $x=1-y^2$ 及 $y=x+1$ 联立的方程组解得两曲线的交点为(0,1)和(−3,−2). 作出题设图形的草图(见图 6),则所求面积为

$$A=\int_{-2}^{1}[(1-y^2)-(y-1)]\mathrm{d}y=\left(2y-\frac{1}{3}y^3-\frac{1}{2}y^2\right)\Big|_{-2}^{1}=\frac{9}{2}.$$

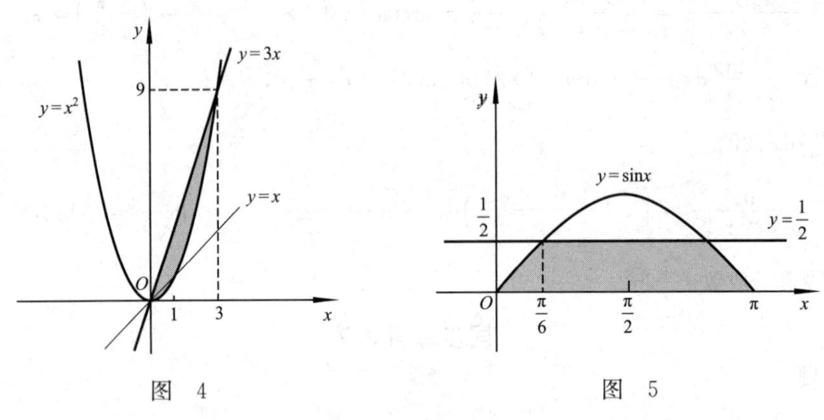

图 4　　图 5

6. 解:由 $y'=2x, y'|_{x=1}=2$ 知 $y=x^2$ 在(1,1)点的切线方程为 $y-1=2(x-1)$ 即 $y=2x-1$. 该切线的横截距为 $x=\frac{1}{2}$. 作出题设平面图形的草图(见图 7),所求体积为

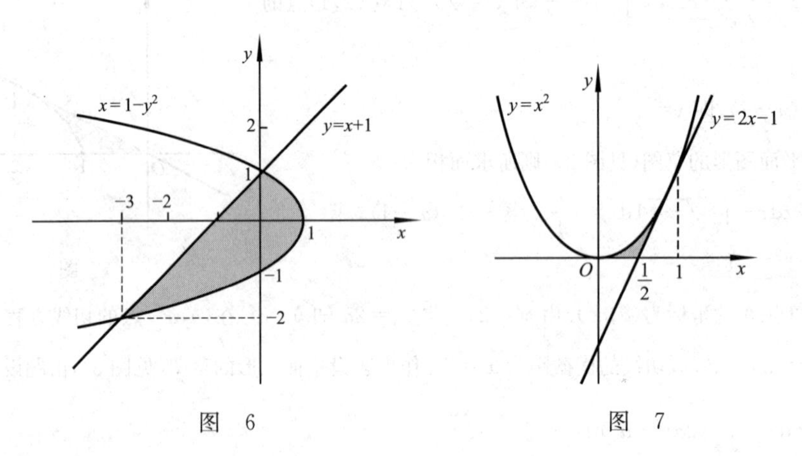

图 6　　图 7

$$\begin{aligned}V_x&=\pi\int_0^1(x^2)^2\mathrm{d}x-\pi\int_{\frac{1}{2}}^{1}(2x-1)^2\mathrm{d}x\\&=\pi\int_0^1x^4\mathrm{d}x-\pi\int_{\frac{1}{2}}^{1}(4x^2-4x+1)\mathrm{d}x\\&=\frac{\pi}{5}x^5\Big|_0^1-\pi\left(\frac{4}{3}x^3-2x^2+x\right)\Big|_{\frac{1}{2}}^{1}\\&=\frac{\pi}{5}-\left(\frac{\pi}{3}-\frac{\pi}{6}\right)=\frac{\pi}{30}.\end{aligned}$$

7. 解:曲线 $y=x^2$ 与 $y=2x$ 的交点为(0,0)和(2,4). 作出题设平面图形的草图(见图 8)

$$\begin{aligned}V_x&=\pi\int_0^2[(2x)^2-(x^2)^2]\mathrm{d}x=\pi\int_0^2(4x^2-x^4)\mathrm{d}x\\&=\pi\left(\frac{4}{3}x^3-\frac{1}{5}x^5\right)\Big|_0^2=\frac{64}{15}\pi.\end{aligned}$$

$$V_y=\pi\int_0^4\left[(\sqrt{y})^2-\left(\frac{y}{2}\right)^2\right]\mathrm{d}y$$

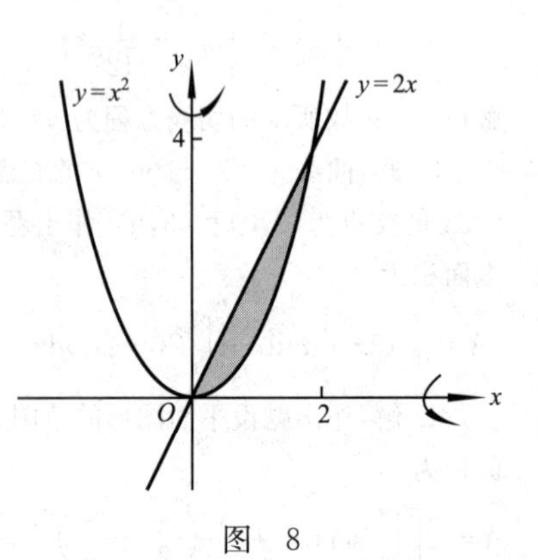

图 8

$$= \pi\int_0^4\left(y-\frac{y^2}{4}\right)\mathrm{d}y = \pi\left(\frac{1}{2}y^2-\frac{1}{12}y^3\right)\Big|_0^4 = \frac{8}{3}\pi.$$

8. 解：由椭圆的对称性(见图 9)，知

$$V_x = 2\pi\int_0^2 y^2\,\mathrm{d}x = 2\pi\int_0^2\left(9-\frac{9}{4}x^2\right)\mathrm{d}x$$

$$= 18\pi\left(x-\frac{1}{12}x^3\right)\Big|_0^2 = 24\pi.$$

$$V_y = 2\pi\int_0^3 x^2\,\mathrm{d}y = 2\pi\int_0^3 4\left(1-\frac{1}{9}y^2\right)\mathrm{d}y$$

$$= 8\pi\left(y-\frac{1}{3}y^3\right)\Big|_0^3 = 16\pi.$$

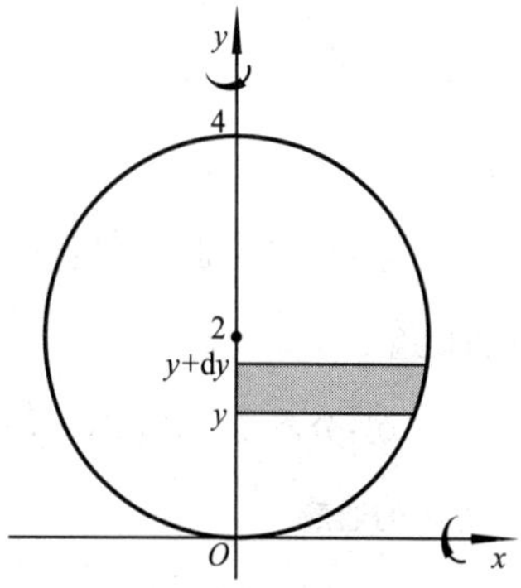

图 9

同步练习 3.8

1. 证明：这里被积函数 $f(x,y)\equiv1$，由二重积分的定义，对任意分割和取点法，有

$$\iint\limits_D 1\cdot\mathrm{d}\sigma = \lim_{\lambda\to0}\sum_{i=1}^{n}f(\varepsilon_i,\eta_i)\Delta\sigma_i = \lim_{\lambda\to0}\sum_{i=1}^{n}1\cdot\Delta\sigma_i = \lim_{i=1}\sum_{i=1}^{n}\Delta\sigma_i = \lim_{\lambda\to0} = \sigma,$$

所以 $\iint\limits_D\mathrm{d}\sigma = \sigma$，其中 λ 是各 $\Delta\sigma_i$ 中的最大直径.

2. 证明：$\iint\limits_D kf(x,y)\,\mathrm{d}\sigma = \lim\limits_{\lambda\to0}\sum\limits_{i=1}^{n}kf(\varepsilon_i,\eta_i)\Delta\sigma_i = \lim\limits_{\lambda\to0}k\sum\limits_{i=1}^{n}f(\varepsilon_i,\eta_i)\Delta\sigma_i$

$$= k\lim_{\lambda\to0}\sum_{i=1}^{n}f(\varepsilon_i,\eta_i)\Delta\sigma_i = k\iint\limits_D f(x,y)\,\mathrm{d}\sigma(k\text{ 为常数}).$$

3. 解　因为 $0\leqslant x\leqslant1, 0\leqslant y\leqslant1$，所以 $0\leqslant xy(x+y)\leqslant2$，

故 $0\leqslant\iint\limits_D xy(x+y)\,\mathrm{d}\sigma\leqslant2\iint\limits_D\mathrm{d}\sigma = 2$.

同步练习 3.9

(一)填空题

1. 常微分方程，偏微分方程.　2. 二，两个.　3. $y=1+\dfrac{C}{x}$.　4. $\mathrm{e}^x+\mathrm{e}^{-y}=C$.　5. $y=x$ 或 $y=\dfrac{1}{x}$.
6. $\mathrm{e}^{-y}(y+1)=\dfrac{1}{2}(x^2+1)$.　7. $\dfrac{1}{2x}(\mathrm{e}^{2x}+\mathrm{e})$.　8. $-\dfrac{1}{x}\cos x+\dfrac{\pi-1}{x}$.　9. $2\mathrm{e}^{-\sin x}+\sin x-1$.　10. $y=\mathrm{e}^x+C_1x+C_2$.　11. $y=\dfrac{1}{2}x^2+2x+1$.

(二)选择题

1. A.　2. B　3. D.　4. D.　5. B　6. B.　7. D.　8. A.　9. D，10. B　11. A.　12. B.　13. C.

(三)解答题

1. 解：(1)由 $y=C_1\mathrm{e}^x+C_2\mathrm{e}^{2x}$，得 $y'=C_1\mathrm{e}^x+2C_2\mathrm{e}^{2x}$，$y''=C_1\mathrm{e}^x+4C_2\mathrm{e}^{2x}$，
则 $y''-3y'+2y=C_1\mathrm{e}^x+4C_2\mathrm{e}^{2x}-3(C_1\mathrm{e}^x+2C_2\mathrm{e}^{2x})+2(C_1\mathrm{e}^x+C_2\mathrm{e}^{2x})$

$$=(C_1-3C_1+2C_1)\mathrm{e}^x+(4C_2-6C_2+2C_2)\mathrm{e}^{2x}=0.$$

所以函数 $y=C_1\mathrm{e}^x+C_2\mathrm{e}^{2x}$ 是方程的解，又因该函数含有两个任意常数，且 C_1 与 C_2 不能合并，故 $y=C_1\mathrm{e}^x+C_2\mathrm{e}^{2x}$ 是通解.

(2)将 $y(0)=0$ 及 $y'(0)=1$ 分别代入 y 及 y' 中，得 $\begin{cases}C_1+C_2=0\\C_1+2C_2=1\end{cases}$，解得 $C_2=1, C_1=-1$，故所求特解为 $y=-\mathrm{e}^x+\mathrm{e}^{2x}$.

2. 解：因为 $y'=-C_1\mathrm{e}^{-x}+2C_2\mathrm{e}^{2x}$，$y''=C_1\mathrm{e}^{-x}+4C_2\mathrm{e}^{2x}$，所以 $y'+y''=6C_2\mathrm{e}^{2x}$，即 $C_2\mathrm{e}^{2x}=\dfrac{1}{6}(y'+y'')$，代入

y''中得

$$C_1 e^{-x}=\frac{2}{6}y''-\frac{4}{6}y'=\frac{1}{3}y''-\frac{2}{3}y',$$

于是
$$y=\frac{1}{3}y''-\frac{2}{3}y'+\frac{1}{6}(y'+y'')=\frac{1}{2}y''-\frac{1}{2}y',$$

即 $y''-y'-2y=0$,所以 $a=-1, b=-2$.

3. 解:分离变量,得$\frac{dy}{y}=2xdx$,对两边积分,得 $\ln y=x^2+\ln C$,即 $y=Ce^{x^2}$(其中 C 为任意常数),此为原方程的通解.

4. 解:分离变量,得 $dy=\left(\frac{3}{5}x^2+x\right)dx$,对两边积分,得 $y=\frac{1}{5}x^3+\frac{1}{2}x^2+C$(其中 C 为任意常数),此为原方程的通解.

5. 解:分离变量,得 $e^y dy=e^{2x}dx$,对两边积分得通解为 $e^y=\frac{1}{2}e^{2x}+C$,将条件 $y|_{x=0}=0$ 代入通解,得 $C=\frac{1}{2}$,故所求特解为 $e^y=\frac{1}{2}(e^{2x}+1)$.

6. 解:令 $u=\frac{y}{x}$,则 $y'=u+xu'$代入方程,得 $u+xu'=u+\tan u$ 即 $xu'=\tan u$,上式分离变量,得 $\cot u\, du=\frac{1}{x}dx$,对两边积分,得 $\ln\sin u=\ln x+\ln C$,即 $\sin u=Cx$,再以 $u=\frac{y}{x}$代入,得出原方程的通解为 $\sin\frac{y}{x}=Cx$(其中 C 为任意常数).

7. 解:原方程是关于函数 $y=y(x)$的一阶线性非齐次方程,其中 $P(x)=\tan x, Q(x)=\sin 2x$. 根据一阶线性非齐次方程的通解公式

$$y=e^{-\int P(x)dx}\left(C+\int Q(x)e^{\int P(x)dx}dx\right)$$

及
$$\int P(x)dx=\int \tan x dx=-\ln\cos x,$$

$$\int Q(x)e^{\int P(x)dx}dx=\int \sin 2x\cdot e^{-\ln\cos x}\cdot dx=2\int \sin x dx=-2\cos x,$$

得原方程的通解为 $y=e^{\ln\cos x}(C-2\cos x)=C\cos x-2\cos^2 x$.

8. 解:原方程是关于函数 $y=y(x)$的一阶线性非齐次方程,其中 $P(x)=1, Q(x)=e^{-x}$.

根据一阶线性非齐次方程的通解公式

$$y=e^{-\int P(x)dx}\left(C+\int Q(x)e^{\int P(x)dx}dx\right)$$

及
$$\int P(x)dx=\int dx=x,\quad \int Q(x)e^{\int P(x)dx}dx=\int e^{-x}\cdot e^x\cdot dx=x,$$

得原方程的通解为 $y=e^{-x}(C+x)$.

9. 解:将原方程化为
$$\frac{dx}{dy}-\frac{3}{y}\cdot x=-\frac{y}{2}$$

这是一个关于函数 $x=x(y)$ 的一阶线性非齐次方程,其中 $P(y)=-\frac{3}{y}, Q(y)=-\frac{y}{2}$,由一阶线性非齐次方程的通解公式 $x=e^{-\int P(y)dy}\left(C+\int Q(y)e^{\int P(y)dy}dy\right)$及

$$\int P(y)dy=-\int\frac{3}{y}dy=-3\ln y,$$

$$\int Q(y)e^{\int p(y)dy}dy=-\int\frac{y}{2}\cdot e^{-3\ln y}dy=-\frac{1}{2}\int\frac{1}{y^2}dy=\frac{1}{2y}.$$

可得原方程的通解为

$$x=e^{3\ln y}\left(C+\frac{1}{2y}\right)=y^3\left(C+\frac{1}{2y}\right),\text{即 } x=Cy^3+\frac{1}{2}y^2.$$

10. 解：原方程是关于函数 $y=y(x)$ 的一阶线性非齐次方程，其中 $P(x)=\frac{1}{x}$，$Q(x)=\frac{1}{x^2}$，由一阶线性非齐次方程的通解公式 $y=e^{-\int P(x)dx}\left(C+\int Q(x)e^{\int P(x)dx}dx\right)$ 及

$$\int P(x)dx=\int\frac{1}{x}dx=\ln x,\quad \int Q(x)e^{\int P(x)dx}dx=\int\frac{1}{x^2}\cdot e^{\ln x}dx=\int\frac{1}{x}dx=\ln x,$$

得原方程的通解为

$$y=e^{-\ln x}(C+\ln x),\text{即 } y=\frac{1}{x}(C+\ln x),$$

将条件 $y|_{x=1}=0$ 代入通解，得 $C=0$，故所求的特解为 $y=\frac{1}{x}\ln x$.

11. 解：原方程是关于函数 $y=y(x)$ 的一阶线性非齐次方程，其中 $P(x)=5$，$Q(x)=-4e^{-3x}$，由一阶线性非齐次方程的通解公式 $y=e^{-\int P(x)dx}\left(C+\int Q(x)e^{\int P(x)dx}dx\right)$ 及

$$\int P(x)dx=\int 5dx=5x,\int Q(x)e^{\int P(x)dx}dx=\int(-4e^{-3x})\cdot e^{5x}dx=-2e^{2x}$$

可得原方程的通解为

$$y=e^{-5x}(C-2e^{2x}),\text{即 } y=Ce^{-5x}-2e^{-3x},$$

将条件 $y|_{x=0}=-4$ 代入通解，得 $C=-2$，故所求的特解为 $y=-2(e^{-3x}+e^{-5x})$.

12. 解：该方程两边同时积分，得 $y'=\frac{1}{2}\sin 2x+C_1$，再积分，得通解

$$y=-\frac{1}{4}\cos 2x+C_1x+C_2.$$

13. 解：题设方程两边连续积分两次，得

$$y'=\int\ln x dx=x\ln x-\int x d(\ln x)=x(\ln x-1)+C_1$$

$$\begin{aligned}y&=\int[x(\ln x-1)+C_1]dx=\frac{1}{2}\int(\ln x-1)d(x^2)+C_1x\\&=\frac{1}{2}x^2(\ln x-1)-\frac{1}{2}\int x^2d(\ln x-1)+C_1x\\&=\frac{1}{2}x^2(\ln x-1)-\frac{1}{4}x^2+C_1x+C_2=\frac{1}{2}x^2\ln x-\frac{3}{4}x^2+C_1x+C_2,\end{aligned}$$

即所求的通解为 $y=\frac{1}{2}x^2\ln x-\frac{3}{4}x^2+C_1x+C_2$.

14. 解：该方程为不显含 y 的二阶微分方程，可设 $y'=p(x)$，则 $y''=p'(x)$，于是，原方程化为 $p'(x)+2p(x)=0$，即 $p'=-2p$，分离变量，得 $\frac{dp}{p}=-2dx$，两边积分，得 $\ln p=-2x+\ln C$，即 $y'=p(x)=Ce^{-2x}$，两边再积分，得原方程的通解为

$$y=-\frac{C}{2}e^{-2x}+C_2=C_1e^{-2x}+C_2\quad\left(C_1=-\frac{C}{2}\right).$$

15. 解：该方程为不显含 y 的二阶微分方程，可设 $y'=p(x)$，则 $y''=p'(x)$，于是原方程化为 $p'=p+x$，即 $p'-p=x$，这是以 $p(x)$ 为未知函数的一阶线性非齐次方程，其中 $p(x)=-1$，$Q(x)=x$，先计算

$$\int P(x)dx=-\int dx=-x,\quad \int Q(x)e^{\int P(x)dx}dx=\int xe^{-x}dx=-(x+1)e^{-x},$$

代入一阶线性非齐次方程的通解公式 $p=e^{-\int P(x)dx}\left(C+\int Q(x)e^{\int P(x)dx}dx\right)$ 中，得方程 $p'-p=x$ 的通解为 $p=e^x[C_1-(x+1)e^{-x}]$，即

$$y'=C_1\mathrm{e}^x-(x-1).$$

对上式两边积分，得 $y=C_1\mathrm{e}^x-\frac{1}{2}x^2-x+C_2$，这就是原方程的通解.

16. 解：该方程为不显含 y 的二阶微分方程，可设 $y'=p(x)$，则 $y''=p'(x)$，于是，原方程化为 $p'-ap^2=0$，$p'=ap^2$.

分离变量，得 $\frac{\mathrm{d}p}{p^2}=a\mathrm{d}x$，两边积分，得 $-\frac{1}{p}=ax+C_1$，即 $y'=p=-\frac{1}{ax+C_1}$，将条件 $y'|_{x=0}=-1$ 代入得 $C_1=1$，即 $y'=\frac{1}{ax+1}$，两边再积分，得

$$y=-\frac{1}{a}\ln|ax+1|+C_2,$$

将条件 $y|_{x=0}=0$ 代入，得 $C_2=0$，故所求特解为 $y=-\frac{1}{a}\ln|ax+1|$.

自 测 题 三

一、填空题

1. $\frac{4^x}{\ln 4}+C$. 2. $\frac{\cos x}{x^2}$，$\frac{\cos x}{x^2}+C$. 3. $F(\mathrm{e}^x)+C$. 4. $x^2-\frac{1}{2}x^4+C$. 5. $\frac{1}{2}f^2(x)+C$. 6. $-\frac{1}{\ln a}a^{\frac{1}{x}}+C$. 7. $-\frac{1}{2}\mathrm{e}^{-x^2}+C$. 8. $\ln(x^2+2x+2)+C$. 9. $2\sin\sqrt{x}+C$. 10. $f(\mathrm{e}^x)+C$. 11. $\frac{5}{2}$. 12. $1-\cos 1$. 13. $\sin x+x\cos x$. 14. 1. 15. $\frac{\pi^2}{72}$. 16. 0. 17. 2. 18. -1；3. 19. $\frac{4}{3}$. 20. $\frac{3}{2}-\ln 2$. 21. $\frac{1}{2}$.

二、选择题

1. C. 2. D. 3. A. 4. D. 5. D. 6. A. 7. B. 8. B. 9. D. 10. B. 11. C. 12. C. 13. C. 14. A. 15. D. 16. D. 17. A. 18. A. 19. A. 20. B. 21. D. 22. B.

三、计算与解答题

1. $x^2-x+\frac{4}{3}x^{\frac{3}{2}}-2\sqrt{x}+C$. 2. $\tan x+\sec x+C$. 3. $\arctan \mathrm{e}^x+C$. 4. $\frac{1}{2}x^2-\frac{9}{2}\ln(9+x^2)+C$. 5. $2\arctan\sqrt{x}+C$. 6. $\frac{1}{\sqrt{2}}\arctan\frac{\tan x}{\sqrt{2}}+C$. 7. 1. 8. $2(\mathrm{e}-1)$. 9. $\frac{13}{3}$. 10. $\frac{64}{15}\pi$，$\frac{8}{3}\pi$.

第 四 章

同步练习 4.1

(一)填空题

1. 1. 2. 1. 3. $-\frac{\sqrt{3}}{2}$. 4. 0. 5. $\csc^2\alpha$. 6. $3+x$. 7. 14. 8. 0. 9. -143.

(二)选择题

1. B. 2. C. 3. A. 4. C.

(三)计算题

1. 解：首先先观察行列式的特点，然后在进行运算，第一行加上第二、三、四行，从第一行中提出 5，第二、三、四行均减去第一行，得：

$$D=5\begin{vmatrix}1&1&1&1\\0&1&0&0\\0&0&1&0\\0&0&0&1\end{vmatrix}=5.$$

2. 解：第一行加后面各行，再从第一行提取 10，得：

$$D=10\begin{vmatrix}1&1&1&1\\2&3&4&1\\3&4&1&2\\4&1&2&3\end{vmatrix}$$

第四列减第三列，第三列减第二列，第二列减第一列，得：

$$D=10\begin{vmatrix}1&0&0&0\\2&1&1&-3\\3&1&-3&1\\4&-3&1&1\end{vmatrix}=160.$$

3. 解：对于这个题首先确定的解题思路是分类讨论思想.

当 $n=1$ 时，$D=a_1-b_1$；

当 $n=2$ 时，$D=(a_1-b_1)(a_2-b_2)-(a_1-b_2)(a_2-b_1)=(a_1-a_2)(b_1-b_2)$；

当 $n\geqslant 3$ 时，D 可写成 2^n 个行列式之和，每个行列式中必有两列成比例，故 $D=0$.

4. $4abcdef$.　5. 48.　6. -24.　7. -108.　8. 0.　9. 0.

10. $(-1)^{n-1}(n-1)$.　11. $a_1a_2a_3\left(a_0-\dfrac{1}{a_1}-\dfrac{1}{a_2}-\dfrac{1}{a_3}\right)$.

同步练习 4.2

1. (1) 解：因为系数行列式 $D=\begin{vmatrix}\frac{3}{2}&-\frac{2}{3}\\\frac{3}{5}&2\end{vmatrix}=\frac{3}{2}\times 2-\left(-\frac{2}{3}\times\frac{3}{5}\right)=3+\frac{2}{5}=\frac{17}{5}\neq 0$，

且
$$D_1=\begin{vmatrix}5&-\frac{2}{3}\\-2&2\end{vmatrix}=5\times 2-(-2)\times\left(-\frac{2}{3}\right)=\frac{26}{3},$$

$$D_2=\begin{vmatrix}\frac{3}{2}&5\\\frac{3}{5}&-2\end{vmatrix}=\frac{3}{2}\times(-2)-\frac{3}{5}\times 5=-3-3=-6.$$

所以方程组的解为

$$x_1=\frac{D_1}{D}=\frac{\frac{26}{3}}{\frac{17}{5}}=\frac{130}{51},\quad x_2=\frac{D_2}{D}=\frac{-6}{\frac{17}{5}}=-\frac{30}{17}.$$

(2) 解：原方程变形为
$$\begin{cases}2x+3y=9\\x+7y=-4\end{cases},$$

因为其系数行列式 $D=\begin{vmatrix}2&3\\1&7\end{vmatrix}=2\times 7-3\times 1=11\neq 0$，而

$$D_1=\begin{vmatrix}9&3\\-4&7\end{vmatrix}=9\times 7-3\times(-4)=75,\quad D_2=\begin{vmatrix}2&9\\1&-4\end{vmatrix}=2\times(-4)-9\times 1=-17.$$

所以方程组的解为

$$x=\frac{D_x}{D}=\frac{75}{11},\quad y=\frac{D_y}{D}=-\frac{17}{11}.$$

(3) 解：因为系数行列式 $D=\begin{vmatrix}2&3&-1\\1&-1&1\\7&-6&-4\end{vmatrix}=8+21+6-7+12+12=52\neq 0$，且

$$D_x=\begin{vmatrix}-4 & 3 & -1\\ 5 & -1 & 1\\ 1 & -6 & -4\end{vmatrix}=-16+3+30-1-24+60=52;$$

$$D_y=\begin{vmatrix}2 & -4 & -1\\ 1 & 5 & 1\\ 7 & 1 & -4\end{vmatrix}=-40-28-1+35-2-16=-52;$$

$$D_z=\begin{vmatrix}2 & 3 & -4\\ 1 & -1 & 5\\ 7 & -6 & 1\end{vmatrix}=-2+105+24-28+60-3=156.$$

所以方程组的解为

$$x=\frac{D_x}{D}=\frac{52}{52}=1;\quad y=\frac{D_y}{D}=\frac{-52}{52}=-1;\quad z=\frac{D_z}{D}=\frac{156}{52}=3.$$

(4)解:因为系数行列式 $D=\begin{vmatrix}1 & -2 & 1\\ 2 & 1 & -1\\ 1 & -3 & -4\end{vmatrix}=-4+2-6-1-3-16=-28\neq 0$,且

$$D_x=\begin{vmatrix}1 & -2 & 1\\ 1 & 1 & -1\\ -10 & -3 & -4\end{vmatrix}=-28;\quad D_y=\begin{vmatrix}1 & 1 & 1\\ 2 & 1 & -1\\ 1 & -10 & -4\end{vmatrix}=-28;$$

$$D_z=\begin{vmatrix}1 & -2 & 1\\ 2 & 1 & 1\\ 1 & -3 & -10\end{vmatrix}=-56.$$

所以方程组的解为

$$x=\frac{D_x}{D}=\frac{-28}{-28}=1;\quad y=\frac{D_y}{D}=\frac{-28}{-28}=1;\quad z=\frac{D_z}{D}=\frac{-56}{-28}=2.$$

2. $x_1=1,x_2=-1,x_3=0,x_4=2$.　3. $x=a,y=b,z=c$.

4. $x_1=1,x_2=-2,x_3=0,x_4=\frac{1}{2}$.

同步练习 4.3

(一)填空题

1. $\begin{pmatrix}2 & 2 & -2\\ 5 & 5 & 3\\ -2 & 2 & 7\end{pmatrix}$.　2. $\begin{pmatrix}4 & 2\\ 1 & 5\\ 4 & -4\end{pmatrix}$.　3. $\begin{pmatrix}0 & -2 & 0\\ -1 & -3 & 3\\ -2 & -2 & 1\end{pmatrix}$.　4. $\begin{pmatrix}4 & 3 & -\frac{3}{2}\\ \frac{3}{2} & \frac{1}{2} & \frac{5}{2}\end{pmatrix}$.　5. 3.　6. 2.

(二)选择题

1. C.　2. A.　3. B.　4. B.　5. D.　6. D.　7. A.　8. C.　9. B.　10. D.　11. D.

(三)计算与解答题

1. $\boldsymbol{A}+\boldsymbol{A}'=2\boldsymbol{A}=\begin{pmatrix}2 & 4 & 6\\ 4 & 8 & 12\\ 6 & 12 & 18\end{pmatrix}$, $\boldsymbol{A}-\boldsymbol{A}'=\begin{pmatrix}0 & 0 & 0\\ 0 & 0 & 0\\ 0 & 0 & 0\end{pmatrix}$.

2. $\begin{pmatrix}2 & 3\\ 4 & 5\end{pmatrix}$.　3. $(3\quad -1\quad 0\quad 2)$.　4. $\begin{pmatrix}-1\\ 5\\ -4\\ -7\end{pmatrix}$.

5. $\begin{pmatrix} a_1b_1 & a_1b_2 & \cdots & a_1b_n \\ a_2b_1 & a_2b_2 & \cdots & a_2b_n \\ \vdots & \vdots & & \vdots \\ a_nb_1 & a_nb_2 & \cdots & a_nb_n \end{pmatrix}$.　　6. $\begin{pmatrix} \cos 2\theta & -\sin 2\theta \\ \sin 2\theta & \cos 2\theta \end{pmatrix}$.

7. $a_{11}x^2+a_{22}y^2+cz^2+2(a_{12}xy+b_1xz+b_2yz)$.　　8. $\begin{pmatrix} 7 \\ 6 \end{pmatrix}$.　9. 略.

10.(1)表达式

矩阵是数表.

行列式是个数值.

(2)表达式中行数与列数

矩阵:行数与列数不一定相等.

行列式:行数与列数必须相等.

(3)运算结果

矩阵:通过相等.加.减.乘运算仍为一个数表.

行列式:通过定义.性质.推论运算后得到一个数值.

(4)常数 k 的提出

矩阵:在矩阵中所有元素都有一个共同常数 k,则 k 可提到矩阵外边.

行列式:在行列式中某一列(或行)有共同一个常数 k,则 k 可提到行列式外边.

同步练习 4.4

(一)填空题

1. $\frac{1}{27}\begin{pmatrix} -17 & -1 & 44 \\ 10 & -1 & -10 \\ -1 & 1 & 1 \end{pmatrix}$.　2. $\begin{pmatrix} 1 & -2 & 7 \\ 0 & 1 & -2 \\ 0 & 0 & 1 \end{pmatrix}$.　3. $\begin{pmatrix} 1 & 0 & 0 \\ 0 & \frac{1}{2} & 0 \\ 0 & 0 & \frac{1}{3} \end{pmatrix}$.

(二)选择题

1. D.　2. A.

(三)解答题

1. $\boldsymbol{A}^{-1}=\frac{1}{2(\cos^2\alpha+\sin^2\alpha)}\begin{pmatrix} \cos\alpha & -\sin\alpha \\ \sin\alpha & \cos\alpha \end{pmatrix}$

2. $\boldsymbol{A}^{-1}=\begin{pmatrix} -1 & 1 & 1 \\ 1 & 0 & -2 \\ 1 & -2 & 1 \end{pmatrix}$.

3. $\boldsymbol{A}^{-1}=\frac{1}{19}\begin{pmatrix} -6 & 9 & 7 \\ 2 & -3 & 4 \\ 7 & -1 & -5 \end{pmatrix}=\begin{pmatrix} -\frac{6}{19} & \frac{9}{19} & \frac{7}{19} \\ \frac{2}{19} & -\frac{3}{19} & \frac{4}{19} \\ \frac{7}{19} & -\frac{1}{19} & -\frac{5}{19} \end{pmatrix}$.

4. $\boldsymbol{A}^{-1}=\begin{pmatrix} 1 & -4 & -3 \\ 1 & -5 & -3 \\ -1 & 6 & 4 \end{pmatrix}$.　5. $\boldsymbol{A}^{-1}=\begin{pmatrix} 1 & 3 & -2 \\ -\frac{3}{2} & -3 & \frac{5}{2} \\ 1 & 1 & -1 \end{pmatrix}$.

6. $x_1=-35, x_2=30, x_3=15$.　7. $x_1=1, x_2=2, x_3=3$.　8. $x=4, y=-3, z=5$.

9. $\begin{pmatrix} -3 & 2 & 0 \\ -4 & 5 & -2 \\ -5 & 3 & 0 \end{pmatrix}$. 10. 略.

同步练习 4.5

(一)填空题

1. 1. 2. 1. 3. 1. 4. 4. 5. 5.

(二)选择题

1. C. 2. D. 3. B. 4. C. 5. C. 6. C. 7. D. 8. B. 9. D

(三)计算题

1. $r(\boldsymbol{A})=3$. 2. $r(\boldsymbol{A})=3$. 3. $r(\boldsymbol{A})=2, r(\boldsymbol{B})=3$.

同步练习 4.6

(一)填空题

1. -1. 2. $x_1=-19c, x_2=7c, x_3=c$,其中 c 为常数.

(二)计算与解答题

1. $x_1=1, x_2=2, x_3=-4$. 2. $x_1=-\frac{3}{2}, x_2=5, x_3=3$. 3. 无解.

4. $x_1=2c_1-c_2, x_2=c_1, x_3=c_2, x_4=1$,其中 c_1, c_2 为常数.

5. $x_1=-8, x_2=3+c, x_3=6+2c, x_4=c$,其中 c 为常数.

6. 无解. 7. 无解. 8. $x_1=-2, x_2=1, x_3=4, x_4=3$.

9. $x_1=-c_1+\frac{7}{6}c_2, x_2=c_1+\frac{5}{6}c_2, x_3=c_1, x_4=\frac{1}{3}c_2, x_5=c_2$ 其中 c_1, c_2 为常数.

10. $x_1=\frac{10}{7}, x_2=-\frac{1}{7}, x_3=-\frac{2}{7}$. 11. 无解.

12. $x_1=c_1+c_2+5c_3, x_2=-2c_1-2c_2-6c_3, x_3=c_1, x_4=c_2, x_5=c_3$,其中 c_1, c_2, c_3 为常数.

13. (1)当 $\lambda\neq0$ 时,方程组无解;(2)当 $\lambda=0$ 时,方程组有解,且其解为
$x_1=-2+c_1+5c_2, x_2=3-2c_1-6c_2, x_3=c_1, x_4=c_2$,中 c_1, c_2 为常数.

14. 当 $\lambda=-3$ 时,方程组有非零解.

15. 当 $\lambda=-1, \lambda=0$ 或 $\lambda=9$ 时,方程组有非零解.

16. (1)当 $\lambda=-2$ 时,方程组无解;(2)当 $\lambda\neq-2$ 且 $\lambda\neq1$ 时,方程组有唯一解;(3)当 $\lambda=1$ 且 $\lambda\neq-2$ 时,方程组有无穷多解.

17. 当 $b=0$ 或 $a=1$ 时,方程组有非零解,且(1)当 $b=0$ 时,解为 $x_1=-c, x_2=(a-1)c, x_3=c$,其中 c 为常数;(2)当 $a=1$ 时,解为 $x_1=-c, x_2=0, x_3=c$,其中 c 为常数.

18. (1)当 $b=0$ 时,方程组无解,当 $a=1$ 且 $b\neq\frac{1}{2}$ 时,方程组无解.

(2)①当 $a=1$ 且 $b=\frac{1}{2}$ 时,方程组有无穷多解;②当 $b\neq0$ 或 $a\neq1$ 时,即 $|\boldsymbol{A}|\neq0$,方程组有唯一解.

自 测 题 四

一、填空题

1. 乘积的和. 2. $-a_{15}a_{24}a_{33}a_{42}a_{51}$. 3. 0. 4. $b(a_2-a_1)$. 5. k.

6. 系数矩阵 $\boldsymbol{A}$ 的秩小于未知量的个数.

7. 其系数矩阵的秩等于增广矩阵的秩.

8. $\boldsymbol{A}$ 的 r 阶子式不为 0,而 $r+1$ 阶子阵皆为 0 的数 r 称为矩阵 $\boldsymbol{A}$ 的秩.

9. $\det\boldsymbol{A}=25$, $\boldsymbol{A}^{-1}=\frac{1}{25}\begin{pmatrix} 7 & 6 & -5 \\ -12 & 4 & 5 \\ 3 & -1 & 5 \end{pmatrix}$. 10. $\begin{pmatrix} 0 & 0 \\ 0 & 0 \end{pmatrix}$. 11. $x=10$ $y=-\frac{2}{3}$.

二、选择题

1. C. 2. D. 3. B. 4. B. 5. C. 6. B. 7. A. 8. C.

三、计算题

1. (1)$8\sin^2\alpha$.　(2)0.　(3)120.　(4)0.

2. (1)$\frac{1}{6}\begin{pmatrix} 2 & 1 & 4 \\ 2 & 1 & -2 \\ -2 & 2 & 2 \end{pmatrix}$.　(2)$\begin{pmatrix} -2 & -1 & 2 \\ 4 & 1 & -3 \\ 1 & -1 & -1 \end{pmatrix}$.

3. (1)$x_1=1, x_2=-1, x_3=1, x_4=-1$.

(2)有无穷多个解,需满足条件 $x_1=-x_4, x_2=-2x_4, x_3=0$.

(3)$x_1=0.5, x_2=-1.5, x_3=-0.5$.

第　五　章

同步练习 5.1

(一)填空题

1. $A\overline{B}\,\overline{C}\cup\overline{A}B\,\overline{C}\cup\overline{ABC}\cup\overline{A}\,\overline{B}\,\overline{C}$.　　2. $(AB\overline{C})\cup(A\overline{B}C)\cup(\overline{A}BC)$.

3. $S=\{1,2,3,4,5,6\}$, $A+B=\{1,2,3,4,5\}$, $A-B=\{5\}$, $A+\overline{C}=\{1,3,5,6\}$, $\overline{A+B}=\{6\}$, $AB=\{1,3\}$.

(二)选择题

1. B.　2. C.

(三)解答题

1. 455.

2. (1)$\{1,2,3,4,5\}$　(2)$\{1,2,3,4,5,6\}$　(3)$\{5\}$　(4)$\varnothing$.

3. (1)A 与 C,B 与 C 互不相容,　(2)B 与 C 对立.

4. (1)$A_1\overline{A_2}\,\overline{A_3}\cup\overline{A_1}A_2\overline{A_3}\cup\overline{A_1}\,\overline{A_2}A_3$,　(2)$A_1\overline{A_2}\,\overline{A_3}$,　(3)$A_1\cup A_2\cup A_3$,　(4)$\overline{A_1}\,\overline{A_2}\,\overline{A_3}\cup A_1\overline{A_2}\,\overline{A_3}\cup\overline{A_1}A_2\overline{A_3}\cup\overline{A_1}\,\overline{A_2}A_3$,　(5)$A_1A_2A_3$,　(6)$\overline{A_1}\cup\overline{A_2}\cup\overline{A_3}$.

同步练习 5.2

(一)填空题

1. 0.6.　2. 0.1.　3. 0.88.　4. 0.2.　5. 0.3.　6. $\frac{11}{12}$.　7. 0.3,0.2,0.7.　8. 0.4.

(二)选择题

1. A.　2. D.

(三)解答题

1. 解:设 A="两封外地信".

(1)有放回地取两次,每次一封,基本事件总数 $n=10\times10$;8 封外地信,从中有放回地取两次,每次一封,则事件 A 所含基本事件数 $k=8\times8$,所以 $P(A)=\frac{k}{n}=\frac{8\times8}{10\times10}=0.64$.

(2)无放回地取两次,每次一封,基本事件总数 $n=10\times9$,事件 A 所含基本事件数 $k=8\times7$,因此 $P(A)=\frac{k}{n}=\frac{8\times7}{10\times9}\approx0.62$.

(3)10 封信中一次任取两封,基本事件总数为 $n=C_{10}^2$,事件 A 所含基本事件数 $k=C_8^2$,因此 $P(A)=\frac{k}{n}=\frac{C_8^2}{C_{10}^2}\approx0.62$.

2. 解:袋中有 5 个球,任取两个共有 C_5^2 种取法,即基本事件总数 $n=C_5^2=10$.

(1)袋中有三个白球,从中取出两个白球有 $C_3^2=3$ 种取法,即 A 所含基本事件数 $k=3$,于是 $P(A)=\frac{3}{10}=0.3$.

(2)袋中有两个红球,从中取出两个红球只有 $C_2^2=1$ 种取法,即 B 所含基本事件数 $K=1$,于是 $P(B)=\frac{1}{10}=0.1$.

(3)袋中有三个白球,两个红球,从中取出一红一白,共有 $C_3^1C_2^1=6$ 种取法,即 C 所含基本事件数 $K=6$,于是 $P(C)=\frac{6}{10}=0.6$.

3. 解:设 A="数学成绩优秀",B="英语成绩优秀",则

$$P(A)=20\%,\quad P(B)=18\%,\quad P(AB)=12\%,$$
$$P(A+B)=P(A)+P(B)-P(AB)=20\%+18\%-12\%=26\%.$$

即数学英语至少有一门为优秀的占 26%.

4. 解:$P(\overline{A}\,\overline{B}\,\overline{C})=P(\overline{A\cup B\cup C})=1-P(A\cup B\cup C)$

$$=1-[P(A)+P(B)+P(C)-P(AB)-P(AC)-P(BC)+P(ABC)]$$
$$=1-\frac{1}{4}-\frac{1}{4}-\frac{1}{4}+0+\frac{1}{6}+\frac{1}{6}-P(ABC),$$

由于 $ABC\subset AB$,故 $P(ABC)=0$,

从而
$$P(\overline{A}\,\overline{B}\,\overline{C})=1-\frac{3}{4}+\frac{2}{6}=\frac{7}{12}.$$

同步练习 5.3

(一)填空题

1. $\frac{1}{9}$.　2. 0.72.　3. $\frac{5}{9}$.　4. 0.35.

(二)选择题

1. C.　2. B.　3. B.　4. D.　5. A.　6. C.　7. C.　8. A.

同步练习 5.4

(一)填空题

1. 2.　2. $\frac{2}{3}e^{-2}$.　3. 0.5.　4. $1\leqslant k\leqslant 3$　5. 0.352.　6. 0.3,0.1,0.2.

(二)选择题

1. D.　2. C.　3. D.　4. D.　5. B.　6. A.　7. B.　8. A.　9. D.　10. A.　11. D.　12. C.

(三)解答题

1. 解:X 的分布列为

X	1	2	3
P	$\frac{1}{6}$	$\frac{1}{2}$	$\frac{1}{3}$

2. 解:假设 A_i 表示第 i 次取出正品($i=1,2,3,\cdots$)

每次取出的产品不放回

X	1	2	3	4
P	$\frac{10}{13}$	$\frac{10}{12}\cdot\frac{3}{13}$	$\frac{10}{11}\cdot\frac{2}{12}\cdot\frac{3}{13}$	$\frac{1}{11}\cdot\frac{2}{12}\cdot\frac{3}{13}$

$$P(X=1)=P(A_1)=\frac{10}{13},$$

$$P(X=2)=P(A_2\overline{A_1})=P(A_2|\overline{A_1})P(\overline{A_1})=\frac{10}{12}\cdot\frac{3}{13},$$

$$P(X=3)=P(\overline{A_1}\,\overline{A_2}A_3)=P(A_3\,|\,\overline{A_2})P(\overline{A_2}\,|\,\overline{A_1})P(\overline{A_1})=\frac{10}{11}\cdot\frac{2}{12}\cdot\frac{3}{13},$$

$$P(X=4)=P(A_4\,|\,\overline{A_3})P(\overline{A_3}\,|\,\overline{A_2})P(\overline{A_2}\,|\,\overline{A_1})P(\overline{A_1})=1\cdot\frac{1}{11}\cdot\frac{2}{12}\cdot\frac{3}{13}.$$

3. 解：设 A_i=‘第 i 个零件是合格品’$i=1,2,3$. 则

$$P(X=0)=P(\overline{A}_1\ \overline{A}_2\ \overline{A}_3)=\frac{1}{2}\cdot\frac{1}{3}\cdot\frac{1}{4}=\frac{1}{24},$$

$$\begin{aligned}P(X=1)&=P(A_1\ \overline{A}_2\ \overline{A}_3+\overline{A}_1A_2\ \overline{A}_3+\overline{A}_1\ \overline{A}_2A_3)\\&=P(A_1\ \overline{A}_2\ \overline{A}_3)+P(\overline{A}_1A_2\ \overline{A}_3)+P(\overline{A}_1\ \overline{A}_2A_3)\\&=\frac{1}{2}\cdot\frac{1}{3}\cdot\frac{1}{4}+\frac{1}{2}\cdot\frac{2}{3}\cdot\frac{1}{4}+\frac{1}{2}\cdot\frac{1}{3}\cdot\frac{3}{4}=\frac{6}{24},\end{aligned}$$

$$\begin{aligned}P(X=2)&=P(A_1A_2\ \overline{A}_3+A_1\ \overline{A}_2A_3+\overline{A}_1A_2A_3)\\&=P(A_1A_2\ \overline{A}_3)+P(A_1\ \overline{A}_2A_3)+P(\overline{A}_1A_2A_3)\\&=\frac{1}{2}\cdot\frac{2}{3}\cdot\frac{1}{4}+\frac{1}{2}\cdot\frac{1}{3}\cdot\frac{3}{4}\cdot+\frac{1}{2}\cdot\frac{2}{3}\cdot\frac{3}{4}=\frac{11}{24},\end{aligned}$$

$$P(X=3)=P(A_1A_2A_3)=\frac{1}{2}\cdot\frac{2}{3}\cdot\frac{3}{4}=\frac{6}{24}.$$

即 X 的分布列为

X	0	1	2	3
P	$\frac{1}{24}$	$\frac{6}{24}$	$\frac{11}{24}$	$\frac{6}{24}$

4. 解：(1)将通过每个交通岗看做一次试验，则遇到红灯的概率为$\frac{1}{3}$，且每次试验结果是相互独立的，故 $X\sim B\left(6,\frac{1}{3}\right)$，所以 X 的分布列为 $P(X=k)=C_6^k\left(\frac{1}{3}\right)^k\cdot\left(\frac{2}{3}\right)^{6-k}=k=0,1,2,3,4,5,6$.

(2)由于 Y 表示这名学生在首次停车时经过的路口数，显然 Y 是随机变量，其取值为 0,1,2,3,4,5.

其中：$\{Y=k\}(k=0,1,2,3,4,5)$表示前 k 个路口没有遇上红灯，但在第 $k+1$ 个路口遇上红灯，故各概率应按独立事件同时发生计算.

$P(Y=k)=\left(\frac{2}{3}\right)^k\cdot\frac{1}{3}(k=0,1,2,3,4,5)$，而$\{Y=6\}$表示一路没有遇上红灯，故其概率为 $P(Y=6)=\left(\frac{2}{3}\right)^6$.

5. 解：(1) $1=\int_{-\infty}^{+\infty}\varphi(x)\mathrm{d}x=\int_{-1}^{1}\frac{c}{\sqrt{1-x^2}}\mathrm{d}x=2c\arcsin x\,|_0^1=2c\,\frac{\pi}{2}=c\pi,c=\frac{1}{\pi}$.

(2) $P(X\in(-1/2,1/2))=\int_{-1/2}^{1/2}\frac{1}{\pi}\frac{\mathrm{d}x}{\sqrt{1-x^2}}=\frac{2}{\pi}\arcsin x\,|_0^{1/2}=\frac{2}{\pi}\cdot\frac{\pi}{6}=\frac{1}{3}$.

6. 解：由题意 $Y\sim B(5,p)$，其中

$$p=P(X>10)=\int_{10}^{+\infty}\frac{1}{5}\mathrm{e}^{-\frac{x}{5}}\mathrm{d}x=-\mathrm{e}^{-\frac{x}{5}}\,|_{10}^{+\infty}=\mathrm{e}^{-2},$$

于是 Y 的分布为

$$P(Y=k)=C_5^k\,(\mathrm{e}^{-2})^k\,(1-\mathrm{e}^{-2})^{5-k},\quad k=0,1,2,3,4,5,$$

$$P(Y\geqslant1)=1-P(Y=0)=1-(1-\mathrm{e}^{-2})^5\approx0.516\,7.$$

7. 解：X 的取值为 $1,2,3,\cdots$ 且 $P(X=k)=\left(\frac{1}{4}\right)^{k-1}\cdot\frac{3}{4}=\frac{3}{4^k}$，$k=1,2,3,\cdots$.

此即为 X 的分布律.

8. 解：设 X 为每分钟接到的呼叫次数，则 $X\sim P(4)$

(1) $P(X=8)=\dfrac{4^8}{8!}\mathrm{e}^{-4}=\sum\limits_{k=8}^{\infty}\dfrac{4^k}{k!}\mathrm{e}^{-4}-\sum\limits_{k=q}^{\infty}\dfrac{4^k}{k!}\mathrm{e}^{-4}=0.297\ 7.$

(2) $P(X>10)=\sum\limits_{k=11}^{\infty}\dfrac{4^k}{k!}\mathrm{e}^{-4}=0.002\ 84.$

9. 解：因为 $P(X>a)=P(X<a)$，所以 $1-P(X<a)=P(X<a)$，故

$$P(X<a)=\int_0^a 4x^3\mathrm{d}x=a^4=\frac{1}{2},\quad 所以\ a=\sqrt[4]{\frac{1}{2}}\ .$$

10. 解：因为 $P(120<X\leqslant 200)=\Phi\left(\dfrac{200-160}{\sigma}\right)-\Phi\left(\dfrac{120-160}{\sigma}\right)=\Phi\left(\dfrac{40}{\sigma}\right)-\Phi\left(-\dfrac{40}{\sigma}\right)=0.80$，

又对标准正态分布有 $\phi(-x)=1-\phi(x)$.

所以　上式变为 $$\Phi\left(\frac{40}{\sigma}\right)-\left[1-\Phi\left(\frac{40}{\sigma}\right)\right]\geqslant 0.80,$$

得 $$\Phi\left(\frac{40}{\sigma}\right)\geqslant 0.9,$$

查表得 $$\frac{40}{\sigma}\geqslant 1.281,\quad \sigma\leqslant\frac{40}{1.281}=31.25.$$

同步练习 5.5

(一)判断题

1. ×.　2. √.　3. ×.　4. ×.

(二)填空题

1. 2.　2. 0, $\dfrac{2}{5}$.　3. 8.

(三)选择题

1. D.　2. A.　3. D.

(四)解答题

1. 解：$E(X)=(-2)\times 0.2+(-1)\times 0.3+1\times 0.1=-0.6$，

$E(X^2)=(-2)^2\times 0.2+(-1)^2\times 0.3+1^2\times 0.1=1.2$，

$D(X)=E(X^2)-[E(X)]^2=1.2-(-0.6)^2=0.84$，

$E(3X+1)=3E(X)+1=3\times(-0.6)+1=-0.8$，

$E(2X^2-3)=2E(X^2)-3=-0.6.$

2. 解：$E(X)=\int_{-\infty}^{+\infty}xf(x)\mathrm{d}x=\int_0^1 x\cdot 2(1-x)\mathrm{d}x=\dfrac{1}{3}.$

同步练习 5.6

解答题

1. $n=16$，$\overline{x}=2.705$，$s=0.029$，$1-\alpha=0.95$，$\dfrac{\alpha}{2}=0.025$，$t_{0.025}(15)=2.131\ 5$，μ 的置信度为 0.95 的置信区间

$$\left(\overline{X}-\frac{S}{\sqrt{n}}t_{\frac{\alpha}{2}}(n-1),\overline{X}+\frac{S}{\sqrt{n}}t_{\frac{\alpha}{2}}(n-1)\right)$$

$$=\left(2.705+\frac{0.029}{\sqrt{16}}\times 2.131\ 5,2.705-\frac{0.029}{\sqrt{16}}\times 2.131\ 5\right)=(2.689\ 5,2.720\ 5).$$

2. $\overline{x}=\dfrac{1}{n}\sum\limits_{i=1}^{n}x_i=\dfrac{1}{6}(14.6+15.1+14.9+14.8+15.2+15.1)=14.95$，

$$s=\sqrt{\frac{1}{n-1}\sum_{i=1}^{n}(x_i-\overline{x})^2}=0.225\ 9,$$

$$t_{\frac{\alpha}{2}}(n-1)=t_{0.025}(5)=2.571,$$

所以

$$t_{\frac{\alpha}{2}}(n-1)\frac{s}{\sqrt{n}}=2.571\times\frac{0.2259}{\sqrt{6}}=0.24.$$

μ 的置信度为 0.95 的置信区间为(14.95−0.24，14.95+0.24)，即(14.71，15.19).

自 测 题 五

一、填空题

1. 0.9,0.4,0.1.　2. 0.3,0.8　3. $\frac{26}{27}$.　4. 0.25,0.5.　5. 1.　6. $B(5,0.1)$.　7. $P(X=k)=(1-p)^{k-1}p$, $k=1,2,\cdots$.　8. $E(Y)=\frac{11}{3}$, $D(Y)=\frac{256}{45}$.

二、选择题

1. D.　2. C.　3. D.　4. C.　5. C.　6. D.　7. C.　8. C.　9. D.　10. D.

三、计算题

1. 0.7,0.8.　2. (1)$\frac{C_{16}^{2}C_{14}^{1}}{C_{30}^{3}}$,(2)$1-\frac{C_{16}^{3}}{C_{30}^{3}}$；　3. (1)0.56,(2)0.32,(3)0.12；　4. 0.76.

5.

X	1	2	3
P	$\frac{1}{3}$	$\frac{1}{3}$	$\frac{1}{3}$

6. $E(X)=1.9$, $D(X)=1.49$.

7. 2,0.75,$\frac{2}{3}$,$\frac{1}{18}$.

8. 置信区间为(2.690,2.720).